大数据及人工智能产教融合系列丛书

智能与数据重构世界

[美]薄智泉
徐　亭　◎主编

电子工业出版社
Publishing House of Electronics Industry
北京·BEIJING

内 容 简 介

当前我们已经进入了智能与数据时代,因此,无论从事什么职业,我们都应该对智能与数据方面的知识及应用有所了解。基于此,本书不仅对人工智能、大数据、物联网等相关的智能科技进行了全面的介绍,还对智能科技非常重要的一些应用场景进行了分析探讨,并给出了大量的实际案例,具有很强的科普性、实用性和启发性。

本书适合企业家、创业者、学生及各类从业人员阅读,希望读者通过对智能科技的了解和对应用场景的认识,走进和重构未来智能新世界!

未经许可,不得以任何方式复制或抄袭本书之部分或全部内容。
版权所有,侵权必究。

图书在版编目(CIP)数据

智能与数据重构世界 /(美)薄智泉,徐亭主编. —北京:电子工业出版社,2020.5
(大数据及人工智能产教融合系列丛书)
ISBN 978-7-121-38265-9

Ⅰ. ①智… Ⅱ. ①薄…②徐… Ⅲ. ①人工智能 Ⅳ. ①TP18

中国版本图书馆 CIP 数据核字(2020)第 021126 号

责任编辑:米俊萍
印　　刷:北京盛通商印快线网络科技有限公司
装　　订:北京盛通商印快线网络科技有限公司
出版发行:电子工业出版社
　　　　　北京市海淀区万寿路 173 信箱　邮编:100036
开　　本:787×1 092　1/16　印张:19.25　字数:431 千字
版　　次:2020 年 5 月第 1 版
印　　次:2024 年 1 月第 6 次印刷
定　　价:88.00 元

凡所购买电子工业出版社图书有缺损问题,请向购买书店调换。若书店售缺,请与本社发行部联系,联系及邮购电话:(010)88254888,88258888。
质量投诉请发邮件至 zlts@phei.com.cn,盗版侵权举报请发邮件至 dbqq@phei.com.cn。
本书咨询联系方式:(010)88254759,mijp@phei.com.cn。

编委会

（按拼音排序）

总顾问

郭华东　中国科学院院士

谭建荣　中国工程院院士

编委会主任

韩亦舜

编委会副主任

孙　雪　徐　亭　赵　强

编委会成员

薄智泉	卜　辉	陈晶磊	陈　军	陈新刚	杜晓梦
高文宇	郭　炜	黄代恒	黄枝铜	李春光	李雨航
刘川意	刘　猛	单　单	盛国军	田春华	王薇薇
文　杰	吴垌沅	吴　建	杨　扬	曾　光	张鸿翔
张文升	张粤磊	周明星			

丛书推荐序一

数字经济的思维观与人才观

大数据的出现,给我们带来了巨大的想象空间:对科学研究来说,大数据已成为继实验、理论和计算模式之后的数据密集型科学范式的典型代表,带来了科研方法论的变革,正在成为科学发现的新引擎;对产业来说,在当今互联网、云计算、人工智能、大数据、区块链这些蓬勃发展的科技中,主角是数据,数据作为新的生产资料,正在驱动整个产业进行数字化转型。正因如此,大数据已成为知识经济时代的战略高地,数据主权已经成了继边防、海防、空防之后,又一个大国博弈的空间。

实现这些想象空间,需要构建众多大数据领域的基础设施,小到科学大数据方面的国家重大基础设施,大到跨越国界的"数字丝路""数字地球"。今天,我们看到清华大学数据科学研究院大数据基础设施研究中心已经把人才纳入基础设施的范围,组织编写了这套丛书,这个视角是有意义的。新兴的产业需要相应的人才培养体系与之相配合,人才培养体系的建立往往存在滞后性。因此,尽可能缩窄产业人才需求和培养过程间的"缓冲带",将教育链、人才链、产业链、创新链衔接好,就是"产教融合"理念提出的出发点和落脚点。可以说,清华大学数据科学研究院大数据基础设施研究中心为中国大数据、人工智能事业发展模式的实践,迈出了较为坚实的一步,这个模式意味着数字经济宏观的可行路径。

作为中国首套大数据及人工智能方面的产教融合丛书,其以数据为基础,内容涵盖了数据认知与思维、数据行业应用、数据技术生态等各个层面及其细分方向,是数十个代表了行业前沿和实践的产业团队的知识沉淀。特别是在作者遴选时,这套丛书注重选择兼具产业界和学术界背景的行业专家,以便让丛书成为中国大数据知识的一次汇总,这对于中国数据思维的传播、数据人才的培养来说,是一个全新的范本。

我也期待未来有更多产业界的专家及团队加入本套丛书体系中,并和这套丛书共同更新迭代,共同传播数据思维与知识,夯实中国的数据人才基础设施。

郭华东
中国科学院院士

丛书推荐序二

产教融合打造创新人才培养的新模式

数字技术、数字产品和数字经济，是信息时代发展的前沿领域，不断迭代着数字时代的定义。数据是核心战略性资源，自然科学、工程技术和社科人文拥抱数据的力度，对于学科新的发展具有重要意义。同时，数字经济是数据的经济，既是各项高新技术发展的动力，又为传统产业转型提供了新的数据生产要素与数据生产力。

这套丛书从产教融合的角度出发，在整体架构上，涵盖了数据思维方式拓展、大数据技术认知、大数据技术高级应用、数据化应用场景、大数据行业应用、数据运维、数据创新体系七个方面，编写宗旨是搭建大数据的知识体系，传授大数据的专业技能，描述产业和教育相互促进过程中所面临的问题，并在一定程度上提供相应阶段的解决方案。丛书的内容规划、技术选型和教培转化由新型科研机构——清华大学数据科学研究院大数据基础设施研究中心牵头，而场景设计、案例提供和生产实践由一线企业专家与团队贡献，二者紧密合作，提供了一个可借鉴的尝试。

大数据领域人才培养的一个重要方面，就是以产业实践为导向，以传播和教育为出口，最终服务于大数据产业与数字经济，为未来的行业人才树立技术观、行业观、产业观，进而助力产业发展。

这套丛书适用于大数据技能型人才的培养，适合作为高校、职业学校、社会培训机构从事大数据研究和教学的教材或参考书，对于从事大数据管理和应用的人员、企业信息化技术人员也有重要的参考价值。让我们一起努力，共同推进大数据技术的教学、普及和应用！

谭建荣
中国工程院院士
浙江大学教授

序　言

在美丽的青龙山脚下，在优美的济南大学校园，我与薄智泉先生因人工智能结缘，共同探讨人工智能的研究和教育问题。虽然可以从研究和实践等多重视角来看待人工智能，但有一点是肯定的：最近几年的人工智能热潮来自人工智能与大数据的融合，而一批新兴科技如物联网、AI 芯片、云计算、边缘计算、5G 等的发展与应用，则加速了人工智能与大数据的融合，并对生产和生活产生了巨大影响。这正是《智能与数据重构世界》这本书的主线和逻辑。

首先，《智能与数据重构世界》一书展示了清晰的逻辑和线路图，有机地将大数据、人工智能及其相关技术和现实应用场景结合在一起，帮助读者感受及理解智能与数据对现实世界的影响和作用。

其次，《智能与数据重构世界》一书用深入浅出的语言和图文并茂的形式进行介绍。例如：第 2 章中关于"生物特征识别技术对比"的表格使得众多常见但看起来复杂的生物特征识别技术一目了然，从而使更多读者可以学习和了解大数据、人工智能及其相关的知识，使更多非专业人士有机会认识人工智能，这也有利于人工智能的应用和普及。

再次，《智能与数据重构世界》一书对人工智能的一些主要应用场景，如制造业、出行、医疗乃至人们生活的方方面面，给出了大量的实际案例，展现了新兴科技给生产和生活带来的巨大变化，这样不仅可以帮助读者深刻理解这些新兴科技，也可以为愿意在这些领域实践的读者提供很多思路和方法。

最后，我要指出，智能与数据之所以相互融合，并非人为操作，而是因为它们本来就是"一体的两段"：数据是智能的资源和前端，智能是数据加工的产物和核心。按照整体论的思想，只要我们把智能与数据作为有机的整体，就能对世界的进步做出超乎想象的创造性贡献。

钟义信

发展中世界工程技术科学院院士

前　言

最近的半个世纪，尤其是进入 21 世纪以来，科技的发展日新月异：计算机、无线通信、互联网、价值互联网、基因检测、再生医学，进入一个高速和跨越式发展的阶段，智能与数据的融合开启了人类世界的新时代——第五次科技与产业革命时代！

智能化和数字化标志着人类文明进入了一个新的阶段。智能化和数字化的意义已超过了西方工业革命的蒸汽机出现的意义，智能化和数字化建设的差距将直接加大或缩小一个国家/地区的贫富差距。在当今科学技术引领的经济全球化环境下，智能化和数字化建设关系到一个国家/地区的生存与发展。

纵观人类历史发展的过程，科学技术造就了人类的文明。从农业社会到产业革命、化学工业技术革命、电力技术革命，一直到当今以电子技术和智能与数据为核心的信息技术革命，科学技术一直在推动人类文明的进步。因此，人类社会发展的文明史就是科学技术发展的历史，人类科学技术水平的提升决定了人类社会文明的发展，人类知识积累的历史可以说是一部创制和改进知识积累工具的历史。

飞速发展的现代化通信、强大的计算机、无处不在的互联网，还有不可思议的人工智能和数字产品，这些都标志着人类科学技术又进入了一个新的阶段。这个时代把人类带入高度文明的社会，使传统的纸张产品不同程度地被数字产品取代，信息的收集、加工、存储、维护等过程都逐步高速化和电子化，人类社会日新月异，计算机时代、网络时代、数字时代、人工智能时代进一步集合成智能数据时代。如今，世界经济全球化和市场化，智能化和数字化建设是各国和各企业面临的一项紧迫且艰巨的任务。一个企业若没有跟上智能化和数据化时代，将很难生存；一个国家若没有跟上智能化和数据化时代，将面临巨大挑战。智能化和数字化时代有可能改变世界格局和许多国家的命运——对传统世界进行重构。

本书在写作过程中得到了很多朋友的支持，吴永东博士对第 1 章和第 2 章进行了全面梳理与修改，李杰山先生提供了大量案例并起草了第 7 章，韦石博士对第 6 章进行了脱胎换骨的改写，柏隽先生对第 4 章进行了审阅、修改并提供了一个案例。还有很多朋友提供了有价值的案例、资料，以及起草、审阅了个别知识点。这些朋友以姓氏字母为序，排列如下：鲍明辉、薄智渊、蔡磊、陈向阳、丁书俊、董万亮、封光贤、高文宇、龚大立、宫俊波、韩传文、黄博、黄俊惠、侯苏苏、胡立、蒋国良、蒋卫军、康俊超、赖宇阳、李凡、李海龙、廖忠智、刘红宇、刘洪涛、刘帛鑫、刘亮、牛毅、邱学凡、宋方、苏建明、苏文卿、孙斌、沈皓玮、田渊亚宁、唐鸿飞、唐凯、汪广盛、王海力、汪向杰、王正先、吴启锋、徐来、张贯京、张立华、张新钰、张学文、张志军、朱坚、周冬祥。此外，本书的出版还得到了许多朋友及家人在很多方面的支持，在这里一并表示感谢！

薄智泉
2020 年 2 月

目 录

第1章 数据为王 …… 001
1.1 大数据的特性 …… 003
- 1.1.1 数据容量大 …… 003
- 1.1.2 数据种类多 …… 004
- 1.1.3 更新频率快 …… 005
- 1.1.4 准确性高 …… 005
- 1.1.5 价值密度低 …… 005

1.2 大数据的云计算平台 …… 006
- 1.2.1 云计算的服务形式 …… 006
- 1.2.2 云计算的服务特点 …… 007
- 1.2.3 大数据云计算环境 …… 008

1.3 去中心化的区块链数据库 …… 009
- 1.3.1 区块链的架构模型 …… 009
- 1.3.2 区块链的技术特征 …… 011
- 1.3.3 区块链的发展过程 …… 012
- 1.3.4 区块链产品溯源应用实例 …… 013

1.4 大数据工具 …… 014
- 1.4.1 数据存储管理工具 …… 015
- 1.4.2 数据清理工具 …… 016
- 1.4.3 数据挖掘工具 …… 016
- 1.4.4 数据可视化工具 …… 016

1.5 数据安全 …… 017
- 1.5.1 密码技术 …… 017
- 1.5.2 企业数据安全 …… 018
- 1.5.3 云计算平台安全 …… 019
- 1.5.4 区块链数据安全 …… 019

1.6 机遇与挑战 …… 020
参考文献 …… 021

第 2 章　疯狂的大脑 ·· 023

- 2.1　人工智能发展历程 ·· 024
- 2.2　人工智能分类 ··· 026
- 2.3　人工智能关键技术 ·· 027
  - 2.3.1　知识表示 ··· 027
  - 2.3.2　推理和问题求解 ··· 034
  - 2.3.3　机器学习 ··· 036
- 2.4　自然语言处理 ··· 046
  - 2.4.1　机器翻译 ··· 046
  - 2.4.2　语义理解 ··· 047
  - 2.4.3　问答系统 ··· 047
- 2.5　智能化人机交互 ··· 047
  - 2.5.1　语音交互 ··· 048
  - 2.5.2　情感交互 ··· 049
  - 2.5.3　体感交互 ··· 049
  - 2.5.4　脑机交互 ··· 050
- 2.6　计算机视觉 ··· 050
  - 2.6.1　计算机视觉概述 ··· 050
  - 2.6.2　计算机视觉理论 ··· 051
  - 2.6.3　成像、图像增强计算学 ··· 053
  - 2.6.4　目标检测、物体识别与图像理解 ································· 054
  - 2.6.5　三维视觉重构计算学 ··· 055
  - 2.6.6　动态视觉跟踪计算学 ··· 055
- 2.7　生物特征识别 ··· 056
- 2.8　VR/AR/MR ··· 058
- 2.9　当前人工智能的局限 ·· 060
- 参考文献 ··· 061

第 3 章　技术重构引爆智能+时代 ··· 065

- 3.1　物联网 ··· 066
  - 3.1.1　物联网的含义 ··· 66
  - 3.1.2　物联网的架构 ··· 67
  - 3.1.3　物联网感知层技术 ··· 69
  - 3.1.4　物联网传输层技术 ··· 69
  - 3.1.5　物联网应用层技术 ··· 70
  - 3.1.6　物联网发展的驱动力 ··· 70
  - 3.1.7　物联网面临的挑战 ··· 71

3.2 物联网和 5G 的关系 · 71
3.2.1 工业与技术革命：从蒸汽机到 5G 万物互联 · 72
3.2.2 5G 简介 · 73
3.2.3 5G 关键技术简介 · 78
3.2.4 物联网与 5G 的关系 · 85
3.2.5 5G 的前景 · 85
3.3 计算能力——人工智能芯片 · 86
3.3.1 GPU · 87
3.3.2 FPGA · 88
3.3.3 ASIC · 89
3.3.4 类脑芯片 · 91
3.3.5 芯片比较 · 92
3.4 量子计算 · 93
3.5 边缘计算 · 97
3.5.1 边缘计算的含义 · 97
3.5.2 边缘计算与云计算 · 98
3.5.3 边缘计算的优势 · 98
3.5.4 隐私与安全 · 99
3.5.5 边缘计算的应用场景 · 99
3.6 数字孪生 · 101
3.6.1 数字孪生的概念 · 101
3.6.2 数字孪生的发展 · 102
3.6.3 数字孪生技术体系 · 103
3.6.4 数字孪生与仿真模拟 · 104
3.6.5 数字孪生技术应用 · 105
3.7 人工智能遇上大数据 · 106
参考文献 · 108

第 4 章 智能与数据对制造业的重构——工业大脑 · 111
4.1 工业 4.0 概述 · 112
4.1.1 工业 4.0 简介 · 112
4.1.2 工业 4.0 的核心特征 · 112
4.1.3 工业 4.0 和智能制造 · 113
4.1.4 智能制造的基本原理 · 114
4.1.5 智能制造的核心痛点 · 115
4.1.6 智能制造的主要应用 · 116
4.2 工业管理系统 · 116
4.2.1 MES 简介 · 116
4.2.2 MES 架构 · 117

- 4.3 工业互联网 ·········· 118
  - 4.3.1 工业互联网概况 ·········· 118
  - 4.3.2 工业互联网平台架构 ·········· 121
  - 4.3.3 工业互联网平台的核心作用 ·········· 122
- 4.4 智慧物流 ·········· 124
  - 4.4.1 智慧物流概况 ·········· 124
  - 4.4.2 物流类别 ·········· 125
  - 4.4.3 智慧仓储物流的系统架构及原理 ·········· 125
- 4.5 案例：安尼梅森云动 MES 在显示行业（LCD/ OLED）的应用 ·········· 126
  - 4.5.1 显示行业百花齐放 ·········· 126
  - 4.5.2 云动 MES 解决方案 ·········· 127
  - 4.5.3 云动 MES 的核心创新点 ·········· 129
  - 4.5.4 云动 MES 的技术架构 ·········· 129
  - 4.5.5 云动 MES 的实施效果 ·········· 129
- 4.6 案例：汽车零部件制造业项目 ·········· 131
  - 4.6.1 汽车零部件行业状况 ·········· 131
  - 4.6.2 盖勒普工业互联网解决方案 ·········· 132
  - 4.6.3 汽车零部件龙头企业项目概述 ·········· 133
- 4.7 案例：街景店车 C2M 工业互联网平台 ·········· 141
  - 4.7.1 街景店车 C2M 工业互联网平台背景介绍 ·········· 141
  - 4.7.2 街景店车 C2M 工业互联网平台的特色 ·········· 143
  - 4.7.3 街景店车 C2M 工业互联网平台的先进性 ·········· 143
  - 4.7.4 街景店车 C2M 工业互联网平台的实施效果 ·········· 151
  - 4.7.5 街景店车 C2M 工业互联网平台的经验 ·········· 151
- 4.8 案例：煤矿大脑 ·········· 152
  - 4.8.1 背景介绍 ·········· 152
  - 4.8.2 人工智能与安全生产 ·········· 154
  - 4.8.3 煤矿大脑简介 ·········· 154
  - 4.8.4 煤矿大脑的系统架构 ·········· 155
  - 4.8.5 煤矿大脑的典型应用 ·········· 156
- 4.9 案例：基于数字孪生的汽车白车身轻量化设计 ·········· 159
  - 4.9.1 背景介绍 ·········· 159
  - 4.9.2 技术路线 ·········· 160
  - 4.9.3 应用成效 ·········· 162
- 4.10 案例：科思通智慧仓储物流解决方案 ·········· 163
  - 4.10.1 科思通智慧仓储物流解决方案概述 ·········· 163
  - 4.10.2 科思通智慧仓储物流解决方案详解 ·········· 164
- 4.11 工业大脑的机会和趋势 ·········· 166
- 参考文献 ·········· 169

第 5 章　智能与数据对出行的重构——智慧出行 … 171

5.1　智慧出行的含义 … 172
5.2　智慧出行的发展 … 173
5.3　智能驾驶技术的内涵 … 173
5.4　智能驾驶的分类 … 174
5.5　智能驾驶的原理 … 174
5.5.1　环境感知技术 … 175
5.5.2　智能网联技术 … 178
5.5.3　决策规划技术 … 179
5.5.4　智能驾驶控制技术 … 180
5.6　智能驾驶的意义 … 180
5.7　Mpilot 智能驾驶方案 … 182
5.7.1　Mpilot 的技术原理 … 182
5.7.2　Mpilot Highway … 182
5.7.3　Mpilot Parking … 182
5.7.4　Mpilot 的发展战略和预期 … 183
5.8　智慧机场 AET 案例 … 184
5.8.1　机场行业状况 … 184
5.8.2　需要考虑的问题 … 184
5.8.3　解决方案 … 185
5.8.4　解决方案的核心创新点 … 186
5.8.5　方案实施效果及亮点 … 187
5.9　江苏 W 市智慧停车案例 … 187
5.9.1　智慧停车的概念 … 187
5.9.2　城市通病——停车难 … 188
5.9.3　W 市智慧停车实施措施 … 188
5.9.4　W 市智慧停车解决方案 … 189
5.9.5　W 市智慧停车技术介绍 … 189
5.9.6　W 市智慧停车模式创新点 … 190
5.10　智能交通案例 … 191
5.10.1　行业痛点及需求 … 191
5.10.2　系统架构 … 192
5.10.3　技术优势 … 193
5.10.4　实施案例 … 194
5.11　无人驾驶公交 … 195
5.12　智慧出行的挑战和展望 … 196
参考文献 … 197

第 6 章 智能与数据对健康的重构——智慧医疗 ... 199

6.1 智慧医疗概述 ... 200
- 6.1.1 智慧医疗的定义 ... 200
- 6.1.2 智慧医疗的分类和组成 ... 201
- 6.1.3 人工智能在智慧医疗中的应用 ... 204
- 6.1.4 智慧医疗面临的任务 ... 205

6.2 "医疗万事通"——轻医疗辅助平台 ... 206

6.3 "身边的医生"——远程心脏康复评估管理体系 ... 207

6.4 "在家住院"——移动病房 ... 208
- 6.4.1 移动病房的概念 ... 209
- 6.4.2 移动病房的特点 ... 209
- 6.4.3 移动病房的核心 ... 210

6.5 从"可穿戴"到"不穿戴"——新型智能医疗仪器 ... 210
- 6.5.1 "可穿戴"的产生及局限 ... 210
- 6.5.2 "不穿戴"的崛起 ... 211

6.6 "虚拟医生"——AI 无人诊断系统 ... 212

6.7 "智慧养老"——老龄健康管理 ... 214
- 6.7.1 智慧养老的背景 ... 214
- 6.7.2 智慧养老的设计理念 ... 214
- 6.7.3 智慧养老系统 ... 216

6.8 人机交互及脑机接口探讨 ... 217
- 6.8.1 背景 ... 217
- 6.8.2 脑机接口技术原理 ... 217
- 6.8.3 医疗健康应用场景 ... 218
- 6.8.4 智能机械义肢技术原理及特点 ... 219

6.9 智慧医疗实践中的陷阱 ... 221
- 6.9.1 监管陷阱 ... 221
- 6.9.2 专业陷阱 ... 221
- 6.9.3 主体陷阱 ... 222
- 6.9.4 安全与责任陷阱 ... 223
- 6.9.5 隐私和保密陷阱 ... 223
- 6.9.6 时间陷阱 ... 223
- 6.9.7 智慧医疗的特点 ... 224

6.10 智慧医疗的机遇与挑战 ... 225
- 6.10.1 中国特色的智慧医疗 ... 225
- 6.10.2 精准与个性化医疗 ... 227
- 6.10.3 5G 时代的智慧医疗 ... 227

参考文献 ... 229

第 7 章　智能与数据对生活的重构——智慧生活 231

7.1　智慧生活概述 232
7.1.1　智慧生活的定义 232
7.1.2　智慧生活的本质 232
7.2　智慧生活的组成 233
7.3　智慧城市的总体架构及关键性技术 237
7.3.1　智慧城市与大数据总体架构 237
7.3.2　智慧城市的系统架构 238
7.3.3　智慧城市的关键性技术 239
7.3.4　网络信息基础设施与大数据中心建设 241
7.3.5　城市大脑在智慧城市中发挥重要作用 242
7.3.6　智慧城市构建城市发展新模式 243
7.4　各国/地区智慧城市发展对比 244
7.5　案例：贵阳花果园智慧社区项目 246
7.5.1　智慧社区的定位和意义 246
7.5.2　项目背景 246
7.5.3　支撑技术 246
7.5.4　项目亮点 248
7.5.5　运营效果 249
7.6　案例：智慧旅游项目 250
7.6.1　智慧旅游的基本理念 250
7.6.2　智慧旅游系统的建设目标与总体思路 251
7.6.3　智慧旅游系统建设模块 251
7.6.4　智慧旅游系统特色 253
7.7　案例：智慧园林解决方案 254
7.7.1　智慧园林的基本理念 254
7.7.2　滴翠智能解决方案介绍 255
7.7.3　解决方案的技术原理 257
7.7.4　解决方案实施效果及亮点 259
7.8　案例：智慧城市项目 259
7.8.1　项目背景 259
7.8.2　项目建设 259
7.8.3　项目功能及特色 261
7.8.4　项目效益分析 264
7.9　案例：智能水务项目 265
7.9.1　智能水务概述 265
7.9.2　智能水务的智能设备及核心技术 265
7.9.3　智能水务解决方案 267
7.9.4　智能水务的优势 268

7.10 案例：智慧差旅项目 ··· 270
　7.10.1 市场及行业状况 ··· 270
　7.10.2 邸客解决方案介绍 ··· 270
　7.10.3 关键技术及创新 ··· 272
7.11 案例：基于教育大脑的智慧校园 ·· 273
　7.11.1 关于智慧校园 ·· 273
　7.11.2 教育大脑架构及解决方案 ·· 273
　7.11.3 解决方案的核心创新点 ··· 275
　7.11.4 运营效果 ·· 276
7.12 案例：智慧门店项目 ·· 276
　7.12.1 项目背景 ·· 276
　7.12.2 项目实施 ·· 278
　7.12.3 项目实施效果 ·· 279
7.13 案例：深圳智慧关爱项目 ·· 279
　7.13.1 项目背景介绍 ·· 279
　7.13.2 项目实施 ·· 280
　7.13.3 项目社会效益 ·· 281
7.14 智慧生活的未来 ·· 282
　参考文献 ··· 284

后记 ··· 285

第 1 章　数据为王

- 大数据的特性
- 大数据的云计算平台
- 去中心化的区块链数据库
- 大数据工具
- 数据安全
- 机遇与挑战

20世纪80年代，著名未来学家阿尔文·托夫勒在《第三次浪潮》一书中首次提到大数据（Big data）[1]。随着互联网、物联网和云计算技术的迅猛发展，大数据在互联网信息技术行业逐渐流行起来。联合国"全球脉动"项目分析了各国特别是发展中国家在运用大数据促进社会发展方面所面临的历史机遇和挑战，并系统地介绍了运用大数据的策略建议，从而推动了数据收集和分析方式的发展；70多个国家和地区已将大数据应用上升为国家发展战略。例如，美国、英国、日本及澳大利亚等国政府先后发布了大数据研究和发展战略规划；中国发布了《促进大数据发展行动纲要》，致力于建设国家数据统一开放平台，为大数据应用、产业和技术的发展提供行动指南。

大数据是一类呈现数据容量大、数据种类多、更新频率快、准确性高、价值密度低等特征的数据集。它不仅包括互联网上发布的信息，也包括各种联网传感设备得到的数据，比如个人健身运动轨迹、环境温度、空气湿度及空气污染指数。美国互联网数据中心（IDC）指出，互联网上的数据每年将增长50%，每两年便翻一番。数据的数量以指数形式递增，而且数据的结构越来越趋于复杂化。

对大数据的处理不采用随机抽样调查的方法，而采用对所有数据进行分析处理的方法[2]，因而可以发现更多的细节。同时，大数据分析人员通过适当地忽略微观层面的精确度，可以获得更好的洞察力和更大的商业利益。因此，大数据是能够对数量巨大、来源分散、格式多样的数据进行采集、存储和关联性分析的新一代信息技术。由于数据超出了正常的处理范围和大小，用户不能采用传统处理方法，需要探索新的数据交叉、方法交叉、知识交叉、领域交叉、学科交叉等的科学研究方法。比如，云计算技术可以中心化地、快速地处理海量数据，区块链技术允许进行非中心化数据账本管理，而数据安全技术可以保证大数据只被授权者使用。随着这些技术的工具化，数据价值可以被快速合法地挖掘出来。

因为大数据可以用来实时、精确地洞察未知逻辑领域的动态变化，并快速重塑业务流程，进行组织和行业的新兴数据管理，其在各行各业中正扮演越来越重要的角色，发展前景与价值创造潜力十分巨大，将给我们的社会与生活带来巨大的影响[2,3]。因此，大数据是一种新的思维方式，它能够帮助人们从信息社会的海量数据中发现新知识，创造新价值，提升新能力，形成新业态[4]。

1.1 大数据的特性

在大数据技术出现早期,道格·莱尼指出大数据包括数据容量(Volume)、数据更新频率(Velocity)及数据多样性(Variety)方面的特征("3V"特征)。此后,研究者纷纷从特性角度去分析和理解大数据,并对这种"3V"特征的观点加以丰富。特别地,研究人员增加了准确性(Veracity)及价值性(Value)方面的特征,从而构成"5V"特征,如图1-1所示。

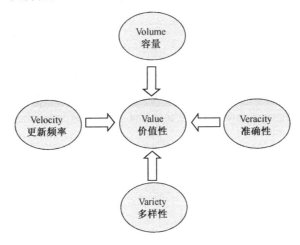

图1-1 大数据的"5V"特征

1.1.1 数据容量大

随着互联网、传感器及各种数字化终端设备的普及,收集、存储、处理数据的成本不断降低,使我们处于一个数据采集无处不在的世界,从而不间断地产生大量数据。目前,每天有超过 50 亿个消费者与数据关联,到 2025 年,这一数字将上升到 60 亿。仅 Facebook 就已经有超过 9 亿名用户了,这些人每天上传 3.5 亿张图片,发送超过 100 亿条信息,每天产生 300TB 数据。事实上,除了本身由计算机或数据处理系统创造出来的数码信息,还有大量数据来自实体世界,比如城市监视录像机等拍摄的音视频,或者可穿戴设备监测的心率、排汗等物理活动数据。2025 年,预计全球联网的数十亿台物联网设备将产生超过 90ZB 数据,与此同时,全球总的数据量将从 2018 年的 33ZB 迅速增加至 175ZB(见图1-2)。为了满足数据爆炸产生的存储需求,IDC 预计,从 2018 年到 2025 年,所有介质类型的存储容量出货量必须超过 22ZB,其中近 59% 的容量来自 HDD 产业。随着数据呈现指数级增长,数字化已经成为构建现代社会的基础力量,并推动我们走向一个深度变革的时代。

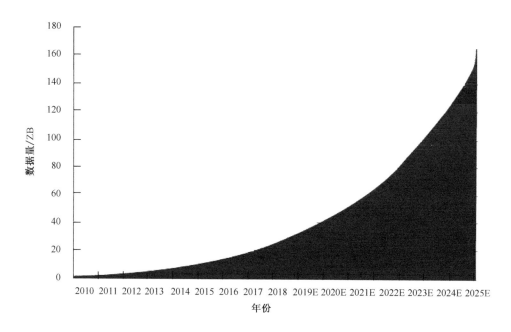

图 1-2　全球每年的数据规模

1.1.2　数据种类多

早期的计算机数据都是结构化的，如航班到港/离港数据、学生成绩单等。但是现在世界上 80% 的数据是非结构化的，而且种类繁多，如电子邮件、网络日志、音频、视频、图片、传感器数据、社交数据等。这些数据有三个来源：①企业数据中心产生的大量核心数据；②边缘服务器及小型数据中心等企业级计算机或设备产生的边缘服务器数据；③终端设备产生的终端数据。

按照内容来分，数据可以归纳为以下三类。①文件数据。据 Radicati Group 统计，电子邮件是用户日常获取信息的重要渠道之一。2018 年全球电子邮件用户量达到 38 亿人，即全球近一半的人在使用电子邮件。2019 年全球每天收发 2936 亿封电子邮件。②物联网数据。据英特尔公司预测，到 2020 年，一辆拥有数百个车载传感器的自动驾驶汽车，每小时将产生 500GB 数据。另外，据 HIS 预测，到 2025 年，全球物联网连接设备的总安装量将达到 754.4 亿个，约是 2015 年的 5 倍。无处不在的物联网设备正在将世界变成一个"数字地球"。③社交数据。人们可以用智能手机随时随地进行社交活动，每天在社交网络上花费的时间越来越多，导致社交数据量也相应地不断增长。据 Facebook 统计，Facebook 每天产生 4PB 数据，包含 100 亿条消息、3.5 亿张照片和 1 亿小时的视频浏览。类似地，Instagram 用户每天要分享 9500 万张照片，Twitter 用户每天要发送 5 亿条信息。

当前的大量数据不是结构化的，不能直接采用关系数据库来存储和处理。幸运的是，大数据技术可以将不同类型的数据与传统的结构化数据结合在一起进行统一处理。

1.1.3 更新频率快

数据更新频率指数据的生成速度、移动速度及处理速度。国际数据公司报告显示，2018年全球智能手机共出货 14 亿部。这些手机用户随时随地产生新的照片、视频、音频、健身数据等。与此同时，快速增长的物联网设备产生的物联网数据呈现指数级增长，由此导致的网络反应速度也成为大家关注的焦点，因为网络的带宽及反应速度直接影响企业的效率甚至竞争的成败。特别地，手机在移动互联网应用中扮演着极其重要的角色。现在全世界平均每个智能手机用户每个月会产生近 3GB 数据，比 2017 年同期增长了 50％以上[5]。基于这种情况，大数据对处理速度有非常严格的要求，服务器中大量的资源用于处理和计算数据，很多平台都需要做到实时分析数据，谁的数据分析速度更快且更准确，谁就可以更快地更新决策，获得优势。

1.1.4 准确性高

准确性指数据的可信度。由于原始数据类型、来源与形式很多，它们的质量和准确性参差不齐。所有与数据有关的应用，不论是基础的数据统计、复杂的数据多维分析，还是个性化推荐、用户画像等更加深入的应用，对数据的准确性都有较高的要求。可是，人为因素、技术原因或其他商业因素等都可能使数据采集环节、传输环节、存储环节、分析环节及结果表示环节产生误差。这些误差如果处理不当，就会使得出的结果无法反映实际情况，从而导致企业决策错误。也就是说，由于大数据中的内容是与真实世界息息相关的，数据的准确性直接影响数据应用最终的呈现效果，从而影响基于数据的商业决策和产品智能效果，所以准确性的重要性可想而知。

大数据分析就是要从庞大且杂乱的数据集中分析得出独特的见解，从而解释和预测现实事件。显然，数据量越多，得出的结果就会越准确，就越利于做出最优决策。

1.1.5 价值密度低

价值性是大数据的核心特征。在一个大数据集中，数据总量很大，但数据的同质性通常很高，其中有价值的数据所占的比例很小。因此，随着数据量增加，虽然数据整体的价值会提高，但随之而来的是数据的价值密度降低了。相比于传统的小数据，大数据最大的价值在于，通过机器学习等方法，可从大量不相关的各类数据中发现新规律、新知识和对预测分析有价值的结果。借助于大数据，可提升各国社会治理、企业生产和科学研究的能力，也可迅速提升国家竞争力。例如，2018 年中国数字经济规模已经达到 31.3 万亿元，数字经济占比继续提升，2018 年中国 GDP 总量的 1/3 借助数字技术实现，数字中国初具规模。

1.2 大数据的云计算平台

当前世界高市值的公司，如苹果、亚马逊、微软、谷歌、腾讯、阿里巴巴和 Facebook 在很大程度上依靠的是中心化数据的价值。因此，数据被认为是基础性的战略资源和 21 世纪的"钻石矿"。但是，要想快速准确地挖掘大数据的价值，必然面临以下挑战。①实时性。数据收集速度正在逐渐趋于实时（如用户与网页交互活动的点击流数据、移动设备上的实时定位数据），同时数据分析可以对人们所处的环境产生即时影响，甚至左右人们的决策。数据价值不是固定不变的，非实时分析结果会大大降低大数据的价值。如果要处理 Facebook 每天新产生的 300TB 数据，假设一台机器每秒钟可以处理 50MB 数据，则共需要 6×2^{20} 秒或 1747 小时，显然一台机器不能做到实时处理。但是如果用 73 台同样的机器来处理这些数据，则可以在 24 小时内处理完。这说明大数据只能用多机并行的方式处理，这样才能有效压缩时间，满足实时应用的需求。②分布式存储。当采用分布式并行处理大数据时，传统的数据库技术很难满足大数据存储和分析的要求，因为简单地在各处理地点复制大数据库，必然会导致存储效率低下。但是如果在每个处理地点只存储部分数据，则在数据更新频繁的情况下，如何保障各地点的数据一致是一个新的挑战。

云计算（Cloud Computing）是一种分布式计算平台，其通过网络来拥有大量可配置的计算资源（如网络、服务器、存储、应用软件）共享池，给用户提供动态易扩展且通常为虚拟化的资源。它采用按照使用量付费的模式，提供可用的、便捷的、按需的网络访问，用户只需要投入很少的管理工作，就可以快速获得计算资源。因此，云计算技术是一种应对大数据实时计算和高效存储两大挑战的有效方法。在云计算系统中，数据存储在不同的位置，并由云系统底层软件汇集在一起；同时，并行云计算处理单元对大数据进行有效分析，得到有用的内容。

1.2.1 云计算的服务形式

如图 1-3 所示，云计算包括以下三个层次的服务。

（1）基础设施即服务（Infrastructure-as-a-Service，IaaS）。客户端用户通过互联网向云服务器（如华为云、阿里云）请求计算机的基础设施资源（如主机、存储和网络硬件）服务，以便利用这些资源运行应用程序。

（2）平台即服务（Platform-as-a-Service，PaaS）。PaaS 将软件研发的平台作为一种服务，也可以叫中间件。利用中间件进行云计算应用的开发工作，可以大大节省时间和成本。

（3）软件即服务（Software-as-a-Service，SaaS）。它类似于传统的顾客服务器运行方式，即它通过互联网来提供软件，用户无须购买软件，而是向提供商租用软件（如 Googledoc）来管理企业的经营活动。PaaS 是 SaaS 模式的一种应用。但是，PaaS 主要是面向云计算平台开发人员的，而 SaaS 则是面向最终用户的。有了 PaaS，SaaS 应用开发，如软件的个性化定制开发的速度可以大大加快，而且性能更好。

图 1-3 微软云计算参考架构

1.2.2 云计算的服务特点

如图 1-4 所示，云计算包括以下五个服务特点。

（1）按需自助。消费者根据自己的需求，向云计算平台申请且自动获取资源，如服务器时间、网络和存储，而不必与服务提供商接触。

（2）广泛的网络访问。无论何种客户端（移动电话、平板电脑、笔记本电脑和个人工作站），都可以通过标准机制访问云计算平台。

（3）资源池化。因为云服务提供商的资源分布在不同的位置，当用户需求提交后，云计算平台会将不同的物理和虚拟资源动态地分配和再分配，但用户通常不能掌控或了解资源的具体位置。也就是说，多租户/消费者可以同时使用云计算平台资源，而无须知道也无法知道所使用的资源的位置。

图 1-4　云计算的五个服务特点

（4）快速弹性。用户的资源需求是动态变化的，因此云计算平台必须相应地提供或释放计算资源，以匹配等量的需求。弹性分配能力使消费者觉得无论何时何地都可以获得无限资源。

（5）可度量服务。云计算平台的资源使用（如存储、带宽和活跃用户账号数）可以被监视、控制及报告，并向服务提供商和服务使用者提供透明度，同时，云系统会自动控制和优化资源的使用。

除了上述五个服务特点，云计算还存在安全风险特性：一方面，云计算平台可能遇到很多外来攻击[6]；另一方面，云计算服务当前垄断在民营企业手中，而它们仅仅能够提供商业信用。一旦商业用户使用私人机构提供的云计算服务，其安全信息就会暴露给云计算服务提供商，从而有可能被云计算服务提供商内部恶意使用，如 2018 年 3 月发生的 Facebook 泄露用户信息事件。因此，政府机构、银行、医疗机构等，需要慎重选择云计算服务，或者采用私有云服务。

1.2.3　大数据云计算环境

从功能上看，云计算平台相当于传统的计算机和操作系统，其具有并行运算能力的软件系统将大量的硬件资源（如 CPU、GPU 等）虚拟化后再进行分配使用。用户先将数据通过存储层存储下来，然后根据需求建立数据模型，通过数据分析获取相应的价值。大数据要求高效处理海量数据，但单台计算机常常难以胜任，幸亏云计算可以提供强大的数据并行计算和分布式计算能力，能够优化大数据涵盖的数据范围。因此，在技术上，大数据必须依托云计算的分布式处理、分布式数据库、云存储和虚拟化技术；在经济上，如果互联网应用的客户群体不确定、系统规模不确定、系统投资不固定，云计算平台可为数据处理提供一种灵活且经济可行的方式。

随着各公司不断采用云计算平台来满足数据处理的需要，传统数据中心向云计算平台转变，云数据中心正成为新的企业数据存储库及计算资源的底层，支撑着上层的大数据处理。同时，市场也会对大数据实时交互式的查询效率和分析能力提出更高的技术需求，迫使云计算实现技术上的改进、创新以应对市场需求，所以，未来大数据和云计算始终处于相辅相成、不断发展的状态。

1.3 去中心化的区块链数据库

云计算平台把数据分布式存储在多个不同的地点，然后把存储单元通过网络互相连接，共同组成一个完整的、全局的、逻辑上集中但物理上分散的大型数据库。但是，它通常需要一个中心化的数据存储及管理系统。这种中心化的结构虽然效率高，但健壮性差，管理较为复杂。作为 2009 年年初发展起来的新兴数据库技术，区块链（Blockchain）把数据分成一个个区块，这些区块通过哈希函数连接成一条单向链（新的区块链数据结构是一个有向图），如图 1-5 所示。区块链采用点对点（P2P）对等网络、密码、时间戳等技术，在节点无须互相信任的分布式系统中实现基于去中心化的点对点交易、协调与协作，从而为解决中心化机构普遍存在的高成本和数据存储不安全等问题提供了解决方案。

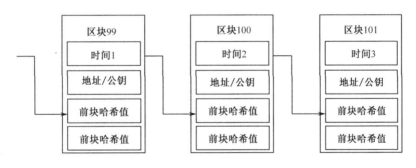

图 1-5 区块链示意

1.3.1 区块链的架构模型

如图 1-6 所示，区块链的基础架构模型包含 6 层：数据层、网络层、共识层、激励层、合约层、应用层。其中，数据层和网络层是基础层，共识层、激励层和合约层构成了中间协议层，而应用层通常由用户自己定义，以便适用于不同的场景，如数字货币、数字金融、数字版权、产品溯源等。

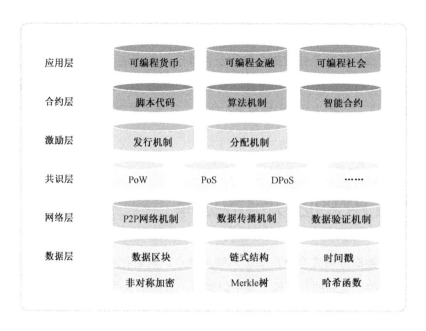

图 1-6　区块链基础架构模型[7]

（1）数据层：数据层是区块链基础架构模型的最底层，它封装了数据区块的结构，这些区块通过密码技术形成单向链数据结构。

（2）网络层：网络层利用了 P2P 的网络机制、数据传播机制和数据验证机制，区块链上的节点自动组网，形成一个分布式自治系统。

（3）共识层：区块链的核心是全网节点维护一个一致性的数据库或账本，因此，区块链节点需要共识机制，目前最常见也是较为成熟的三种共识机制是工作量证明（Proof of Work，PoW）机制、权益证明（Proof of Stake，PoS）机制和股份授权证明（Delegate Proof of Stake，DPoS）机制，目前共识机制还在不断地演进和完善。

（4）激励层：区块链账本的建立与维护需要区块链节点的参与和贡献资源，为了鼓励及补偿节点，区块链还包含一套用于激励的发行机制和分配机制。

（5）合约层：区块链的每个区块可编程、可嵌入代码，因此，合约层包含了脚本代码和算法机制，可以简单地将其理解为一份自定义的电子合同；智能合约指这份合约可以在达到约束条件时自动触发执行事先约定好的一切条款，也可以在不满足条件时自动解约，而不需要人工干预。

（6）应用层：和传统的网络协议模型应用层一样，区块链的应用层可以封装各种应用场景和案例，类似于我们日常用的各种网站、社交娱乐 App、电商购物 App、新闻阅读 App 等应用场景。

区块链技术包括两项最重要的机制：共识机制和激励机制。前者保证所有参与者对全区块链的网络数据达成共识，同时也确保和维持整个区块链稳定；后者可以促使参与者共享资源，是区块链系统持续运作的重要因素之一。

目前，区块链社区已经发展了各种区块链共识机制：PoW、PoS 和拜占庭容错（Byzantine Fault Tolerance，BFT）等。其中，PoW 计算资源耗费大，受网络传播延迟影响大，交易不能得到及时确认。虽然 PoS 避免了消耗大量的计算资源，以及 BFT 能够实现交易的及时确认，从而不同程度地克服了 PoW 在性能上的不足，但它们依然难以满足低计算复杂度和低处理延迟等性能要求。如果区块链没有与共识机制相结合的合适的激励机制，理性的节点便不倾向于参与区块链交易，从而导致共识机制无法完成。因此，激励机制与共识机制密切相关。

区块链共识机制与激励机制具有 4 个特性：①激励兼容性，即每个参与者根据真实的贡献值获得与之相对应的奖励；②一致性，即所有诚实的参与者最终维持一致的全网视图；③活跃性，即参与者愿意持续地在所处的区块链上创建有效交易；④正确性，即区块链上的每一笔交易和区块都是被验证成功的交易和区块。这 4 个特性对区块链系统的稳定运行具有重要的意义，因为激励兼容性和活跃性分别保证了参与者维护区块链的激励和持续性，一致性和正确性能有效地同步交易顺序，消除块冲突并在基于区块链的加密货币中避免双花攻击。因此，设计安全的区块链共识机制与激励机制以适应物联网生态发展环境和场景特性是非常重要的。

1.3.2 区块链的技术特征

区块链是一个可信任、不能篡改、不可抵赖的公共数据库或账本。它由任意多个节点根据代码自发形成。它高度透明，能完全实现多边共信。总之，如图 1-7 所示，区块链技术具有如下特征。

（1）去中心化。区块链是由众多节点组成的一个端到端的分布式网络，每个节点可以单独存储及验证数据，不存在中心化的硬件或管理机构，账本由所有具有维护能力的节点来共同维护，少数节点故障不会影响系统整体的运作。去中心化是区块链最突出和最本质的特征。

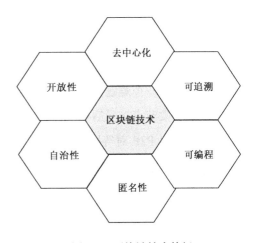

图 1-7　区块链技术特征

（2）开放性。区块链的数据是全网公开的，任何人都可以通过公用的接口查询区块链数据和开发相关应用，如果用户想保护其私密信息，可事先对数据采用密码技术进行处理后再加入区块链中。

（3）自治性。基于协商一致的规范和协议，区块链参与者会建立一个"区块链社区"，在该无中心社区中，所有节点能够自由安全地交换数据，从而使对"人"的信任变成了对代码的信任。

（4）匿名性。除非有法律规范要求，在区块链上，节点的真实个人信息是不公开的，一个真实用户可以有任意多个独立的节点及账户，这些节点之间及账户之间遵循固定的算法，交易过程无须公开身份。

（5）可编程。在一个区块链应用发布之前，其体系结构和所采用的协议等都必须固定下来，而这些都是需要使用代码来实现的。因为这些代码关联计算逻辑，用户可以通过编程设置自动触发节点之间交易的算法和规则。当前流行的区块链编程平台为 Hyperledger（超级账本）和 Ethereum（以太坊）。

（6）可追溯。区块链通过区块数据结构存储了创世区块后的所有历史数据，而且数据信息一旦被写入区块中，就不能更改撤销。区块链上的任何数据皆可通过链式结构追溯至创世区块数据，从而可确认账本数据的完整性。

1.3.3　区块链的发展过程

近 10 年来，区块链技术快速更新换代[8]，从区块链 1.0 进化到区块链 4.0，底层技术和效率不断提升，场景覆盖越来越多。相信随着时间的推移，区块链的基础设施将日趋完善。

区块链 1.0 是以比特币（Bit Coin）为代表的数字货币应用。作为比特币的底层技术，它本质上是一个去中心化的数据库。在区块链 1.0 中，矿工节点把交易信息做成一个数据包，然后通过求解一个难题使该数据包形成一个区块，进而将区块组成一个公认链。当一个难题的解被大多数节点接受后，求得该解的矿工就会得到约定数量的比特币。因此，区块链 1.0 的特点是运用 P2P 对等网络技术来发行、管理和流通货币，这样理论上避免了机构的审批，从而让每个人都有权发行货币。

区块链 1.0 可以实现数字交易，但不支持去中心化交易所，缺乏扩展性。通过采用以太坊虚拟机（Ethereum Virtual Machine），区块链 2.0 具有处理点对点的图灵完备的智能合约（Smart Contract）框架，解决了区块链 1.0 扩展性不足的问题。具体来说，智能合约是一种以信息化方式传播、验证或执行合同的计算机协议。该协议是技术实现，且选择哪个协议取决于许多因素。但是，一旦参与方达成协定，智能合约建立的权利和义务就由区块链自动执行，这个执行过程可追踪且不可逆转。在这个基础上，合约承诺被实现且被记录下来。

区块链 3.0 进一步将区块链应用的领域扩展到货币和金融行业之外，从而实现了对所有具有价值的数字资产在区块链上的追踪、控制和交易。数字资产可以是任何记录，如出生和死亡证明、财务账目、医疗过程、保险理赔、遗嘱。作为价值互联网的内核，区块链 3.0 可以不依靠第三方获得信任或建立信用，可实现信息在司法、医疗、物流等各领域的共享。也就是说，区块链技术可以解决信任问题，提高整个系统的运转效率[9,10]。区块链 3.0 的代表是 IOTA，其采用图形结构替代区块链的链条结构，缩短了交易确认时间；无须挖矿，从而大大提高了交易处理速度。

区块链 4.0 聚焦区块链基础设施和平台层核心技术，致力于构建一个通用、支撑功能完善、性能高、易于使用、用户体验好、可扩展的区块链基础设施。目前，基于 HashNet 及 Hashgraph 数据结构的区块链技术可在交易吞吐量、可扩展性上实现质的飞跃，逐步受到业界的关注。

在现有的区块链中，为了验证数据的完整性，区块链保存了所有的区块信息。但是，因为数据都有时效性，无效的数据理应从区块链上删除，区块链这种存储数据的方式是低效且不必要的。但是如果丢弃无效数据，区块链的完整性就没有了。为了弥补这一缺陷，可遗忘区块链（Oblivious Blockchain）重构创世区块，通过快速在区块链所有节点形成共识，包括对新区块的组成、新区块加入的方法和时间、旧区块的丢弃时间及方法等形成共识，使得当一些区块被忘记（丢弃）后，剩余的区块还是全网一致和不可篡改的。

1.3.4 区块链产品溯源应用实例

在区块链产品溯源应用中，企业质检信用查询工具利用了区块链的数据可追溯性的特点。这种去中心化的模式可以提高数据的安全性，具体来说包括三个方面：①通过用户界面数据区块保存用户签名信息和数据以保证数据的可追溯性；②通过引入多个节点共同参与记录的方式来提高数据存储的可信性；③利用区块链自身特性来保证数据的完整性。这样一来，区块链产品溯源系统就记录了产品的原材料、生产加工、运送、中转直到收货的全过程。在该过程中，状态传感设备将产品的原材料生产地、生产日期、质量证书、运输路径、运输条件、收货时间和数量等信息都记录在区块链上，供人们查询。因为每笔交易都保证可追溯，因此，其可以在所有参与方之间建立信任[11]。

1.4 大数据工具

数据正成为企业数字化发展过程中的新资本形式，新一代企业尤其依赖数据的数量与质量。在此前提下，收集整合数据与运用生态系统及清晰的数据战略，对企业的发展至关重要。也就是说，企业需要理解现有数据资产的价值，采取一种程序化的方法来构建数据资产，并在所有业务部门的支持下，运用现有数据指导业务开展，提升企业的核心竞争力。因此，企业需要建立一套完整的大数据处理流程。以物联网大数据处理为例，该流程包括 4 个阶段，共 8 个主要模块（见图 1-8）。

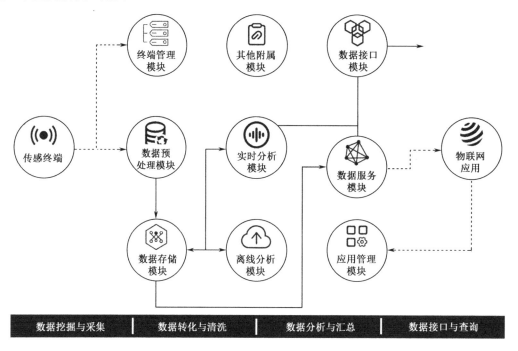

图 1-8　物联网大数据处理流程

（1）终端管理模块：提供终端注册、身份验证、监控、数据库用户角色和权限设置，以及资源管理等功能，对传感终端等物理设备进行统一管理。

（2）数据预处理模块：接收终端上传的数据，进行数据转换，屏蔽不同厂商传感器硬件数据的差异性，生成统一的标准数据格式。

（3）数据存储模块：实现数据采集、数据清洗、数据更新、数据分析、数据归类等各类物联网数据的存储和备份等功能。

（4）**实时分析模块**：通过对实时数据的统计分析，对数据进行分析处理，输出分析结果。

（5）**离线分析模块**：对大量非实时数据进行统计、分析挖掘，定时生成分析结果，当用户调用相关分析数据服务时，可以直接输出已分析的结果，提高服务效率。

（6）**数据服务模块**：提供服务注册、服务发现、服务组装服务。

（7）**数据接口模块**：开放式数据应用程序接口，为外部访问数据库提供一种通用的应用程序语言。

（8）**应用管理模块**：对访问数据服务的物联网应用进行注册、注销管理。

流程化的数据资产构建方法意味着有良好的数据架构，能够优化数据的采集、分析、聚合、使用与后续更新，并保持数据的准确性、一致性与安全性；同时，通过保留开放的接口，可以灵活快速地扩展到未来的新技术。随着数字化和智能化时代的快速到来，基于大数据的创新正成为新的经济增长点，越来越多的企业对拥有的数据进行存储管理、清理、分析、价值挖掘和数据可视化，将大数据应用作为获得差异化竞争优势的重要途径。为了满足企业采集处理数据等的需求，大数据工具迅速得到应用，并发展出了执行各种任务和流程的数千个种类，而且其市场还在不断增长。

1.4.1 数据存储管理工具

数据存储管理工具是大数据分析平台的基础。它需要根据大数据应用的主要特点和基础架构，切实有效地存取日渐丰富的信息，从而改善人们的日常生活，提高企业的运营能力。表 1-1 所示为常用的数据存储管理工具。

表 1-1 常用的数据存储管理工具

数据储存管理工具	特　　点	作　　用
Cloudera	在云端运行的数据仓库，可进行机器学习并提供分析功能	帮助企业构建大数据集群及让员工更好地访问数据
MongoDB	NoSQL 数据库程序，是最流行的大数据库	管理非结构化数据或频繁更改的数据
Talend	开源软件，可以转换、组合和更新各个域的数据	围绕集成平台构建，结合了大数据、云计算和应用程序，可以进行实时数据集成、准备和管理

1.4.2 数据清理工具

原始数据多是杂乱无章的,而且里面有很多垃圾。因此,需要对原始数据进行清理,从而得到一些高质量的数据。另外,大数据集往往是非结构化和无组织的,并且可能来自不同地方:移动网络、物联网、社交媒体,因此需要将它们转换成某种统一的形式。只有经过清理和转换之后,才可以进行数据分析与分类,进而发现数据之间的相互关系,以及挖掘数据价值。常用的数据清理工具如表 1-2 所示。

表 1-2 常用的数据清理工具

数据清理工具	特 点	作 用
OpenRefine	开源软件,类似于电子表格应用程序	通过删除重复项、空白字段和其他错误来清理凌乱的数据
DataCleaner	与 OpenRefine 类似,是数据质量分析平台	将半结构化数据集转换为干净可读的数据集
Microsoft Excel	运用非常广泛的电子表格处理软件	便于编辑小数据量的文件,并不适用于大数据集

1.4.3 数据挖掘工具

大多数统计分析技术都基于完善的数学理论和高超的技巧,对使用者的要求很高。数据挖掘是利用统计、机器学习和人工智能技术的应用程序,可使人们不用掌握大量技巧也能找出隐藏于大数据的信息。因此,数据挖掘不是传统统计分析技术的替代,而是传统统计分析技术的延伸和扩展。作为大数据系统的核心竞争力,数据挖掘方案通常非常复杂。表 1-3 所示为常用的数据挖掘工具。

表 1-3 常用的数据挖掘工具

数据挖掘工具	特 点	作 用
RapidMiner	是在开放核心模型上开发的,为机器学习、深度学习、文本挖掘和预测分析提供了软件平台	易于使用的预测分析工具,具有用户友好的可视化界面
IBM SPSS Modeler	用于构建预测模型和其他分析任务	消除数据转换中的复杂性,使复杂的预测模型和其他分析任务易于使用
Teradata	是一个从数据库、数据分析到市场营销应用的完整解决方案	可以让企业的业务真正成为数据驱动的业务

1.4.4 数据可视化工具

除了一个功能强大的挖掘引擎,友好的数据可视界面也是大数据分析必须具备的。其旨在借助于图形化手段,清晰有效地传达与沟通信息[12]。在表现形式上,为了有效地传达思想,其需要同时具有可视化功能和美感,通过直观地传达关键特征,让用户深入洞察稀疏且复杂的数据集。一个良好的可视化人机接口能够增强系统的可用性,帮助销售代表、各级企业管理团队等理解数据及挖掘数据中的信息。表 1-4 所示为常用的数据可视化工具。遗憾的是,良好的可视化界面有时与深度特征集的读取不一致,这成了大数据可视化工具的一个主要挑战。

表 1-4 常用的数据可视化工具

数据可视化工具	特 点	作 用
Tableau	具有映射功能	专注于商业智能,无须编程即可创建各种地图、图表、图形等
Silk	是一个云应用程序,用户可在线可视化数据	易于将数据可视化为地图和图表,首次加载时自动将数据可视化,便于在线发布结果
Chartio	具有专用的可视化查询语言,可轻松创建功能强大的仪表板,用户无须了解建模语言	通过直观、灵活的拖放式界面,任何人都可动态浏览、转换和可视化数据
IBM Watson Analytics	提供云上智能数据分析和可视化服务	机器学习和人工智能的结合

1.5 数据安全

数字化在给我们带来便利的同时,也会带来一些安全问题,包括在线存储的信息被盗、隐私泄露、数据恢复勒索或拒绝攻击。各企业都在大力加强信息技术/网络防御能力,以保护其关键数据资产(如企业品牌、知识产权和客户信息),防止未经授权的访问和修改。数据安全可以通过采用密码技术、安全网络设施、强化的云计算平台和区块链得到加强。

1.5.1 密码技术

密码技术是数据安全的基础。现代密码技术包括对称密码技术、非对称密码技术、数字签名及密钥管理技术等。国际标准化组织金融服务技术委员会安全分委会组织编制了《金融服务.密码算法及其应用的推荐规范》(ISO/TR 14742—2010),提供了一系列推荐性密码算法及参数。

对称密码指传送方与接收方拥有相同的密钥。它分为分组密码(如 AES、SM4)与流密码(Stream Cipher)。在分组密码加密/解密过程中,输入数据和输出数据大小是固定的。对于输入数据大小不是数据块整倍数的情形,需要采用编码方法。不同于分组密码,流密码可以加密/解密任意大小的输入数据。一般认为,流密码的安全水平不高于分组密码。

在对称密码体系中,加密方和解密方必须使用相同的私钥。对称密码体系给密钥管理带来了难题,特别是在大规模使用的情况下。非对称密码算法(如 RSA)很好地解决了这个私钥管理难题。它类似一个信箱系统：任何人都可以把写好的信封起来投递到个人信箱，但只有信箱主人才有钥匙打开信箱及阅读信件。具体来说，加密方有一个公钥，解密方有一个私钥，从私钥可以计算出公钥，但从公钥不能计算出私钥。现代非对称密码算法都是基于某个数学难题（如大数分解、离散对数）建立的。

非对称密码学有一个重要用途——数字签名。数字签名包含两个算法：签署算法和签名验证算法。利用签署算法（如 RSA、DSA）和哈希函数（如 SHA-256、SM3），签名者可使用私钥处理信息的杂凑值以产生签名。没有私钥，任何人不能产生被签署信息的签名。不过，利用验证算法，任何人都可以采用签名者的公钥验证签章的真实性。

相比于对称密码，非对称密码需要消耗更多的计算资源。因此，非对称密码通常用于对称密钥管理，即通信双方通过一个采用非对称密码技术的协议来共享一个临时对称密钥，然后利用对称密码加密通信内容。目前流行的协议是 SSLv3。

1.5.2 企业数据安全

网络安全管理的目的在于监控和防止未经授权的访问、滥用、修改计算机/网络资源，它涵盖日常工作中使用的各种公共和私人计算机网络，以及企业、政府机构和个人之间进行的交易与沟通。只有对各种威胁进行有效管理，才能阻止它们进入网络或在网络中传播。为此，企业内部网络通常需要安装以下工具。

（1）防病毒和杀毒软件。这种软件用于防范恶意软件，包括间谍软件、勒索软件、特洛伊木马、蠕虫和病毒。恶意软件可以感染网络并保持平静数天甚至数周，然后在某个时候变得非常危险。防病毒和杀毒软件通过扫描恶意软件条目并定期跟踪文件来处理此威胁，以便检测异常，删除恶意软件并修复计算机及网络环境。

（2）防火墙。防火墙使用一组可定义的规则，针对网络数据流进行过滤以阻止威胁，同时允许正常的流量通过，避免任何第三方或未知数据源的攻击，从而将可信的内部网络与外部网络隔离。防火墙可以是软件、硬件，也可以是两者兼具。

（3）入侵检测系统（IDS）/入侵防御系统（IPS）。IDS 能够自动识别偏离规范的行为。它能够有效地检测出潜在威胁并快速去除威胁。更进一步地，IPS 是一种能够扫描网络流量以主动阻止攻击的网络安全系统。IPS 设置界面允许管理员配置或更新安全规则。这些规则可以自动更新和手动更新。

（4）数据丢失防护（DLP）系统。DLP 系统可确保企业员工不向网络外发送敏感信息，以及不用不安全的方式上传、转发甚至打印重要信息。

(5)服务器安全软件。为了和外界交换信息，企业内部通常不得不提供一些服务。这些服务器常常成为攻击者的首选。其中最典型的服务器是电子邮件服务器。攻击者使用社交工程策略和个人信息来构建精细的网络钓鱼活动以欺骗收件人，把他们诱骗到恶意网站，甚至诱使他们安装恶意代码。服务器安全软件能够有效阻止邮件带来的外来攻击，并防止敏感数据丢失。

(6)终端安全软件。目前很多企业推行灵活的工作制度，允许员工通过笔记本电脑或其他无线设备等远程访问企业网络资源。这种工作方式在带来便利和及时服务的同时，会给企业带来安全威胁。终端安全软件是一种保护企业远程访问的策略。有的终端安全软件可以提供七层防御，包括病毒范围、文件信誉、自动沙箱、主机入侵防御、Web URL 过滤、防火墙和防病毒软件。

1.5.3 云计算平台安全

与企业网络安全一样，云计算平台同样会受到各种各样的网络攻击，因此，也需要采用类似企业的网络安全保护措施，以便保护云应用程序中的数据。除此之外，由于云计算平台常常托管客户公司的敏感或机密大数据信息(如客户信息、信用卡号，甚至简单的联系方式)，云计算平台安全还需要考虑商业智能（Business Intelligence）安全性、用户隐私安全，用于保护数据和分析流程免受攻击，否则对云计算平台的攻击可能会造成严重的财产损失。

1.5.4 区块链数据安全

在区块链系统中，每个区块都连接着它之前和之后的所有区块，而且整个区块链是一个统一的账本，因此，攻击者难以做到篡改单个区块而不被发现。同时，由于区块链是去中心化的，不会出现单点故障，也无法从单台计算机进行有效更改。不过，如果某个区块链节点或团体具有至少51%的算力，则区块链会被成功攻击。幸运的是，这种攻击实施起来难度较大。当网络很大时，这种攻击对攻击者必需的算力要求很高，即区块链具有很强的防篡改性。此外，区块链还可能存在如下安全挑战[13,14]。

(1)共识机制是维持区块链系统有序运行的基础。相互间未建立信任关系的区块链节点通过共识机制，在长期发展应用中，也可衍生出分叉女巫等大量针对性的攻击手段，导致区块链上的记录被篡改。

(2)智能合约是根据实际功能设计完善的合约文本。其要求合约代码严格按照合约文本进行编写，以便确保合约代码与合约文本一致，且代码编译后没有漏洞，出错后在隔离环境中运行。然而，与其他所有软件一样，智能合约、智能合约语言、智能合约编译器，以及其虚拟运行环境都可能存在漏洞。更麻烦的是，它们在区块链上是公开的，其包括安全漏洞在内的所有漏洞都可以被对手得到。2016 年 6 月，The DAOEther 的漏洞就造成了 5000 万美元的损失。

（3）内容安全是在数据安全的基础上衍生出来的应用层安全属性。由于区块链具有不可篡改的特点，一旦非法内容被记录在区块链上，将很难被修改或撤销，因此，区块链上传播和存储的数据内容需要符合道德规范和法律要求，而不良或非法内容不应该在区块链网络中传播。例如，在基于区块链的银行系统中，需要采用网络监测、信息过滤等技术实现反洗钱等内容监管机制，还需要设置有效的监管机制对已经记录在区块链中的非法内容进行撤销、删除等操作，从而维护区块链网络的健康发展。

1.6　机遇与挑战

随着数字化和智能化时代的快速到来，数据数量及种类爆炸式增加。鉴于数据中蕴含着巨大的价值，其在各行各业中正扮演着越来越重要的角色，对于推动多项产业高速发展和提高企业效率具有重要作用。数据来源多样化，不仅包括企业内部数据，也包括企业外部数据，尤其是和消费者相关的数据，大数据打破了企业传统数据的边界。通过组合并交叉检查大的数据集，大数据分析可能会发现少量数据情况下看不到的模式。这些模式可以洞察关键业务，以及优化跨部门的业务流程，改变过去商业智能仅仅依靠企业内部业务数据的局面。

大数据具有"5V"的特征。这些特征注定了它与云计算平台密不可分。一方面，大数据需要巨量存储空间及很高的处理能力；另一方面，云计算平台采用分布式结构，在只需要进行很少的管理工作的情况下，就可以快速提供计算与存储资源。因此，大数据和云计算平台相互促进，都得到了快速发展。

中心化的云计算平台可以满足大数据的许多要求，但对于非中心化数据难以发挥作用。区块链技术的不断发展，为非中心化数据的采集与自动处理提供了一个低成本的方式。目前，区块链技术还不成熟，落地应用不多，规模也不大。但是，随着区块链技术在各行业及人们日常生活中的逐步应用，一旦形成完善的生态体系，其必然会改变人们的生活方式，并且将极大地影响区块链应用的价值。

近年来，大数据分析技术突飞猛进，涌现出了大量优秀的大数据工具，使人们可以快速发掘大数据的价值。但是，在大数据应用过程中，也存在如下一些问题。

（1）数据资源开放共享程度低。数据质量不高，数据资源流通不畅，数据标准化程度有待提高，导致数据价值难以被有效挖掘和利用。

（2）技术创新与支撑能力不强。大数据技术在新型计算平台、分布式计算架构、大数据分析处理和呈现方面都有很大的发展空间，对开源技术和相关生态系统的影响力弱。

（3）大数据应用水平不高。虽然大数据的应用优势明显，但目前还存在应用领域不广泛、应用程度不深、认识不到位等问题。

（4）大数据安全体系不健全。数据所有权、隐私权等相关法律法规和信息安全、开放共享等标准规范不健全，无论是个人、企业，还是政府，如果没有做好安全防护措施，会导致大数据落入恶意者手里，或者被恶意使用，从而使合法权益被侵害。因此，建立完善的数据保护体系，是大数据得到良性发展的必要前提。

（5）人才队伍建设亟须加强。大数据基础研究、产品研发和业务应用等各类人才短缺，难以满足发展需要。

总之，大数据不断释放新的商业潜力，培育新的业务形态，增加新的就业机会，助推整体经济发展，正在成为新的经济增长点。

参 考 文 献

[1] Toffler A. The Third Wave[M]. New York: Bantam Doubleday Dell Publishing Group Inc, 1980.

[2] Bryson S, Kenwright D, Cox M, et al. Visually Exploring Gigabyte Data Sets in Real Time[J]. Communications of the ACM, 1999, 42(8): 82-90.

[3] Manyika J, et al. Big data: The next frontier for innovation, competition, and productivity[R]. Mckinsey report, 2011.

[4] 单志广.《促进大数据发展行动纲要》解读[EB/OL]. [2018]. http://www.sic.gov.cn/News/609/9713.htm.

[5] 孔令远. 2018年全球互联网发展数据分析[EB/OL]. [2019]. https://zhuanlan.zhihu.com/p/33743132.

[6] Kumar P R, Herbert Raj P, Jelciana P. Exploring Security Issues and Solutions in Cloud Computing Services - A Survey[J]. Cybernetics and Information Technologies, 2017, 17(4): 3-31.

[7] 袁勇，王飞跃. 区块链技术发展现状与展望[J]. 自动化学报，2016, 42(4): 481-494.

[8] 董宁，朱轩彤. 区块链技术演进及产业应用展望[J]. 信息安全研究，2017, 3(3): 200-210.

[9] 区块链3.0研究院. 区块链3.0 共识蓝皮书[EB/OL]. [2018]. https://www.docin.com/p-2136354892.html.

[10] Swan M. Blockchain: Blueprint for a New Economy[M]. NY: O'Reilly Media, 2015.

[11] Toyoda K, Mathiopoulos P T, Sasase I, et al. A Novel Blockchain-Based Product Ownership Management System（POMS）for Anti-Counterfeits in the Post Supply Chain[J]. IEEE Access, 2017, 5:17465-17477.

[12] 屈华民. 大数据时代的可视化与协同创新[J]. 新美术，2013, 11: 21-27.

[13] 韩璇，袁勇，王飞跃. 区块链安全问题：研究现状与展望[J]. 自动化学报，2019, 45(1): 206-225.

[14] 中国信息通信研究院和中国通信标准化协会. 区块链安全白皮书——技术应用篇[EB/OL]. [2018]. https://www.colabug.com/4595142.html.

02 第 2 章 疯狂的大脑

- 人工智能发展历程
- 人工智能分类
- 人工智能关键技术
- 自然语言处理
- 智能化人机交互
- 计算机视觉
- 生物特征识别
- VR/AR/MR
- 当前人工智能的局限

《荀子·正名》中提到："所以知之在人者谓之知，知有所合谓之智。智所以能之在人者谓之能，能有所合谓之能。"其中，"智"指进行认识活动的某些心理特点，"能"指进行实际活动的某些心理特点。智能相对独立地存在着，与特定的认知领域和知识领域相联系[1]。人工智能就是研究如何让机器像人一样具有认知、学习和解决问题的能力[2,3]。其研究范围包括机器人、语音识别、图像识别、计算机视觉、自然语言处理和专家系统等领域的理论与应用。经过几十年的发展，人工智能技术取得了巨大的进步，例如，2016 年，谷歌的 AlphaGo 在人机围棋大赛中战胜了顶尖的人类棋手；2017 年，百度机器人小度在人脸识别测试中的准确率超过了人类。随着人工智能的商业化程度不断加深，许多独角兽公司相继出现。但是，这并不意味着人工智能已经发展到可以与人类智能相媲美，甚至超越人类智能的程度。相反，我们必须承认，人工智能与人类智能之间还有显著的差距，人工智能还有很大的发展空间。

2.1 人工智能发展历程

在 1950 年发表的划时代论文《计算机与智能》[4,5]中，阿兰·图灵提出了著名的图灵测试：如果一台机器能够与人类展开对话/交互而不能被辨别出其机器身份，那么就认为这台机器具有智能，这一简单的测试方法让人们相信"思考的机器"是可能的，而把这个可能性变成现实的过程是起伏不断的，经历了多个令人欢欣鼓舞的高潮及令人失望的低谷。尽管如此，人工智能的发展趋势一直是向前的。

在 1956 年的达特茅斯会议之后，人工智能（Artificial Intelligence，AI）进入大发现的阶段。对许多人而言，这一阶段开发出的程序堪称神奇：计算机可以解决代数应用题，证明几何定理。这让很多研究人员有了发展机器智能的信心，形成了一股乐观思潮，甚至有很多学者认为"二十年内，机器将能完成人能做到的一切"。MIT 人工智能实验室在 1966 年开发出了人机对话系统 ELIZA。可以说，ELIZA 是今天聊天机器人的雏形。本来研究人员希望通过这个系统向人们展示机器对人语言的理解多么肤浅，因为这个机器只会根据已知的人类语言模板对人所说的话机械地进行转换以形成它对人的回答。但是，出乎研究人员意料的是，有些用过这个系统的人与 ELIZA 产生了感情，并且对人机自然对话抱有很高的期望。

到了 20 世纪 70 年代，人工智能进入了艰难的发展阶段。人工智能开始遭遇批评，随之而来的还有资金上的困难。由于科研人员在人工智能的研究中对项目难度预估不足，以至于承诺无法兑现，导致很多研究经费被转移到了其他项目上。当时人工智能面临的技术瓶颈主要有三个方面：①计算机性能不足，导致早期很多程序无法在人工智能领域得到应用；②问题复杂，早期人工智能程序主要用来解决特定的问题，因为特定的问题对象少，复杂性低，可一旦问题维度上升，程序立刻就不堪重负了；③数据量严重缺失，在当时不可能找到足够大的数据库来支撑程序进行深度学习，这很容易导致机器无法利用足够的数据进行学习与测试。

1980 年，卡内基梅隆大学为数字设备公司（Digital Equipment Corporation，DEC）设计了一套名为 XCON 的专家系统。XCON 是一种采用人工智能程序的系统，可以简单地把它理解为"知识库+推理机"的组合。它是一套具有完整专业知识和经验的计算机智能系统，在 1986 年之前能为公司每年节省超过四千美元的经费。有了这种商业模式后，衍生出了像 Symbolics、Lisp 机等硬件和 IntelliCorp、Aion 等公司。在这个时期，仅专家系统产业的价值就高达 5 亿美元。1981 年，日本拨款八亿五千万美元支持第五代计算机项目，其目标是造出能够与人对话、翻译语言、解释图像，并且像人一样进行推理的机器。类似地，英国也开展了耗资三亿五千万英镑的 Alvey 工程。

然而，这段人工智能研究与实践兴旺的时间不长。1987 年，AI 硬件市场需求突然减少。另外，Apple 和 IBM 生产的台式计算机性能不断提升，到 1987 年时，其性能已经超过了 Symbolics 和其他厂家生产的昂贵的 Lisp 机。老产品失去了存在的理由，一夜之间，这个价值五亿美元的产业土崩瓦解。从此，专家系统风光不再。

自 20 世纪 90 年代中期开始，随着人工智能技术尤其是神经网络技术的逐步发展，以及人们对人工智能开始抱有客观理性的认知，人工智能技术开始进入平稳发展时期。1997 年 5 月 11 日，IBM 的计算机系统"深蓝"战胜了国际象棋世界冠军卡斯帕罗夫，又一次引发了现象级的 AI 话题讨论。这是人工智能发展的一个重要里程碑；2006 年，Hinton 在神经网络的深度学习领域取得突破，这是标志性的技术进步。这一时期也不乏失败的例子。比如本田的可行走机器人 Asimo 于 2006 在台上向公众表演爬楼梯时在第三个台阶不幸后仰摔倒，令组织者非常难堪。

从 2010 年开始，人工智能进入爆发式的发展阶段，谷歌、微软、百度等互联网巨头，还有众多的初创科技公司，纷纷加入了人工智能产品的战场，掀起了又一轮的智能化狂潮，其最主要的驱动力是大数据时代的到来、运算能力的提高及机器学习算法的发展。由于人工智能技术的快速发展，产业界开始不断涌现新的研发成果。2011 年，IBM 开发的人工智能程序"沃森"（Watson）参加了一档智力问答节目并战胜了两位人类冠军，后被应用于医疗诊断领域。2016 年，由 Google DeepMind 开发的人工智能围棋程序 AlphaGo 战胜了人类围棋冠军。更令人鼓舞的是，AlphaGo 具有自我学习能力，能够收集大量围棋对弈数据和名人棋谱，学习并模仿人类下棋。AlphaGo Zero 在无任何数据输入的情况下，自学围棋 3 天后，便以 100:0 横扫了之前版本的 AlphaGo。

尽管如此，目前的人工智能技术还存在明显的缺陷，比如深度学习模型的节点并无明确的物理意义，且模型很容易受对抗样本的干扰。因此，Ali Rahimi 在获得 NIPS2017 Test of Time Award 演讲时，把当前的机器学习比喻成炼金术。另外，因为市场表现差强人意，IBM 沃森健康部门在 2018 年进行了大规模裁员。归根结底，人类对大脑如何实现智能这一问题的了解还很有限，并且人工智能技术的设计与发展都是基于现有的硬件和底层软件的，而这些软硬件的设计与实现并没有太多生物或生理学上的依据。随着对人类智能理解的不断深入及人工智能技术的迅速发展，人们不禁觉得在现有的软硬件基础上发展人工智能应用系统有点力不从心，因此，众多人工智能专家认为，需要重塑人工智能的底层技术。

2.2 人工智能分类

人工智能发展到今天，已经开始多层次地获取知识来解决问题。其发展的趋势直接表现为充分利用现有的海量数据及社区力量：第一是从人工知识表达发展为大数据驱动的知识学习技术；第二是从分类型处理的多媒体数据转向跨媒体的认知、学习和推理，这里讲的"媒体"不是新闻媒体，而是界面或环境，如文字、声音、图像、动画等；第三是从追求智能机器到高水平的人机、脑机相互协同和融合；第四是从聚焦个体智能发展为基于互联网和大数据的群体智能，它可以把很多人的智能集聚融合起来，变成群体智能；第五是从拟人化的机器人转向更加广阔的智能自主系统，如智能工厂、智能无人机系统等。因此，根据人工智能推理、思考和解决问题的能力，人工智能分为弱人工智能、强人工智能和超强人工智能[7]，如表 2-1 所示。

表 2-1 人工智能分类

类　　别	技能领域	与人类智能比较
弱人工智能	单一	相当或超出
强人工智能	广泛	相当
超强人工智能	广泛	超出

（1）弱人工智能（Artificial Narrow Intelligence，ANI）指不能真正实现推理和解决问题的机器智能。这些机器表面上看是智能的，但并不真正拥有智能，也不会有自主意识。迄今为止的人工智能系统都是实现特定功能的专用智能，因此都是弱人工智能。比如战胜围棋大师的 AlphaGo 也是弱人工智能，因为它只会下棋。目前的主流研究仍然集中于弱人工智能，

如语音识别、图像处理等。

（2）强人工智能（Artificial General Intelligence，AGI）指真正具有思维的机器智能。这样的机器有知觉和自我意识，可分为类人（机器的思考和推理类似人的思维）与非类人（机器产生了和人完全不一样的知觉和意识，使用和人完全不一样的推理方式）两大类。从一般意义上来说，达到人类水平的、能够自适应地应对外界环境挑战的、具有自我意识的人工智能称为"通用人工智能""强人工智能"或"类人智能"。强人工智能不仅在哲学上存在巨大争论（涉及思维与意识等根本问题的讨论），在技术研究上也具有极大的挑战性。目前，强人工智能鲜有进展，许多专家认为在未来几十年内也难以实现。

（3）超强人工智能（Artificial Super Intelligence，ASI）在几乎所有领域，包括科学创新、通识和社交都比最聪明的人要聪明得多。

2.3 人工智能关键技术

人类要实现机器智能，主要是让机器模拟人类的感知、思维、学习和行为：首先，机器模拟人类的感知行为，如视觉、听觉、触觉等，相关研究领域有计算机视觉、计算机听觉、模式识别、自然语言理解；其次，机器对已感知的外界信息或由内部产生的信息进行思维性加工，相关研究领域有知识表示、组织及推理的方法、启发式搜索及控制策略、神经网络和思维机理等；再次，机器重新学习新知识，实现自我完善增强，这是人工智能的核心问题，相关研究领域包括各种机器学习和分类方法；最后，机器模拟人类的行动或表达，相关研究领域包括智能控制、智能制造、智能调度和智能机器人。

人工智能技术关系到人工智能产品是否可以顺利应用到我们的生活场景中，这些产品普遍包含知识表示、推理和问题求解、机器学习、数据挖掘、自然语言处理、人机交互、计算机视觉、生物特征识别、AR/VR 等关键技术。

2.3.1 知识表示

知识具有相对正确性、不确定性、可表示性及可利用性的特点。根据不同的划分标准，知识可以分为不同的类别。例如，其按照作用范围可分为常识性知识和领域性知识；按作用及表示可分为事实性知识、过程性知识和控制知识；按确定性可分为确定性知识和不确定性知识；按结构及表现形式可分为逻辑性知识和形象性知识。

知识表示就是对知识的一种描述，或者说是对知识的一组约定，是一种计算机可以接受的用于描述知识的数据结构。它是机器通往智能的基础，可使机器像人一样运用知识。最早的人工智能专家乐观地认为，用符号系统和逻辑推理就能模拟人类智能，因而提出了谓词逻辑、产生式系统和框架结构等基于确定符号的表示方式。后来人们意识到，除了确定性知识，还需要利用概率等方法来表示不确定性知识。模式识别的发展又使人们意识到，物体的一些属性（如特征）很难用几个有限状态来表示，必须用连续值来描述和区分。因此，人工智能常用的知识表示方法包括状态空间表示法、谓词逻辑、产生式规则、语义网络、框架表示法、知识图谱、贝叶斯网络和特征向量表示法。

1. 状态空间表示法

在人工智能理论中，许多问题的求解过程都采用了试探搜索的方法，从而可在某个可能的解空间找到一个可接受的解。这种基于解空间的问题表示和求解方法就是状态空间表示法。它以状态和操作符为基础进行问题求解和问题表示，是讨论其他形式化方法和问题求解技术的出发点。

状态是为描述某一类事物中各不同事物之间的差异而引入的最少的变量 $q_0,q_1,q_2,\cdots,q_n$ 的有序组合，常表示为向量的形式：$\boldsymbol{Q}=(q_0,q_1,q_2,\cdots,q_n)^\mathrm{T}$，其中每个变量代表物体的一个属性。

状态空间可以用四元组（S,B,F,G）描述，其中，$S=\{\boldsymbol{Q}_1,\boldsymbol{Q}_2,\cdots,\boldsymbol{Q}_n\}$ 是问题所有可能的状态集合；$B\subseteq S$ 是开始状态集合；$F=\{f_1,f_2,\cdots,f_m\}$是操作集合，其中的 f_i：$\boldsymbol{Q}_i\rightarrow \boldsymbol{Q}_j$ 是状态变换操作；$G\subseteq S$ 是目标状态集合。状态空间通常用状态树（见图 2-1）、有限状态自动机（见图 2-2）、隐马尔可夫模型（见图 2-3）等来表示。

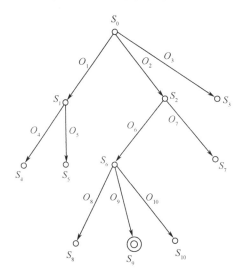

图 2-1　状态树。节点 S_i（i=0,$\cdots$,10）表示状态，状态之间的连接采用有向弧，弧上标以操作数 O_i 来表示状态之间的转换关系或条件

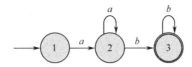

图 2-2 三状态有限状态自动机。其中状态 1 为起始状态，3 为终止状态，2 为中间状态，a 和 b 为输入。在状态 1 时，检测到输入 a，自动机进入状态 2，再检测到另一个输入 b，自动机进入识别完成状态

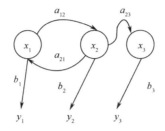

图 2-3 一个具有三个状态的隐马尔可夫模型。其中 x_i 表示隐含状态，y_i 表示可观察的状态，a_{ij} 表示状态转移概率 $\Pr(x_{it}|x_{jt-1})$，$b_i b_i$ 表示观测状态发生的概率 $\Pr(y_i|x_i)$

2. 谓词逻辑

谓词逻辑是一种用谓词来表示个体特性或个体之间关系的形式系统。通过引入刻画所有的/任意一个（∀）、存在一部分（∃）等量词，它能够有力地用逻辑符号来表示命题与命题之间的逻辑关系并进行一些复杂的推理。例如，用 x 表示个体变量，谓词 $G(x)$ 表示 x 是大学生，谓词 $H(x)$ 表示 x 想继续攻读研究生，则命题"一些大学生想继续攻读研究生"表示为

$$(\exists x)[G(x) \wedge H(x)]$$

3. 产生式规则

产生式规则源于西蒙与纽厄尔的认知模型。这一模型的核心思想：人脑是物理信号系统，人之所以具有智能，能完成各种运算和解决问题，都是由于其经过学习，存储了一系列"如果……那么……"形式的编码规则。这种规则便称为产生式。产生式的一般形式为 $P_1 \rightarrow P_2$。其中，P_1 和 P_2 是谓词公式或命题。P_1 是前提，P_2 是结论或动作。产生式规则的语义：如果前提 P_1 满足，则可得结论或执行相应的动作 P_2。例如：

炉温超过上限→关闭风门

4. 语义网络

语义网络是 Quilian 在 1966 年提出的一种模型，是一种基于广义图的知识表示方法。图中的各节点代表某些概念、实体、时间和状态，节点之间的弧或超弧表示节点间的作用关系，弧上的说明可根据表示的知识进行定义，它表达了谓词逻辑中的谓词。例如，"小

李是华为的工程师,他于 2017 年加入华为,参加 5G 网络开发"这句话用语义网络表示,如图 2-4 所示。

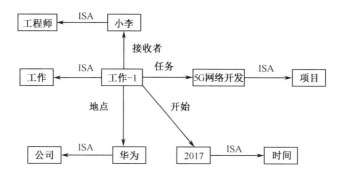

图 2-4　语义网络示意

因其具有很强的逻辑推理能力,语义网络已经成为人工智能中的一种重要的知识表示方法。语义网络可表示多元关系,扩展后可表示更复杂的问题。

语义网络的主要优点包括:①实体的结构、属性和关系可显式表示,便于以联想的方式对系统进行解释;②问题表达更加直观和生动,适合知识工程师和领域专家进行沟通,符合人类的思维习惯;③与概念相关的属性和联系组织在一个相应的结构中,易于实现概念的学习和访问。同时,语义网络也存在一些缺点,如推理效率低、知识存取复杂等。

5. 框架表示法

1974 年,M. Minsky 提出了框架理论:人类对自然事物的知识以很好的组织形式保留在人类的记忆中,并且人类试图用以往的经验来分析解释当前所遇到的情况。然而,我们无法把过去的经验一一都存在脑子里,只能以一个通用的数据结构的形式存储以往的经验,这样的数据结构称为框架。新的资料可以用从过去的经验中得到的概念来分析和解释。

框架通常采用"节点-槽-值"的表示结构,也就是说,框架由描述事物的各方面的若干槽组成,每个槽有若干侧面,每个侧面有若干值。框架中的附加过程用系统中已有的信息解释或计算新的信息。一个框架的一般结构如下:

<框架名>

槽名 1:

侧面名 1:值 1,值 2,…,值 p_1

⋮

侧面名 m_1:值 1,值 2,…,值 p_{m_1}

槽名 2：

侧面名 1：值 1，值 2，…，值 q_1

⋮

侧面名 m_2：值 1，值 2，…，值 q_{m_2}

约束条件 1，约束条件 2，约束条件 3，…，约束条件 n

用框架名作为槽值，建立框架间的横向联系；用继承槽建立框架间的纵向联系，像这样具有横向与纵向联系的一组框架称为框架网络（见图 2-5）。

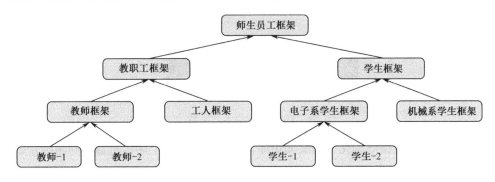

图 2-5　框架网络示意

6. 知识图谱

Google 为了提高搜索引擎返回的答案质量和用户查询的效率，于 2012 年 5 月 16 日发布了知识图谱（Knowledge Graph）。Google 知识图谱的宣传语是"things, not strings"，即事物不是无意义的字符串，而是字符串背后隐含的对象或事物[4]。以北京为例，我们想知道北京的相关信息（在很多情况下，用户的搜索意图可能是模糊的，这里我们输入的查询为"北京"），在之前的搜索引擎中，我们得到的返回结果只是包含这个字符串的相关网页，我们不得不进入某些网页查找我们感兴趣的信息；现在有了知识图谱的支持，除了相关网页，搜索引擎还会返回一个"知识卡片"，其包含了查询对象的基本信息和相关的其他对象（如北京旅游景点、北京高校等），如图 2-6 所示。

如果我们想知道这些信息，只需要点击相关链接即可，不用再做多余的操作，这样在最短的时间内，我们就获取了最简洁且最准确的信息。总之，有知识图谱作为辅助，搜索引擎能够洞察用户查询背后的语义信息，返回更为精准、结构化的信息，从而更能满足用户的查询需求。

图 2-6　Google 知识卡片示意

现在，知识图谱泛指结构化的语义知识库，并已广泛应用于聊天机器人和精准营销等方面。这些语义知识库采用由节点和边组成的图数据结构，以符号形式描述物理世界中的概念及其相互关系，其基本组成单位是"实体-关系-实体"三元组，或者"实体-属性-属性值"三元组。不同实体之间通过关系相互联结，构成网状的知识结构。在知识图谱中，每个节点表示现实世界中的实体，每条边表示实体与实体之间的关系。通俗地讲，知识图谱就是把所有不同种类的信息连接在一起而得到的一个关系网络，它使人能从"关系"的角度去分析问题。

知识图谱最常用的描述语言是 RDF（Resource Description Framework）。RDF 的基本单元是"主-谓-宾"三元组。主、谓、宾的取值称为资源（Resource）。资源可以是一个统一资源标识符（Uniform Resource Identifier，URI）、一个字符串或数字（严格来讲都是带类型的字符串），或者一个空节点。如图 2-7 所示为罗纳尔多与里约热内卢关系的 RDF 描述。其中，"www.kg:com/person/1"是一个国际化资源标识符（Internationalized Resource Identifier，IRI），用来唯一地表示"罗纳尔多"这个实体；"kg:"是 RDF 文件中所定义的前缀；"kg:ChineseName""kg:nationality"等是 IRI，用来表示属性。

7. 贝叶斯网络

前面介绍的几种知识表示方法都用来表示确定性知识。有时候我们还需要表示具有不确定性的知识，例如，如果天上乌云密布，则很可能会下雨，但也可能不会，不能完全确定。贝叶斯网络就是一种利用概率来表示不确定性知识的有向无环图，其中，每个节点对应一个变量，边代表变量之间的因果关系。父节点是"因"，子节点是"果"。每个没有孩子的父节点都附有一个先验概率分布，而每个子节点都附有一个条件概率分布表。如图 2-8 所示为一个贝叶斯网络示例：草地是否湿与洒水或下雨有关，从天上是否有云可以大致推断是否会下雨，从而也可以大致推断主人是否会给草地洒水。

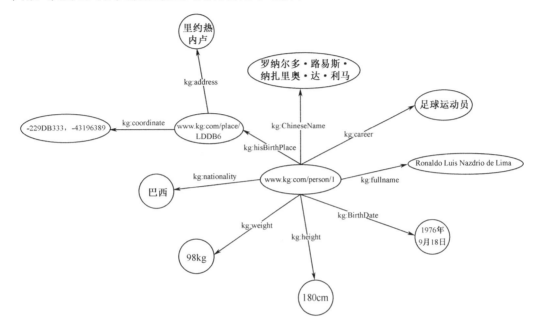

图 2-7　罗纳尔多与里约热内卢关系的 RDF 描述[8]

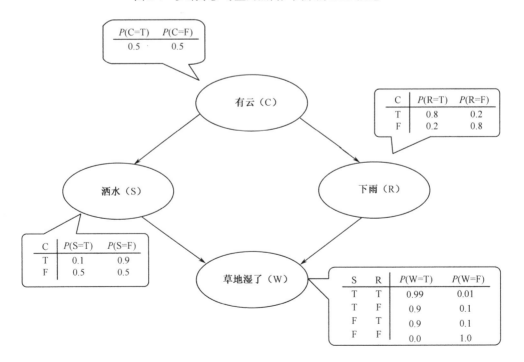

图 2-8　贝叶斯网络示例

8. 特征向量表示法

上面介绍的各类基于图的知识表示方法有一些共同的缺点，如推理效率低、知识存取复杂；同时，在基于符号的表示方法中，变量只能取离散值。在很多模式识别应用中，特征的取值都是连续的。因此，模式识别系统多用特征向量来描述物体的特征。

以字符识别为例，首先，识别系统会从输入图像中通过文本分割方法找到字符的位置，把字符对应的图像块从整个图像中分离出来。然后，可以从这些图像块中提取一些有意义的特征作为分类器的输入。以图 2-9（a）中的"5"为例，在得到字符的轮廓后，轮廓图像被分成 4×4 的方块[见图 2-9（b）]，从每个小方块中，可以提取各方向（0°，45°，90° 和 135°）的点数，以右上角的方块为例[放大后的局部见图 2-9（c）]，其各方向的点数如表 2-2 所示。假设每个方块的大小为 8×8 像素，对点数进行归一化（点数除以 64），可以得到归一化的特征。最后，把从图中各方块中提取的归一化特征按从左到右、从上到下的顺序串起来，就可以得到一个 4×4×4=64 维的特征向量。

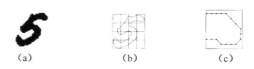

图 2-9 对字符"5"的特征提取示意[9]

表 2-2 从图 2-9（c）中提取的特征（各方向的点数）

方　　向	点　　数	归一化特征
0°	9	0.141
45°	1	0.016
90°	2	0.031
135°	4	0.063

2.3.2 推理和问题求解

知识表示的方法不同，其推理和问题求解的方法也不同。比如，贝叶斯网络、特征向量表示法主要用于分类问题，其推理过程通常用一个分类器来实现。而其他很多表示法的推理和问题求解都通过图搜索来实现，比如有限状态自动机、隐马尔可夫模型都可通过动态规划法来完成输入和输出的匹配，而产生式规则会通过正向推理或反向推理的方式来求解问题。

1. 正向推理

正向推理又称数据驱动推理、前向链接推理。实现正向推理的一般策略：先向工作存储器提供一批数据（事实），利用这些事实与规则进行匹配，一旦触发匹配成功的规则，则把其结论作为新的事实添加到工作存储器中，继续上述过程，用更新过的工作存储器的所有事实再与规则库中的另一条规则匹配，用其结论再次修改工作存储器的内容，直到没有可匹配的新规则、没有新的事实加到工作存储器中为止。问题求解会产生一棵推理树，下面以动物分类问题的产生式规则描述及其求解为例介绍（见图2-10）。

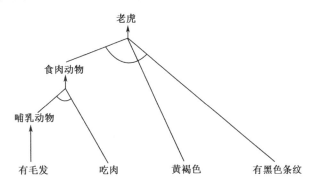

图2-10　动物分类问题的正向推理树[10]

假设规则如下。

r_1：若某动物有奶，则它是哺乳动物。

r_2：若某动物有毛发，则它是哺乳动物。

r_3：若某动物有羽毛，则它是鸟。

r_4：若某动物会飞且生蛋，则它是鸟。

r_5：若某动物是哺乳动物且有爪且有大齿且目盯前方，则它是食肉动物。

r_6：若某动物是哺乳动物且吃肉，则它是食肉动物。

r_7：若某动物是哺乳动物且有蹄，则它是有蹄动物。

r_8：若某动物是有蹄动物且反刍食物，则它是偶蹄动物。

r_9：若某动物是食肉动物且黄褐色且有黑色条纹，则它是老虎。

r_{10}：若某动物是有蹄动物且白色且有黑色条纹，则它是斑马。

r_{11}：若某动物是鸟且不会飞且会游泳且黑白色，则它是企鹅。

假设初始事实如下。

f_1：某动物有毛发。

f_2：某动物吃肉。

f_3：某动物是黄褐色。

f_4：某动物有黑色条纹。

目标条件：该动物是什么？可利用正向推理算法及推理树（见图 2-10）得到运行结果：该动物是老虎。

2. 反向推理

反向推理又称目标驱动推理、后向链推理。其基本原理是从表示目标的谓词或命题出发，使用一组规则证明事实谓词或命题成立，即提出一批假设（目标），然后逐一验证这些假设。反向推理的具体实现策略：先假定一个可能的目标，并试图证明它，看此假设目标是否在工作存储器中，若在，则假设成立；否则，看这些假设是否是证据（叶子）节点，若是，则向用户询问，若不是，则再假定另一个目标，即找出结论部分中包含此假设的那些规则，把它们的前提作为新的假设，并试图证明它。这样周而复始，直到所有目标被证明，或者所有路径被测试[10]。与上面的动物分类问题对应的反向推理产生的推理树如图 2-11 所示。

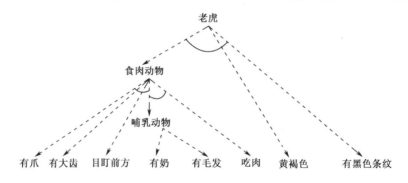

图 2-11 动物分类问题的反向推理树[10]

从上面的两个算法可以看出，正向推理是自底向上的综合过程，而反向推理则是自顶向下的分析过程。二者都应用了图搜索（与或树）算法。

2.3.3 机器学习

机器学习（Machine Learning）可使计算机模拟或实现人类的学习行为以获取新的知识或技能，从而重新组织已有的知识结构，不断改善自身的性能，它是人工智能技术的核心。机器学习是一门涉及统计学、计算机科学、脑科学等的交叉学科。

怎样判断一个机器或计算机程序是否有学习能力呢？1998 年，卡耐基梅隆大学的 Tom

Mitchell 给出了如下定义：给定一个任务 T 和性能评估标准 P，如果通过传授给计算机程序一个经验 E 后，其完成任务 T 的性能（基于性能评估标准 P）有所提高，则说明这个程序具有学习功能。例如，对下棋来说，任务就是下棋，性能评估标准就是赢人类棋手的概率，经验就是曾经下过的棋局；而对字符识别来说，任务就是识别输入的字符图像，性能评估标准就是识别的正确率，经验就是收集的字符集。

如图 2-12 所示，机器学习包括学习样本采集、样本描述、学习环节和执行/验证环节。根据任务的不同，样本描述可以采用上面介绍的任意知识表示方法。对每个样本，还可以附上它所对应的类别/答案/行动，这样的（数据，类别）组称为标记样本；否则，称为无标记样本。这些样本如果用于学习环节，就叫训练样本；用于测试环节，就叫测试样本。学习环节的任务是建立用于解答问题的知识库或用于分类的模型。执行/验证环节会完成要求的问题解答或分类任务，并对学习系统进行性能评估。

图 2-12　机器学习的基本过程

根据知识表示方法和学习任务的不同，机器学习的方法与策略也不同。符号系统（如产生式规则）通常采用机械式学习、演绎学习、示例学习、类比学习和解释学习[3]等方法来建立知识库；基于概率的有向图（如贝叶斯网络和隐马尔可夫模型）学习的主要任务是估计模型的参数，以便模型能最好地描述训练样本；而分类器学习（通常以特征向量作为输入）的主要任务是从训练样本中学习出一个最佳模型，以便提高分类准确率。根据不同的学习特点，机器学习方法可以有多种分类，如表 2-3 和表 2-4 所示。

表 2-3　基于训练样本标签类别的机器学习方法分类

名称	定义	特点
监督学习	利用有标签训练样本集，通过某种学习策略/方法建立一个模型，实现对新数据/实例的标记（分类）/映射。典型的监督学习算法是回归和分类	监督学习要求训练样本的分类标签已知，分类标签精确度越高，样本越具有代表性，学习模型的准确度越高。监督学习在自然语言处理、信息检索、文本挖掘、手写体辨识、垃圾邮件侦测等领域获得了广泛应用
无监督学习	利用无标签的数据描述隐藏在未标记数据中的结构/规律。典型的无监督学习算法包括单类密度估计、单类数据降维、聚类等	无监督学习不需要训练样本和人工标注数据，便于压缩数据存储，减少计算量，提升算法速度，还可以避免正、负样本偏移引起的分类错误问题，但性能通常不如监督学习

续表

名称	定义	特点
强化学习	智能系统从环境到行为映射的学习,可使强化信号函数值最大	由于外部环境提供的信息很少,强化学习系统靠自身的经历进行学习。其目标是学习从环境到行为的映射,使智能体选择的行为能够获得环境最大的奖赏。其在无人驾驶、下棋、工业控制等领域获得成功应用

表2-4 基于学习方法演化的机器学习方法分类

名称	定义	特点
迁移学习	当在某些领域无法取得足够多的数据进行模型训练时,利用另一领域数据获得的关系进行学习	可以把已训练好的模型参数迁移到新的模型以指导新模型训练,从而更有效地学习底层规则,减少数据量
主动学习	通过一定的算法查询最有用的未标记样本,并交由专家进行标记,然后再查询到的样本训练分类模型以提高模型的精度	能够选择性地获取知识,通过较少的训练样本获得高性能的模型,最常用的策略是通过不确定性准则和差异性准则选取有效的样本
演化学习	对优化问题性质要求极少,只要能够评估解的好坏即可,适用于求解复杂的优化问题,也能直接用于多目标优化	包括粒子群优化算法、多目标演化算法等。目前的研究主要集中在演化数据聚类、对演化数据进行更有效的分类,以及提供某种自适应机制以确定演化机制的影响等方面

在这些机器学习方法中,分类器的学习是监督学习的一项重要工作,也是其最成功的一个方面。系统从外界获取很多不准确的数据,即数据中包含重复记录、不良解析的字段,或不完整、不正确及过时的信息,而分类器的一个关键优势,就是对"脏"数据具有容忍能力。不同的分类器具有不同的容忍能力。分类器的算法选择,一方面取决于运算速度和精度的要求,另一方面要看样本是否线性可分。

假设样本的特性可以用一个 n 维的特征向量 $\boldsymbol{x} = (x_1, \cdots, x_n)^T$ 来表示。如果定义一个 n 维的坐标系,那么每个样本的特征向量会对应这个坐标系中的一个点。如果一个 $n-1$ 维的超平面可以把两个类别分开,则这两个类别是线性可分的。假设图 2-13 中的黑点和白点代表两个类别(分别用 1 和-1 标记)的样本在特征空间的位置,则图 2-13(a)中的两个类别是线性可分的,而图 2-13(b)中的两个类别不是线性可分的。

1. 线性分类器

如果两个类别的特征是线性可分的,则可以定义一个超平面和一个简单的判别准则来把这两个类别分开。线性分类器学习的任务就是通过学习样本找到一组权值 $\boldsymbol{w}$,使得根据 $\boldsymbol{w}$ 定义的超平面对两个类别有好的分类效果。线性分类器通常通过统计方法或判别模型来获取。

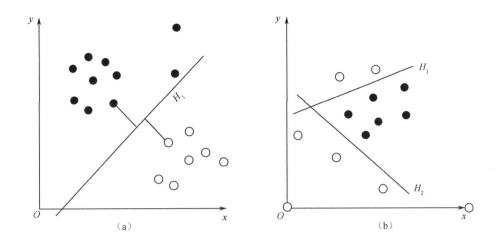

图 2-13 线性可分与非线性可分类别示意

朴素贝叶斯分类器是一种有代表性的统计方法（见图 2-14）。它可以把分类问题转换成一个条件概率问题，即给定特征向量 $x = (x_1,\cdots,x_n)^T$，分类器试图把样本分配给条件概率最大的类别。当特征数量较大或每个特征能取大量值时，计算条件概率变得不现实。

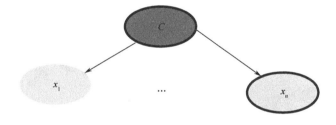

图 2-14 朴素贝叶斯分类器的有向图表示

如此，问题就转换成从学习样本中估计各类别的先验概率 $P(C)$ 和计算条件概率 $P(x_i|C)$ 所需的特征分布参数（假设特征在训练集中满足某种分布或非参数模型）。支持向量机是判别模型的代表（见图 2-15）。其目的是从训练样本中学习到一个超平面，这个超平面不但可以区分两个类别，而且可以保证其到两个类别中离它最近的点的间隔最大。

2. 基于监督学习的神经网络

1）神经网络介绍

神经网络设计的灵感来源于大脑神经系统。早在 1904 年，生物学家就提出了神经元（单个神经细胞）的结构模型。如图 2-16 所示，神经元结构中通常具有多个用来接收传入信息的树突，以及一条轴突。轴突尾端有许多轴突末梢来给其他神经元传递信息。轴突末梢跟其他神经元的树突连接，从而传递信号。连接的部位叫作突触。神经元可被视为一种只有两种状态的机器——激活时为"是"，未激活时为"否"。神经元的状态取决于它从其他的神经元接收到的输入信号量及突触的强度（抑制或加强）。当信号量总和超过某个阈值时，细胞体就会激活，产生电脉冲。电脉冲沿着轴突并通过突触传递到其他神经元。

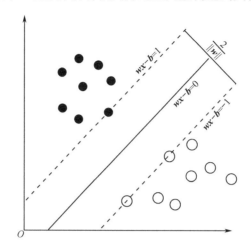

图 2-15　支持向量机。黑点所代表的类别的标记为 1，白点所代表的类别的标记为 -1

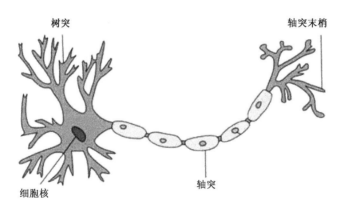

图 2-16　神经元的结构

通过参考生物神经元的结构，Frank Rosenblatt 于 1957 年提出了单层感知机模型，如图 2-17 所示。它包括多个输入节点（对应于样本输入的 n 个特征值 $x_1,\cdots,x_n$）、每个输入的权重（$w_1,\cdots,w_n$）、偏置（阈值 b）和一个输出单元。输入节点只负责输入，不进行任何计算，运算功能由输出单元完成。输出单元先对输入加权求和，然后把和值传递给激活函数来计算最后的输出。

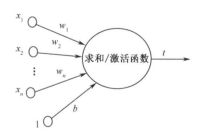

图 2-17　单层感知机模型

单层感知机是一个二元线性分类器，处理的问题有限。20 世纪 80 年代初，多层感知机开始成为基于神经网络的主流分类器，在模式识别等领域得到了广泛的应用。一个多层感知机包括一个输入层、一个或多个隐含层和一个输出层。最常用的是如图 2-18 所示的三层感知机。输入层的节点数为输入特征向量维数加 1（每个节点对应特征向量中的一个元素，最后一个节点为偏置）。输出层的节点数为目标的维数或类别（每个节点对应一个类别），而每层的节点数是由设计者指定的，因此，"自由"把握在设计者的手中。但是，节点数的设置会影响整个模型的效果。如何决定这个节点数呢？目前业界没有完善的理论来指导这个决策，一般根据经验来设置。较好的方法是预先设定几个可选值，通过切换这几个值来看整个模型的预测效果，选择效果最好的值作为最终选择，这种方法又叫 Grid Search（网格搜索）。通常隐含层的节点数会比输入层少，比输出层多。

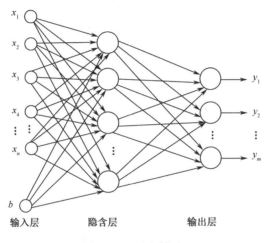

图 2-18　三层感知机

在多层感知机中，前一层节点的输出会作为下一层节点的输入。也就是说，隐含层和输出层的每个节点都具有单层感知机类似的结构与功能：对来自上一层的输入线性加权求和，把所得到的结果传递给激活函数并输出激活函数的值。

为了增强对非线性问题的模拟能力，多层感知机的激活函数通常采用非线性且可微（平滑）的函数。常用的激活函数包括 Sigmoid 函数、Tanh 函数和修正线性单元（ReLU），这些函数的形式如图 2-19 所示。

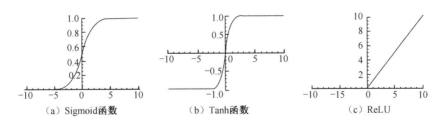

（a）Sigmoid 函数　　（b）Tanh 函数　　（c）ReLU

图 2-19　多层感知机中常用的激活函数

虽然多层感知机比单层感知机具有更强的表达和分类能力，但相比于生物神经网络系统，它仍然是一个非常简化的模型。早在 20 世纪 80 年代初，生理学家就发现人的视觉神经系统是一个复杂度分层的系统：低层的神经元只提取局部区域（神经元反应的局部区域称为神经元的感受野）的一些比较简单的元素，比如选择性地提取特定方向的线条或物体边缘；中层的神经元接收并综合低层神经元的信息，其感受野比低层的大，可以提取基本的形状，如圆、长方形等；而高层的神经元感受野更大，可以提取复杂的形状。为了模拟这一复杂的视觉神经系统，Fukushima 提出了 Neocognitron（见图 2-20）[11,12]。

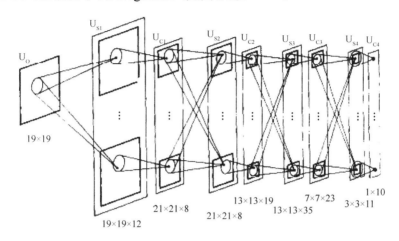

图 2-20　用于字符识别的 Neocognitron

Neocognitron 由多个不同阶段/层次、不同功能的神经元组成。每个阶段都由一个 S-层和一个 C-层组成。S-层负责该阶段的特征提取，而 C-层则用于增加神经网络对物体或特征位置变化的健壮性。每一层对应一个多通道特征平面。如图 2-20 中，U_{S1} 层下面标明 19×19×12，表明 U_{S1} 层有 12 个特征平面，每个通道上的每个点有一个大小为 19×19 的感受野，其从它上一层图像/特征平面中的一个大小为 19×19 的局部区域接收输入信息。每个点通过一个权向量与感受野中的各输入节点相连。这样，每个点包含的权值可以用一个三维矩阵来表示。其中第一、二维对应于感受野的宽度和高度，第三维是与之连接的前一层的特征平面数。如图 2-20 中，U_{S2} 层各权矩阵的维数为 21×21×8，其中 8 为 U_{C1} 层的特征平面数。

Neocognitron 可以看成最早的深度神经网络，可惜受限于当时计算机的运算能力及训练样本集，Neocognitron 并没有引起广泛的注意。1998 年，深度神经网络的先驱 Yann Lecun 提出了 LeNet-5 [12]并将其成功用于字符识别。与 Neocognitron 类似，LeNet-5（见图 2-21）的每层都定义了各自的感受野，同一层的各特征平面具有相同的感受野。每个特征平面都有自己的权矩阵。这个权矩阵会按设定的步长在前一层的特征平面上从上到下、从左到右移动，以便计算当前特征平面上对应节点的输出。这和滤波器通过卷积进行滤波的原理非常类似，权矩阵相当于滤波器的"核"。每个核在图像上抽取不同的特征。这样的深度神经网络也叫深度卷积神经网络。Neocognitron 利用二次抽样（Subsampling）来降低特征平面的维数和增加网络对特征位置变化的健壮性，而没有定义 C-层。同时，LeNet-5 最后还定义了两个全连接层以综合各局部特征的信息，得到物体的分类。

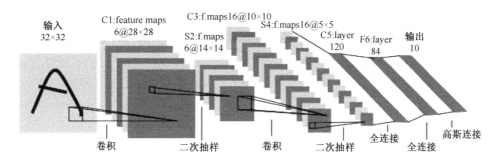

图 2-21　LeNet-5 结构示意[12]

随着 GPU 技术的飞速发展，计算机的运算速度得到了显著的提高；同时，通过科研人员的不懈努力，大规模的训练样本集如 ImageNet，也给科学实验提供了便利，使得基于大数据的深度学习成为可能，各种深度卷积神经网络应运而生。图 2-22 所示为广泛使用的深度卷积神经网络 AlexNet 的结构[13]。

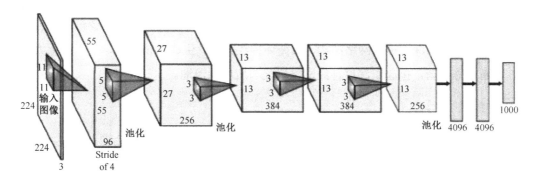

图 2-22　AlexNet 的结构[13]

AlexNet 接收一个 224×224 的三通道图像作为输入。它包含 5 个局部卷积层和三个全连接层（最后三层）。第一层由 96 个感受野为 11×11 的核组成。第一层下面的标注"Stride of 4"说明卷积的步长为 4。第一、二层和第五层都标注了池化（Max Pooling）操作。池化操作完成二次抽样的功能。如对一个 2×2 的局部区域进行池化操作，将从区域内的 4 个节点值中选择最大的一个作为池化输出，这样一个 2×2 的区域就被压缩成了一个点。池化还能使网络对特征位置的变化具有更好的健壮性。

从 2012 年至 2015 年，每年 ImageNet Large Scale Visual Recognition Challenge（ILSVRC）的冠军都是深度卷积神经网络，由此产生了一批深受欢迎的深度卷积神经网络，如 VGG、GoogLeNet 和 ResNet（它们在比赛中的表现见图 2-23，条形图上方的数字代表其检测物体的错误率)。除卷积神经网络之外,研究者们还提出了其他的网络结构,比如用于处理序列信息的 RNN(Recurrent Neural Network)和 LSTMs(Long-Short Term Memory Networks)。同时,常用的网络结构在不同的框架工具下实现,并可免费使用,这极大地促进了深度神经网络技术的推广和应用。常用的框架工具有 Caffe、TensorFlow、MXNet、Torch 和 Theano 等。

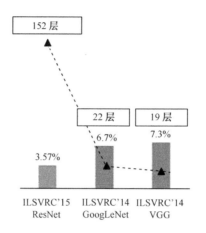

图 2-23 ILSVRC 2014 年和 2015 年的冠军系统及其表现

虽然深度卷积神经网络最早只用于图像识别,但现在其应用已扩展到语音识别和自然语言理解等领域。其他深度神经网络结构,如循环神经网络、生成对抗网络、基于注意力的模型等,不断推陈出新,掀起了深度神经网络研究与应用的浪潮。

2)神经网络学习

神经网络的分类功能是通过一个正向传播的过程来实现的:给定一个输入向量,第一个隐含层的每个节点会计算各自的输出,并传递给下一层作为输入,如此一层层传递下去,直到输出层为止。输出层第 $i(i=1,\cdots,N)$ 个节点的输出可以看成输入样本第 i 个节点所对应类别的概率。假设输入样本的类别为 k,一个理想的神经网络分类器对应于第 k 类别的输出应该是 1,而其他节点的输出为 0。实际分类器每个节点的输出是一个 0~1 的实数。通常分类器会通过一个 softmax 函数把输入样本分配给输出概率最大的节点所对应的类别。

神经网络在开始学习之前,各节点的权重值是随机分配的,输出层的输出也是随机的。显然,这个网络作为分类器的性能较低。假如改变了某个神经元或某几个神经元的权重值或偏置值,那么该神经元的输出肯定会变得不同,这些不同最终将反映在输出上。所以,可以通过合理地改变权重值和偏置值来提高这个神经网络的性能。神经元的权重值和偏置值统称为神经网络的参数。神经网络学习的目的就是调整这些参数,使网络得到好的分类效果,其中最典型的方法就是基于梯度下降原理的误差反向传播算法。

为了计算神经网络分类的误差，首先要定义一个误差函数。分类器的误差越小，其性能就越好。那么，怎样调整参数使神经网络最快地学习到理想的参数以达到好的分类效果呢？从数学上讲，当权重值和偏置值沿着误差函数的负梯度方向（也叫最大梯度方向）变化时，学习速度最快。误差函数的负梯度方向可以通过对误差函数求偏导得到。由于误差函数是一个非线性函数，其各点的梯度值不同，通常算法还会引入一个步长，或者叫学习率，通过多个循环来逐渐调整参数。

由于误差函数与输出层的权重直接相关，可以直接在这一层求出误差函数对权重的偏导，但其他层的权重并不直接体现在误差函数中，对它们求偏导需要利用微积分中的链式原则。因此，神经网络的权重调整总是从输出层开始，逐层向前传递的。神经网络的学习过程也叫误差反向传播过程或 BP（Back-Propagation）过程。

3. 强化学习

前面介绍的监督学习方法需要明确地标注样本，即需要标注输入与输出之间的对应关系。但是，有的问题通过多个步骤或动作才能得到最后的结果，无法准确定义各子步骤与结果之间的对应关系。比如下棋最后的结果是由很多个落子步骤，以及对手的落子策略共同决定的，对于每一步落子，我们无法给它一个对错/输赢作为输出，因为某一落子动作是否正确，不仅取决于当前的棋局（环境），还取决于后续双方棋手的策略。强化学习方法的提出，就是为了学习各子步骤或动作在特定环境下对最后结果的贡献，以便系统能根据现有的状态决定下一步的动作。

强化学习有四个核心组成部分，即环境、学习者（Agent）、策略及收益函数（见图2-24）。具体地，学习者处于一个环境中，可以感知所处环境的状态，而当某个动作作用在当前状态时（一个策略），学习者就能感知环境状态的变化，同时该动作所带来的状态变化会根据一个

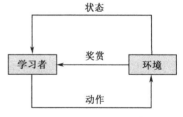

图 2-24 强化学习模型

收益函数向学习者反馈一个收益。学习者通过在环境中不断地尝试，最终得到一套策略，从而使执行这一策略后得到的累积收益最大。由此可见，强化学习包括非常重要的两方面：一是定义所有可能的动作空间；二是定义最优的收益函数，即每个动作所带来的收益。

强化学习以离散时间马尔可夫决策过程（Markov Decision Process，MDP）为数学基础，不需要精确的历史训练样本及系统先验知识，可以适应动态环境变化，通过观察当前状态和收益并不断与环境交互试错来获取最优策略。具体来说，整个强化学习的任务就是一个马尔可夫决策过程，可由<S,X,P,R>四元组表示，其中 $P:S \times X \times S \rightarrow R$ 定义了状态转移函数，而 $R:S \times X \times S \rightarrow R$ 定义了收益函数。学习者需要在环境中不断尝试以得到一个最优策略，根据这

个策略就知道在某种状态下需要执行的动作。策略 $\pi:S\times X\to R$ 表示在状态 $s\in S$ 下，选择动作 $x\in X$ 的概率。

根据学习过程中马尔可夫决策过程的知悉情况，可以将强化学习分为有模型学习和无模型学习两种。如果 <S,X,P,R> 已知，则为有模型学习，在这种情况下，任意状态 s 执行动作 x 转移到状态 s' 的概率是已知的，同时该转移所带来的收益也是已知的，那么就能算出任意策略 π 所带来的期望累积收益，在有限的状态空间和动态空间下，可以根据期望累积收益最大值来找到最优策略。而对于无模型学习，转移概率和奖赏函数都是未知的，甚至很难知道环境中有多少状态或学习者可以采用什么样的动作，这样的模型更加贴合实际，但更难实现。

2.4 自然语言处理

自然语言处理是计算机科学领域与人工智能领域的一个重要方向，研究能实现人与计算机之间用自然语言进行有效通信的各种理论和方法，涉及的领域较多，主要包括机器翻译、语义理解和问答系统等。

2.4.1 机器翻译

机器翻译是利用计算机技术实现从一种自然语言到另一种自然语言的翻译过程。基于统计的机器翻译方法突破了之前基于规则和实例翻译方法的局限性，翻译性能取得了巨大提升。基于深度神经网络的机器翻译在日常口语等一些场景的应用方面已经显现出了巨大的潜力。随着上下文语境表征和知识逻辑推理的发展，自然语言知识图谱不断扩充，机器翻译将会在多轮对话翻译及篇章翻译等领域取得更大进展。

目前，在非限定领域机器翻译中，性能较佳的一种是统计机器翻译，其包括训练及解码两个阶段。训练阶段的目标是获得模型参数；解码阶段的目标是利用所估计的参数和给定的优化目标，获取待翻译语句的最佳翻译结果。统计机器翻译主要包括语料预处理、词对齐、短语抽取、短语概率计算、最大熵调序等步骤。基于神经网络的端到端翻译方法不需要针对双语句子专门设计特征模型，而是直接把源语言句子的词串送入神经网络模型，经过神经网络运算后，得到目标语言句子的翻译结果。在基于神经网络的端到端机器翻译系统中，通常采用递归神经网络或卷积神经网络对句子进行表征建模，然后从海量训练数据中抽取语义信息。与基于短语的统计翻译系统相比，其翻译结果更加流畅自然，在实际应用中取得了较好的效果。

2.4.2 语义理解

语义理解是利用计算机技术实现对文本的理解,并回答与篇章相关问题的过程。语义理解更注重对上下文的理解及对答案精准程度的把控。随着 MCTest 数据集的发布,语义理解受到了更多关注,取得了快速发展,相关数据集和对应的神经网络模型层出不穷。语义理解技术将在智能客服、产品自动问答等相关领域发挥重要作用,从而进一步提高问答与对话系统的精度。

在数据采集方面,语义理解通过自动构造数据的方法和自动构造填充型问题的方法来有效扩充数据资源。为了解决填充型问题,一些基于深度学习的方法相继被提出,如基于注意力的神经网络方法。当前主流的语义理解模型是利用神经网络技术对篇章、问题建模,然后对答案的开始和终止位置进行预测,抽取出相应的篇章片段。对于进一步泛化的答案,其处理难度提升,因此,目前的语义理解技术仍有较大的提升空间。

2.4.3 问答系统

问答系统分为开放领域的对话系统和特定领域的问答系统。问答系统技术指让计算机像人类一样用自然语言与人交流的技术。人们可以向问答系统提交用自然语言表达的问题,系统会返回关联性较高的答案。尽管目前已经有了不少问答系统应用产品,但大多是在实际信息服务系统和智能手机助手等领域的应用,问答系统在健壮性方面仍然存在问题和挑战。

自然语言处理面临四大挑战:一是在词法、句法、语义、语用和语音等不同层面存在不确定性;二是新的词汇、术语、语义和语法引发未知语言现象,产生不可预测性;三是数据资源的不充分使其难以覆盖复杂的语言现象;四是语义知识的模糊性和错综复杂的关联性难以用简单的数学模型描述,语义计算需要参数庞大的非线性计算。

2.5 智能化人机交互

人机交互主要研究人和计算机之间的信息交换,主要包括人到计算机和计算机到人两部分的信息交换,是人工智能领域的重要外围技术。人机交互是与认知心理学、人机工程学、多媒体技术、虚拟现实技术等密切相关的综合学科。传统的人与计算机之间的信息交换主要依靠交互设备进行,交互设备包括键盘、鼠标、操纵杆、眼动跟踪器、位置跟踪器、数据手套、压力笔等输入设备,以及打印机、绘图仪、显示器、音箱等输出设备。

如图 2-25 所示，除了传统的基本交互和图形交互，随着人工智能技术的迅猛发展，原来处于科幻小说中的交互方式逐渐走向现实，走进我们的日常生活。随着消费产品和生活场景的升级变化，人机交互方式也必然会随之更新。

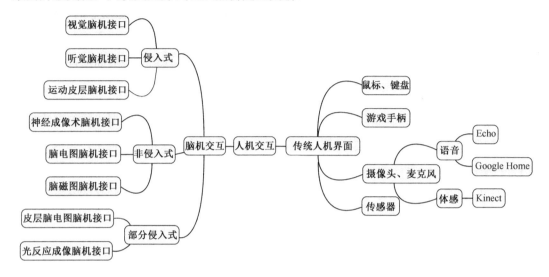

图 2-25　人机交互分类

2.5.1　语音交互

语音交互是一种高效的交互方式，是人以自然语音或机器合成语音同计算机进行交互的综合性技术，结合了语言学、心理学、工程和计算机技术等领域的知识。研究语音交互不仅要对语音识别和语音合成进行研究，还要对人在语音通道下的交互机理、行为方式等进行研究。语音交互过程包括四部分：语音采集、语音识别、语义理解和语音合成。语音采集完成音频的录入、采样及编码；语音识别完成语音信息到机器可识别的文本信息的转化；语义理解根据语音识别转换后的文本字符或命令完成相应的操作；语音合成完成文本信息到声音信息的转换。语音交互比其他交互方式具备更多优势，能为人机交互带来根本性变革，是大数据和认知计算时代未来发展的制高点，具有广阔的发展前景和应用前景。另外，在特定的应用场景下，如无人驾驶、智能家居等，语音交互是最便捷的交互方式。

最早的、成熟应用的语音交互系统——客服中的语音应答系统出现在 20 世纪 90 年代，并且目前还在广泛使用，它可以通过电话线路理解人们的话并执行相应的任务。而真正与 AI 结合的、走进人们生活的语音交互系统，是各大 IT 公司推出的语音助手，代表产品有苹果的 Siri、微软的 Cortana、Amazon 的 Alexa。而最近几年，结合语音助手的智能音箱，如 Amazon 的 Echo 和 Google 的 Google Home 之类的设备，更是给我们提供了对未来生活和工作场景的想象空间。

和语音交互最相关的人工智能技术是自然语言处理（NLP）。近几年，Siri 等的体验不断改善，这与自然语言处理的一个个技术难题的突破密切相关。

2.5.2 情感交互

情感是一种高层次的信息传递，而情感交互是一种交互状态，它在表达功能和信息时传递情感，勾起人们的记忆或内心的情愫。传统人机交互中的计算机无法理解和适应人的情绪或心境，缺乏情感理解和表达能力，难以具有类似人一样的智能。情感交互就是要赋予计算机类似于人一样的观察、理解和生成各种情感的能力，最终使计算机像人一样进行自然、亲切和生动地交互。情感交互已经成为人工智能领域中的热点方向。目前，其在情感交互信息的处理方式、情感描述方式、情感数据获取和处理过程、情感表达方式等方面还有诸多技术挑战。

在毛峡所著的《人机情感交互》一书中，作者将情感交互分成七大阶段：人脸表情交互；语音信号情感交互；肢体行为情感交互；生理信号情感识别；文本信息中的情感；情感仿生代理；多模情感人机交互。emojis 就是人脸表情交互的一个例子。

2.5.3 体感交互

体感交互指个体不需要借助任何复杂的控制系统，以体感技术为基础，直接通过肢体动作与周边数字设备和环境进行自然的交互。依照体感方式与原理的不同，体感交互技术主要分为三类：惯性感测、光学感测及光学联合感测。体感交互通常由运动追踪、手势识别、运动捕捉、面部表情识别等一系列技术支撑。与其他交互手段相比，体感交互无论是在硬件还是在软件方面都有了较大的提升，交互设备向小型化、便携化、使用方便化等方面发展，大大减少了对用户的约束，使得交互过程更加自然。目前，体感交互在游戏娱乐、医疗辅助与康复、全自动三维建模、辅助购物、眼动仪等领域有较为广泛的应用。

体感交互被称为第三次交互革命，是 21 世纪最激动人心的技术成果之一。它使人工智能的视觉感知成为现实，使机器拥有类似人类的三维立体视觉，并可区别不同的物体，辨识不同的人体行为动作，可像人眼一样实时地在千变万化的环境中看到每个人的行为动作及理解动作的含义。体感设备对人群行为进行自动识别、判断、报警和跟踪，将根本性地促进智能安防、智能家居、机器人等领域产业的快速发展，从而让智能看护走进医院、养老院、儿童娱乐中心和千家万户；让人们可以在家向奥运冠军学习体育，向郎朗学习钢琴；让机器人也能所看即所知，实现自动控制和自我反馈。

2.5.4 脑机交互

脑机交互又称脑机接口,指不依赖于外围神经和肌肉等神经通道,直接实现大脑与外界信息传递的通路[14]。脑机接口系统检测中枢神经系统活动,并将其转化为人工输出指令,能够替代、修复、增强、补充或改善中枢神经系统的正常输出,改变中枢神经系统与内外环境之间的交互作用,从而帮助在沟通或行动方面有障碍的人群。脑机交互通过对神经信号解码实现脑电波信号到机器指令的转化,一般包括信号采集、特征提取和命令输出三个模块。从脑电波信号采集的角度,一般将脑机交互分为侵入式和非侵入式两大类。前者指利用无线信号接收器来获得脑电波信号,而后者指在一个神经元旁边埋上一根细线来记录电化学活动并将其发送给计算机。只要从大脑中的特定区域记录足够多的电化学信号,人们就可以仅凭思考或简单的移动来控制计算机或任何其他想控制的东西。

脑机交互作为传统意义上的黑科技,可以说是最激动人心的一项技术了,同时,其也广泛出现在各科幻场景中。但是,受限于我们对脑认知科学的认识,真正要实现人机一体的无缝交互,还有很长的一段路要走。在某些领域,脑机交互已经有了一些研究成果,侵入式脑机交互在几年前已经可以(以可接受的精确度)控制机械手的三维运动、手腕方向、手指握力。脑机交互是未来,被认为是计算机与脑科学发展的完美结合,但目前时机尚未成熟,还需要无数科学家在这一领域进行长期不懈的探索。

2.6 计算机视觉

2.6.1 计算机视觉概述

计算机视觉又称机器视觉,起源于 20 世纪 60 年代,是人工智能领域正在快速发展的一个分支。其主要目的是给机器人等智能体提供类似人眼的理解自然景物的功能。科学家们认为,只要把相机与计算机相连,通过软件功能就可以让计算机系统描述图像的内容——外部世界有什么东西和这些东西在什么地方。具体地说,通过相机/摄像机(CCD/CMOS)、光源、传感器、图像卡、I/O 卡、控制器等硬件,并结合图像处理技术、工程技术、电子成像技术、模拟与数字视频技术及各类计算机算法,计算机可以拥有类似人的提取、处理、理解和分析图像及图像序列的能力,如图 2-26 所示。在实际的计算机视觉系统中,可能采用一个、两个甚至多个镜头来完成视觉任务。计算机视觉计算包含多个研究分支。

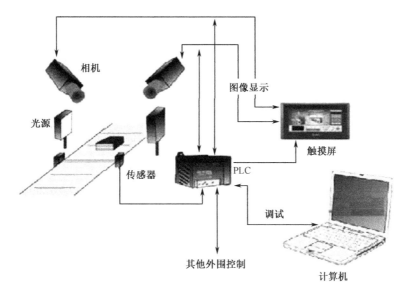

图 2-26　计算机视觉构成要素示意[15]

相机按照输出的数据信号种类可分为模拟相机和数字相机两种。模拟相机的输出为模拟电信号，需要借助视频采集卡等组件转换为数字信号，模拟相机连线简单、成本较低，但转换速率慢。数字相机所采集的图像直接通过内部感光组件及控制组件转换为数字信号，该类相机采集速率快、数据存储方便，但价格相对昂贵。

相机按照芯片类型可分为CCD（Charge-Coupled Device，电荷耦合元件）相机和CMOS（Complementary Metal Oxide Semiconductor，互补金属氧化物半导体）相机。CCD相机由光学镜头、时序及同步信号发生器、垂直驱动器及模拟/数字信号处理电路组成，具有无灼伤、无滞后、低电压、低功耗等优势；CMOS相机集光敏元阵列、图像信号放大器、信号读取电路、模数转换电路、图像信号处理器及控制器于一体，传输速率高，动态范围宽，局部像素可编程随机访问。

除了以上两种常见的分类方法，相机还可以按照传感器的结构特性分为线阵相机和面阵相机；按照输出图像的色彩分为黑白相机和彩色相机；按照响应频率范围分为普通相机、红外相机和紫外相机；按照扫描方式分为逐行扫描相机和隔行扫描相机等。

2.6.2　计算机视觉理论

计算机视觉算法的研究离不开人类对生物视觉原理的认识和理解。20世纪70年代，David Marr从计算机科学的观点出发，综合数学、心理物理学和神经生理学的成果，提出了著名的视觉计算理论。他认为计算机视觉的研究包括三个层次[16]：

（1）计算理论层次（Computational Level）：研究对什么信息进行计算和为什么要进行这些计算；

（2）算法层次（Algorithmic / Representational Level）：研究用什么样的表达方式来描述信息，以及如何建立和操作这些描述；

（3）实现层次（Implementational/Physical Level）：研究物理系统如何实现这些功能，比如研究生物视觉系统的神经结构，以及如何实现神经活动。

David Marr 认为，计算机视觉就是要对外部世界的图像构成进行有效的符号描述，它的核心问题是从图像的结构推导出外部世界的结构。计算机视觉从图像开始，经过一系列的处理和转换，最后实现对外部现实世界的认识。David Marr 进一步把计算机视觉的形成划分为以下三个阶段[17]。

（1）初始简图（Primal Sketch）。这一阶段的任务是由输入图像获得基素图，这一阶段也叫早期视觉。所谓基素图主要指图像中强度变化剧烈处的位置及其几何分布和组织结构，其中用到的基元包括斑点、端点、边缘片段、有效线段、线段组、曲线组织、边界等。

（2）2.5 维图（2.5 Dimensional Sketch）。所谓 2.5 维图指在以观察者为中心的坐标系中，可见表面的法线方向、大致的深度及它们的不连续轮廓等，其中用到的基元包括可见表面上各点的法线方向、各点离观察者的距离（深度）、深度上的不连续点、表面法线方向上的不连续点等。由于 2.5 维图中包含了深度信息，因而比二维表示的要多，但还不是真正的三维表示，所以得名 2.5 维图。这一阶段的任务是通过符号处理，将线条、点和斑点以不同的方式组织起来获得 2.5 维图，这一阶段也称中期视觉。按 David Marr 的理论，这一阶段是由一系列相对独立的处理模块组成的，这些处理模块包括体现、运动、由表面明暗恢复形状、由表面轮廓线恢复形状、由表面纹理恢复形状等。

（3）3 维模型（3D Model）。物体的三维表示指在以物体为中心的坐标系中，用含有体积基元（表示形状所占体积的基元）和面积基元的模块化分层次表象来描述形状和形状的空间组织形式，其表征包括容积、大小和形状。这一阶段的任务是由输入图像、基素图、2.5 维图获得物体的三维表示，这一阶段也称后期视觉。

计算机视觉有多个分支，包括特征提取（边缘提取、特征点提取）、物体检测与识别、三维视觉重构等。随着研究的深入，人们逐渐意识到 David Marr 的理论有一个重要缺陷：从数学上讲，从二维图像中精确重建三维物体模型是一件不可能的事。该理论的另一个不足是对视觉的实现机制认识有限。在其出现后的二十多年中，计算机视觉的研究主要集中在"自下而上"（从像素信号到物体）的实现机制上。21 世纪初，人们逐渐意识到计算机视觉的实现不仅是一个"自下而上"的前向传播（Feedforward）过程，还是一个"自上而下"的反馈

（Feedback）过程。例如，看到广告板上的人，我们会判断这不是真人，只是人的照片，因为真人是不会挂在板上的，这个判断不可能单纯地从图片信息得到，而是融合了我们的经验知识——人不可能挂在板上，以及图像中提供的环境信息——人嵌在板内，因此是一个"自上而下"的推理并反馈的过程。Tai Sing Lee 和 Mumford 等提出，这个"自上而下"的过程可以用贝叶斯推理机制[18]来实现。可惜的是，人工智能在推理算法上还没有突破，真正实现"自上而下"反馈过程的应用系统很少。

计算机视觉中还有一个重要的指导理论是视觉的注意力机制。其基本思想：视觉是一个选择性过程。在一个复杂的自然环境中，人的视觉系统不可能捕捉到所有的事物，相反，能引起人注意的事物通常具有以下一个或几个特性：

（1）在环境中比较突出，如颜色鲜艳、与周围环境相比对比度大；

（2）是运动的物体；

（3）是跟人的任务或兴趣有关的东西，例如，过马路时，人们会有意识地注意车流，以及小孩会特意留心图像中的玩具等。

视觉的注意力机制不仅为基于图像显著性的目标检测算法提供了理论依据，近年来，其也被应用于给图像配标题（Image Captioning）。

2.6.3 成像、图像增强计算学

成像、图像增强计算学指根据不同的需求，结合相对应分辨率的 CCD 及各类光源技术（前光源、背光源、环形光源、点光源、可调光源），使相机超出可见光的限制，并通过空域图像增强、频域图像增强、图像分割、双峰法、迭代法、大津法、数学形态学分析、图像数学形态学基本运算、应用图像投影等后续算法的处理，使在受限条件下拍摄的图像更加完善、清晰。其主要应用领域如下。

（1）测量、测绘领域，包括长度测量（距离测量、多距离测量、齿长测量、线段测量）、面积测量（基于区域标记的面积测量、基于轮廓向量的面积测量）、圆测量（正圆测量、多圆测量、利用曲率识别法识别圆、椭圆测量）等。

（2）模式识别领域，包括字符识别（印刷体字符识别、手写体字符识别）、条码识别（条码技术、一维条码识别、二维条码识别）、车牌识别（车牌图像预处理、车牌字符分割与识别）、工件识别等，并同时应用于生产生活的各领域。

（3）精准定位领域，包括用于自动组装、自动焊接、自动包装、自动灌装、自动喷涂等。

2.6.4 目标检测、物体识别与图像理解

目标检测的任务是找出感兴趣的物体在图像中的位置和所覆盖的区域,主要应用在图像检测领域,包括瑕疵缺陷检测、划痕检测、焊点检测、包装正误检测、错误检测、表面检测、颗粒检测、破损检测、油污检测、灰尘检测、孔径检测、雨雾检测、注塑检测等。同时,有的物体识别系统也利用目标检测算法来完成物体在图像中的定位。

目标检测的一个基本依据就是视觉的注意力机制——物体能吸引人的注意力,它必然具有某种显著性,如颜色、对比度显著性或运动显著性,从而使它与图像的其他部分区分开来。图像分割算法,如均值漂移算法,以及各种显著度算法及深度神经网络[19],可用于从单一静态图像中检测目标,有时甚至简单的边缘检测算子或轮廓提取算法就足以检测到感兴趣的目标。除此之外,目标检测,如行人检测、车辆检测、通用物体的检测也可通过基于特征的图像配准或分类算法来实现[20]。

物体识别的任务是为给定图像区域提供所对应的物体类别。一个物体识别系统通常包含图像分割、特征提取、匹配/分类三大模块,如图 2-27 所示。

图 2-27　物体识别系统框图

图像分割的基本任务是确定物体对应的图像区域,如字符识别系统中每个字对应的区域;特征提取的任务是把图像转换成各种描述物体的特征,如边缘轮廓、梯度方向特征的直方图分布(如 HOG 特征图[21]),或者兴趣点算子(如 SIFT 算子[22])等。

基于特征点的匹配也称图像配准,其主要任务是求出匹配特征点之间的变换关系,以便在物体的图像尺度或朝向变化时也能达到很好的精度。一些商用计算机视觉库,如 Halon、VisioanPro 及 openVision 都为此提供了具有很好的健壮性的算法。

除了图像配准算法,一些分类算法,如支持向量机及神经网络,都在物体识别中有广泛的应用。随着计算机处理速度的不断提高,图像分割不再是物体识别的一个必要步骤。比如,基于 HOG 特征图的行人检测算法把图像分成了不同尺度的滑动子窗口,并对每个子窗口内的图像进行了分类,这样既避免了图像分割这一复杂的工作,又使算法对尺度变化有很好的健壮性。近几年的深度神经网络算法更是把特征提取、物体区域建议(Object Region Proposal)和识别融于一体。

图像理解的研究范围包括全景物识别(为每个像素提供一个物体类别标签)、给图像配标题及基于图像的问答系统等。

2.6.5　三维视觉重构计算学

三维视觉重构计算学主要运用辐射度、目标表面朝向、反射类型与反射模型、SFS 三维重构算法、基于混合反射模型的 SFS 算法、基于透视成像模型的 SFS 算法、SFS 三维重构变分算法、光度立体学、光度立体视觉法等，在二维基础上获得三维图像，并进行分析、识别、理解、重组等，主要应用领域包括机器人、无人驾驶、智慧工厂、智慧家庭、VR 模拟、虚拟增强、物流仓储、航天航空等。

2.6.6　动态视觉跟踪计算学

动态视觉跟踪计算学主要研究运动目标检测与跟踪算法。2.6.4 节介绍的基于显著度的目标检测算法主要用于从单帧图像中检测目标，而运动目标检测的基本依据是连续视频流中相邻帧图像内容的变化。由于静止物体对应的像素值在相邻两帧间不会快速变化，变化大的局部区域对应的很有可能就是运动物体。主要的运动目标检测算法如下。

（1）相邻帧间差分算法，即将视频流中相邻两帧或相隔几帧图像的像素值相减，并对相减后的图像进行阈值化来提取图像中的运动区域。

（2）背景差分算法，即首先根据视频中连续几帧中各点的像素值建立一个背景模型，然后将当前获取的图像帧与背景图像做差分运算，得到目标运动区域的灰度图，最后对灰度图进行阈值化来提取运动区域。而且，为避免环境光照变化的影响，背景图像根据当前获取图像帧进行更新。背景差分算法是最常用的运动目标检测算法。

美国在目标检测与跟踪领域的研究起步较早，美国军方及美国自然科学基金委员会都非常关注复杂环境下目标检测、跟踪与识别算法的研究与应用。1991 年，DARPA 资助卡内基梅隆大学进行视觉信息在无人机中的应用研究。1997 年，DARPA 再次邀请多所美国高校参与视频监控系统重大项目 VSAM 的研发工作。DAPRA 和 JSG&CC 联合发起成立了自动跟踪识别工作组 ATRWG。

与传统的粒子滤波（Particle Filter）方法和基于运动建模（如利用 Kalman 滤波器估计物体运动的速度、加速度等）的目标跟踪方法不同，动态视觉跟踪的一个基本假设是物体在连续图像中的位置和特征变化都是缓慢的，因此可以通过在后续图像中搜索与目标当前位置临近的区域并寻求图像的最佳匹配来实现目标跟踪。其主要算法如下。

（1）基于特征点的跟踪算法，如 KLT 算法[23]。该类算法假设目标在视频流的连续帧间只产生一致性的小位移，因而其选取特征角点作为跟踪对象，寻找连续帧中使对应的角点区域灰度变化最小的区域作为最佳匹配区域，从而确定目标位置。

（2）基于在线学习模型的算法，如 KCL 算法[24]。此类算法利用初始帧抽取物体特征（如 HOG 特征）并建立特征模型，通过特征匹配与搜索算法找到物体在后续帧中的位置和大小，并在线不断更新目标的特征模型。

（3）基于深度学习的算法。这类算法把深度学习得到的特征作为目标的特征模型，再通过类似 KCF 算法等采用的匹配与搜索策略来实现动态视觉跟踪。由于卷积得到的特征优于手工特征，这类算法具有更好的跟踪效果，但运算量很大。

运动目标检测与跟踪的主要应用领域包括布控系统监视、AB 门防尾随检测、交通流量统计、消失物体侦测、可疑物出现侦测、人脸检测与捕捉、人群密度检测、工业自动化检测及绊线检测等。

2.7 生物特征识别

生物特征识别技术是通过个体生理特征或行为特征对个体身份进行识别认证的技术。从应用流程看，生物特征识别通常分为注册和识别两个阶段。注册阶段通过传感器对人体的生物表征信息进行采集，如利用图像传感器对指纹和人脸等进行采集、利用麦克风对说话声等进行采集，然后利用数据预处理及特征提取技术对采集的数据进行处理，得到相应的特征并进行存储。识别阶段采用与注册阶段一致的信息采集方式对待识别人进行信息采集、数据预处理和特征提取，然后将提取的特征与存储的特征进行比对分析，完成识别。从应用任务看，生物特征识别一般分为辨认与确认两种任务。辨认指从存储库中确定待识别人的身份，是一对多的问题；确认指将待识别人的信息与存储库中特定的单人信息进行比对以确定身份，是一对一的问题。生物特征识别技术涉及的内容十分广泛。生物特征包括指纹、掌纹、人脸、虹膜、指静脉、声纹、步态等，其识别过程涉及图像处理、计算机视觉、语音识别、机器学习等多项技术。目前生物特征识别作为重要的智能化身份认证技术，在金融、公共安全、教育、交通等领域得到广泛的应用。如表 2-5 所示为各种生物特征识别技术对比。最早也是目前应用最广的生物特征识别技术是指纹识别技术。在整个生物特征识别市场中，占据前三的识别技术是指纹识别、人脸识别和虹膜识别。

表 2-5 生物特征识别技术对比

识别技术	原 理	优 点	缺 点	商业用途
指纹识别	通过比较指纹上的独特细节特征，比如弓形、环形、螺旋形及纹路的走向来达到识别的目的	指纹识别的平均准确率高，理论上，全世界没有完全相同的两枚指纹，但因为算法与采集设备的限制，指纹识别的错误率目前约为百万分之一，这在所有生物特征识别技术中仅高于虹膜识别；	虽然每个人的指纹都是独一无二的，但指纹识别并不适用于每个行业、每个人。例如，双手长期徒手工作的人们便会为指纹识别而烦恼，他们的手指若有丝毫破损或沾有异物，则指纹识别	从指纹芯片设计到底层客户端应用的产业链非常完整。在智能手机、政府、军队、银行、社会福利保障、电子商务和安全防卫等领域具有应用

续表

识别技术	原 理	优 点	缺 点	商业用途
指纹识别		技术推广成本低,可以广泛推广使用;使用者接受程度高,手指是人们日常生活和工作中使用最频繁的人体器官之一,与身体以外的物体直接接触最多,指纹识别容易被人接受	就可能失效。另外,对于严寒区域或长时间戴手套的人,指纹识别也不那么便利	
人脸识别	采用摄像头采集含有人脸的图像或视频流,并自动在图像中检测和跟踪人脸面部特征(如不同面部器官的大小和形状)	非侵扰性,人脸识别无须干扰人们的正常行为就能较好地达到识别效果;非接触性,人脸图像信息的采集不同于指纹信息的采集,指纹信息采集需要使用者的手指接触采集设备,既不卫生,也可能引起使用者的反感;便捷性,常见的摄像头只需数秒就可以完成人脸图像的采集,而且不需要特别复杂的专用设备;友好性,不需要专门学习,即使是婴儿也可以使用	安全性相对虹膜识别等较弱,识别准确率会受环境的光线、识别距离等多方面因素的影响;整容等对于面部进行改变的技术会大大影响人脸识别的准确性	技术非常成熟,产业链完善,人脸识别具有非侵扰性、非接触性等特性且便捷友好,因此被广泛应用于出入门禁监控、人脸图片搜索、上下班刷卡、恐怖分子识别等领域,可扩展性强
虹膜识别	虹膜在胎儿发育阶段形成后,在整个生命历程中将保持不变。这些特征决定了虹膜特征的唯一性,同时也决定了身份识别的唯一性	属于非接触式识别,方便高效,同时还具有稳定性、不可复制性、活体检测等特点,在综合安全性能上占据绝对优势,安全等级是目前最高的	仪器操作较复杂且价格高,同时因为精度高,拒真率也较高,当出现拒真的情况时,就很难再判断虹膜的真假	凭借超高的精确性,多应用于对安全性有较高要求的场景,如金融、医疗、安检、安防、特种行业考勤与门禁、工业控制等领域,有向主流消费市场渗透的趋势
声音识别	通过提取声纹的统计特征达到鉴别的目的	提取方便,可在不知不觉中完成,且成本低廉(用麦克风即可完成);可以通过手机或电话在使用者不在场的情况下进行远程身份认证;算法复杂度相对较低,如果配合其他技术,比如通过语音识别鉴别声音表达的内容,可以提高其准确率	声音受身体状况、年龄、情绪等影响,可能会发生改变;识别性能受麦克风和环境噪声的影响;若多人同时发出声音,声纹特征不容易提取	多用在对安全性要求不高的场景,如智能音箱

续表

识别技术	原 理	优 点	缺 点	商业用途
DNA识别	检测人体细胞中的DNA（脱氧核糖核酸）分子结构	人体内的DNA具有唯一性和永久性。除了对同卵双胞胎个体鉴别时准确度会受影响，这种技术具有绝对的权威性和准确性	DNA的获取和鉴别方法（DNA鉴别必须在一定的化学环境下进行）限制了DNA识别的实时性	由于取样及鉴别的高度专业性，DNA识别没有被广泛市场化，主要用于对准确度要求极高的场景，如亲子鉴定、刑侦等
静脉识别	通过红外线CCD摄像头获取手指、手掌、手背静脉的图像，将静脉的数字图像存储在计算机系统中并对个人进行身份鉴定	活体识别，高度防伪且高度准确。静脉特征已被国际公认具有唯一性（和视网膜相当），静脉识别在其拒真率（相同生物特征而被算法识别为不同的概率）低于万分之一的情况下，其识假率（不同生物特征而被算法识别为相同的概率）可低于十万分之一	采集设备复杂，制造成本高，产品难以小型化；手背静脉可能随着年龄和生理的变化而发生变化	多用在对安全性要求较高的场景，没有广泛市场化
笔迹识别	通过分析书写方式来达到鉴别不同个体的目的	法律文书中广泛存在的个人签名为笔迹识别提供了高度一致的素材	同一个人的笔迹变化很大，不同人的笔迹又往往具有相似的笔画结构，准确识别的挑战巨大；识别算法通常只在一种语言内有效，脱离书写内容进行笔迹识别难度极高	主要用于银行及刑侦，其他商业化应用较少
步态识别	通过人走路的方式（步态）来识别身份	作为一种非接触的生物特征识别技术，无须行为人的配合，适合远距离的身份识别。信息采集只需要一个摄像头，简单经济	由于序列图像的数据量较大，步态识别的计算复杂性较高，处理也较难	近年来被越来越多的研究者关注，尚处于起步阶段，商业应用主要在公共安全领域，如交通、刑侦、安保

2.8 VR/AR/MR

虚拟现实（VR）/增强现实（AR）是以计算机为核心的新型视听技术，其结合相关科学技术，在一定范围内生成与真实环境在视觉、听觉、触感等方面高度近似的数字化环境。用户借助必要的装备与数字化环境中的对象进行交互，相互影响，获得近似真实环境的感受和体验，可通过显示设备、跟踪定位设备、触力觉交互设备、数据获取设备、专用芯片等实现。VR/AR 从技术特征角度，按照不同处理阶段，可以分为获取与建模技术、分析与利用技术、交换与分发技术、展示与交互技术，以及技术标准与评价体系五个方面。获取与建模技术研究如何把物理世界或人类的创意进行数字化和模型化，难点是三维物理世界的数字化和模型化；分析与利用技术重点研究对数字内容进行分析、理解、搜索和知识化的方法，难点是内容的语义表示和分析；交换与分发技术主要强调各种网络环境下大规模的数字化内容流通、转换、集成和面向不同终端用户的个性化服务等，其核心是开放的内容交换和版权管理技术；展示与交互技术重点研究符合人们习惯的数字内容的各种显示技术及交互方法，以期提高人们对复杂信息的认知能力，难点在于建立自然和谐的人机交互环境；技术标准与评价体系重点研究 VR/AR 的基础资源、内容编目、信源编码等的规范标准及相应的评估技术。混合现实（MR）是 VR 和 AR 的综合体，如表 2-6 所示为它们的比较。

目前 VR/AR 面临的挑战主要体现在智能获取、普适设备、自由交互和感知融合四个方面，在硬件平台与装置、核心芯片与器件、软件平台与工具、相关标准与规范等方面存在一系列科学技术问题。总体来说，VR/AR 呈现了虚拟现实系统智能化、虚实环境对象无缝融合、自然交互全方位与舒适化的发展趋势。

表 2-6 VR/AR/MR 比较

比较项	VR	AR	MR
代表设备	Oculus；HTC Vive；PS VR；Gear VR	现已泛指以移动设备屏幕为主的应用	透明镜片：HoloLens、Magic Leap
概念	以完全的虚拟世界取代现实世界，它更适合展示距离用户较近的宏伟的大场景	在摄像头拍摄的影像上叠加虚拟信息，虚拟信息会覆盖在影像的特定位置上，给人以增强了影像中所谓现实世界信息的效果；它更像手持一扇小窗，透过小窗看影像世界	VR+AR 的综合体，虚拟信息与真实环境之间可轻松交互，全息影像与现实世界融合，数字信息用来点缀或增强现实世界中的事或物；MR 只把那些需要增强的信息用全息影像显示在用户眼前，而其他所有环境背景都来自物理世界
活动范围	受限，虽然现在已经有大范围场景追踪技术，但只能在限定区域内使用 VR	基本不受限	基本不受限，但碍于成像原理（光学双目穿透式成像系统），所以在户外极强的光线下，大多数 MR 设备的成像不清晰，只有一些军用级别的成像设备可以在户外强光下工作
SLAM	大多需要借助外部设备来实现 SLAM 功能	支持	支持
空间音效	不支持	支持	支持

续表

比较项	VR	AR	MR
设备形式	由于视角大，显示效果优异，导致它需要借助外部高性能计算机来进行运算。对于一体机类型的VR设备，其成像、SLAM等效果和性能都会大幅度下降，很难与由高性能计算机负责计算的传统VR设备媲美	大量应用于移动终端，目前也有一些大型设备使用AR成像，如商场内的一些较大型的互动游艺设施	一体机形式为主，目前趋向于采用头戴式显示设备+数据线+手机大小的控制终端这种形态，以便减轻头戴式显示设备的重量
操控模式	双手柄为主	屏幕触控为主	手势识别+语音控制为主
跨设备交互	为适应以大范围场景跟踪为主的应用，目前实现了多VR头盔间的互联互通，并实现了游戏交互	以移动终端间的社交类交互居多	存在大量商业类的、多MR头盔间互联互通的应用场景
直播分享模式	需要靠绿幕抠像实现	使用Miracast等标准协议与屏幕进行互联，从而实现直播	以HoloLens为例，除了简单地使用标准协议与大屏幕互联直播，也可以采用高级观众视角进行零延时、高质量的直播。这种高级模式，由于涉及设备众多、价格高昂，大多应用于商业项目和产品
市场机会	更加偏向娱乐化	更加偏向个人零售消费领域的互动轻应用	商用及生活工具类应用

2.9 当前人工智能的局限

目前，深度学习在人工智能系统研究与发展中起着至关重要的作用。遗憾的是，基于深度学习的人工智能缺乏强有力的理论基础，对深度学习的更深入研究遇到了瓶颈，至少在计算机视觉领域如此。另外，人工智能技术的性能评估主要依赖实验测试结果。因此，目前的人工智能技术在各方面尚不成熟。

在自然语言翻译方面，无论是文本翻译，还是口语翻译，机器翻译的质量远没有达到令人满意的水平。当前所有的商用文本机器翻译系统普遍存在的问题：错翻、漏翻和重复翻译比比皆是，尤其对成语、缩略语、专业术语和人名、地名、组织机构名称等的翻译问题更多；对口语而言，说话人的语气、重音、语调甚至肢体语言无法得到充分的利用，尤其当说话人的口音较重、用词过于生僻、话语主题超出先验知识范围时，译文的质量无法保障。

在自动驾驶方面，目前的辅助驾驶可以避免很多人为因素（如疲劳驾驶、酒驾等）造成的事故，使驾驶更安全。世界经济论坛预计，到 2025 年，自动驾驶技术将助力减少 9%的交通事故。但是目前该技术还没有达到使人类可以完全不操作汽车的地步。2016 年 1 月 20 日，京港澳高速发生一起追尾事故，一辆特斯拉轿车直接撞上清扫车，特斯拉轿车司机不幸身亡，大量证据表明，案发时车辆处于自动驾驶状态[25]。通过分析几起由自动驾驶车辆承担主要责任的事故可知，目前自动驾驶技术仍有缺陷，决策系统不完善，无法处理一些意外情况，还只能停留在"辅助驾驶"阶段[26]。

目前的人工智能技术主要通过学习已有样本来建立目标对象模型。因此，当目标对象与模型不符时，人工智能技术就可能出错。其在人为伪造的恶意样本情况下出错的概率更大[27,28]。

深度学习本质上是一种"暗箱"，其输出究竟是如何生成的无从解释，由此而得出的决策也让人怀疑。美国 DARPA 启动了"可解释人工智能"（XAI）计划，旨在创建一套机器学习技术，以此生成更具可解释性的模型。"可解释人工智能"已成为所有人工智能战略的重要组成部分。

总之，人工智能是一门集模拟、延伸和扩展人的智能的理论、方法、技术及应用系统于一体的学科。它企图了解智能的本质，并生产出一种新的能以人类智能类似的方式做出反应的智能机器。人工智能主要让机器通过模拟人类的感知行为来对已感知的外界信息或由内部产生的信息进行思维性加工，重新获取新知识，自我完善增强，从而模拟人类的行动或表达实现人和计算机之间的信息交换。

经过几十年的发展，人工智能技术已经从单纯地模拟人类智力发展到多层次地获取知识来解决问题。不过，虽然人工智能技术取得了长足的进展，也在很多领域开始有了实际应用，但在很多方面离预期还有很大的差距。特别是在处理恶意输入方面，人工智能还处于低级阶段，与人类的智能水平相差甚远。因此，人工智能理论与技术发展的道路依然很长。

参 考 文 献

[1] Gardner H. Frames of Mind: The Theory of Multiple Intelligences[M]. Third Edition. NY: Basic Books，2011.

[2] Poole D，Mackworth A，Goebel R. Computational Intelligence[M]. NY：Oxford University Press，1998.

[3] Russel S J，Norvig P. Artificial Intelligence：A Modern Approach[M]. Second Edition. New Jersey：Prentice Hall，2009.

[4] Turing A M. The Essential Turing[M]. Oxford：Oxford University Press，2004.

[5] Turing A. Computing Machinery and Intelligence[J]. Mind，1950, 236: 433-460.

[6] Luis V A，Blum，Hopper M，et al. CAPTCHA：Using Hard AI Problems for Security[C]. Advances in

Cryptology - EUROCRYPT 2003，2003.

[7] 埃森哲. 人工智能应用之道：高管指南[EB/OL]. [2019-06-21]. https://www.accenture.com/cn-zh/insights/digital/artificial-intelligence-explained-executives.

[8] Chan S. 为什么需要知识图谱？什么是知识图谱？-KG 的前世今生[EB/OL]. [2017-12-0]. https://zhuanlan.zhihu.com/p/31726910.

[9] Oivind D T，Anil K J，Torfinn T. Feature Extraction Methods For Character Recognition——a Survey[J]. Pattern recognition，1996, 29(4): 641-662.

[10] 丁跃潮. 人工智能教学网页[EB/OL]. [2002-01-22]. http://210.34.136.253:8488/AIteach/Chapt2_5.htm.

[11] Fukushima K. Neocognitron：A Hierarchical Neural Network Capable of Visual Pattern Recognition[J]. Neural Networks，1988, 1:119-130.

[12] Lecun Y，Bottou L，Bengio Y，et al. Gradient-based Learning Applied to Document Recognition[J]. Proceedings of IEEE，1998, 86: 2278-2324.

[13] Krizhevsky A，Sutskever I，Hinton G E. ImageNet Classification with Deep Convolutional Neural Networks[C]. NIPS，2012.

[14] Anumanchipalli G K，Chartier J，Chang E F. Speech synthesis from neural decoding of spoken sentences[J]. Nature，2019, 568: 493-498.

[15] Wodewp. 机器视觉系统的一般构架与组成[EB/OL]. [2019]. http://www.vision263.com/2404.html.

[16] MarrD，Poggio T. From Understanding Computation to Understanding Neural Circuitry[J]. AIM-357，1976.

[17] 图灵人工智能. David Marr 对计算机视觉的贡献[EB/OL]. [2017]. https://zhuanlan.zhihu.com/p/32307763.

[18] Lee T S，Mumford D. Hierarchical Bayesian inference in the visual cortex[J]. Journal of the Optical Society of America A，2003, 20(7): 1434-1448.

[19] Cong R，et al. Review of Visual Saliency Detection with Comprehensive Information[J]. IEEE Transactions on Circuits and Systems for Video Technology，2018.

[20] Cheng M-M，Zhang Z，Lin W-Y，et al. BING：Binarized Normed Gradients for Objectness Estimation at 300fps[C]. CVPR，2014.

[21] Dalal N，Triggss B. Histograms of Oriented Gradients for Human Detection[C]. CVPR，2005.

[22] Lowe D G. Object Recognition from Local Scale-Invariant Features[C]. ICCV，1999.

[23] Tomasi C，Kanade T. Detection and Tracking of Point Features[C]. Carnegie Mellon University Technical Report，1991.

[24] Henriques J F，Caseiro R，Martins P，et al. High-Speed Tracking with Kernelized Correlation Filters[C]. CVPR，2014.

[25] 亿欧. 盘点 2 年近 10 起自动驾驶事故：半数以上事故非自动驾驶系统过错[EB/OL]. [2018-07-06]. https://www.d1ev.com/news/qiye/71732.

[26] Cosgrove C, Yuille A L. Adversarial Examples for Edge Detection: They Exist, and They Transfer[EB/OL]. [2019-06-02]. https://arxiv.org/abs/1906.00335.

[27] Zeng X, Liu C, Wang Y, et al. Adversarial Attacks Beyond the Image Space[C]. IEEE Conference on Computer Vision and Pattern Recognition, 2019.

[28] Goodfellow I, Paperno T N, Huang S, et al. Attacking Machine Learning with Adversarial Examples[EB/OL]. [2017-02-24]. https://openai.com/blog/adversarial-example-research/.

第 3 章 技术重构引爆智能+时代

- 物联网
- 物联网和 5G 的关系
- 计算能力——人工智能芯片
- 量子计算
- 边缘计算
- 数字孪生
- 人工智能遇上大数据

前两章分别介绍了大数据及人工智能的相关知识，进入 21 世纪后，一批相关科技得到了迅猛发展：互联网、移动互联网、物联网发展迅速；计算能力在一步步增强；通信速度在不断提升；量子计算、边缘计算、数字孪生等新颖的概念层出不穷。人们不禁要问：这些技术将如何促进大数据及人工智能应用场景的发展？这些技术在大数据、人工智能时代扮演什么角色？支撑这些技术的硬件平台是什么？当人工智能遇上大数据将产生怎样的化学反应？本章会对这些新兴技术进行介绍和分析，并展示这些新兴技术的融合与重构将如何引爆智能+时代。

3.1 物联网

当前社会进入智能化时代的一个重要标志就是传感器、物联网的广泛应用，越来越多的设备，哪怕是很小的电器都在使用智能技术，通过嵌入式传感器采集数据。一道安装了智能视频的小区门禁、一款监控室内温度的智能家居设备、一个内置智能健康监测的可穿戴设备——这些都是物联网的例子，各种各样的传感设备通过连接到互联网而形成了物联网。

3.1.1 物联网的含义

物联网是新一代信息技术的重要组成部分，其英文名称是 The Internet of Things（IoT）。由此，顾名思义，物联网就是"物物相连的互联网"，是通过识别、感知技术与设备获取物体/环境的静/动态属性信息，再由网络传输通信技术与设备进行信息/知识交换和通信，并最终经智能信息/知识处理技术与设备实现人-机-物世界的智能化管理与控制的一种"人物互联、物物互联、人人互联"的高效能、智能化的网络。其中有两层意思：第一，物联网的核心和基础仍然是互联网，它是在互联网基础上延伸和扩展的网络；第二，其用户端延伸和扩展到了任何物品，任何物品之间都可进行信息交换和通信。因此，物联网就是通过射频识别（RFID）、传感器、摄像头、全球定位系统、激光扫描器等信息传感设备，按约定的协议把物品与互联网相连接，并进行信息交换和通信，以实现对物品的智能化识别、定位、跟踪、监控和管理的一种网络。因此，物联网技术包含感知技术、传输技术和应用技术。

作为新一代信息技术高度集成和综合运用的技术终端，物联网有着巨大的市场。麦肯锡资料显示：预计到 2025 年，由物联网所产生的经济影响将达到每年 11 万亿美元；工业互联网被认为是最大的应用场景，预计产值将达到 2.5 万亿美元。物联网就是物物相连的互联网，只要嵌入一个感应芯片，它就会变得智能化。以蓝牙连接为例，在多个蓝牙产品内部添加相应的蓝牙模块，然后就可以实现人物"对话"、物物"交流"的功能，进而实现智能化、远程管理控制的网络。随着信息技术的发展，物联网目前已涵盖交通、物流、健康、城管、家居、环保、旅游、办公等领域。

3.1.2　物联网的架构

随着人工智能技术日新月异，物联网正处于持续进化的状态，物联网解决方案要么节省了人们的时间，要么创造了轻松的生活。此外，人工智能和边缘计算等正迅速与物联网交叉，将继续丰富物联网的内容。物联网的架构分为以下三个层面。

（1）应用层。应用层是构建在物联网架构基础上的系统应用，包括物联网业务中间件及物流、农业、教育、旅游、医疗等应用场景。后面的章节会对一些典型应用场景进行介绍。

（2）网络层。网络层是进行信息交换的通信网络，包括移动互联网、互联网、WiFi、无线通信网络等。

（3）感知层。感知层由数据采集和数据处理组成，数据采集是通过传感器、二维码/条码、RFID、蓝牙等自动识别与通信技术获取物品编码信息的过程；数据处理则包括传输、信息处理及中间件。

人们经常把网络层和数据采集中的数据传输部分合在一起称为传输层。物联网公共支撑技术包括标识解析、信息安全、网络管理、安全技术等。物联网架构如图 3-1 所示。

物联网是非常综合的技术，而且发展非常快。宏观来讲，物联网技术分三大领域：感知层技术、传输层技术和应用层技术。

物联网的产业链是围绕物联网核心技术形成的（见图 3-2）。

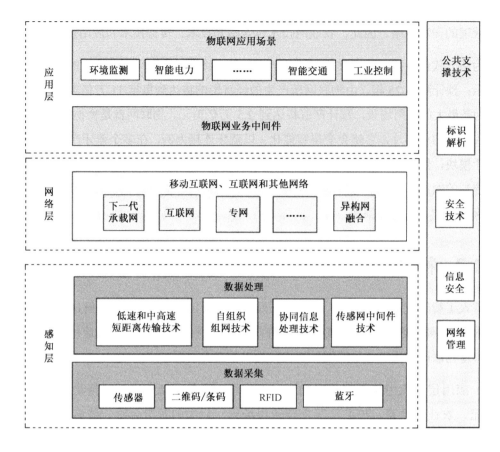

图 3-1 物联网架构

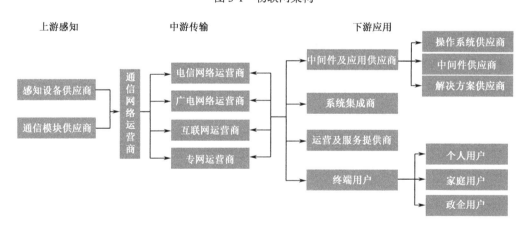

图 3-2 物联网的产业链

资料来源：中商产业研究院。

已经有大量的公司在产业链的不同节点发力，其中不仅包括众多世界知名企业，也包括很多初创企业。

3.1.3 物联网感知层技术

物联网感知层通过传感器、RFID、无线传感器网络等获取数据。

1. 传感器

传感器是物联网中获得信息的主要设备,是能感受规定的被测量并按照一定的规律将其转换成可用信号的器件或装置,通常由敏感元件和转换元件组成。由于应用场景非常广泛,传感器的种类繁多,常见的传感器包括温度传感器、湿度传感器、压力传感器、地震传感器、噪声传感器、成分传感器、光电传感器等。

2. RFID

RFID 可通过射频信号自动识别目标对象,并对其信息进行标签登记、储存和管理。RFID 包含电子标签、读写器和天线等设备。

电子标签:由芯片和标签天线或线圈组成,通过电感耦合或电磁反射原理与读写器进行通信。

读写器:可读取(在读写卡中还可以写入)标签信息。

天线:可以内置在读写器中,也可以通过同轴电缆与读写器天线接口相连。

3. 无线传感器网络

无线传感器网络(Wireless Sensor Network,WSN)是由大量传感器节点通过无线通信方式形成的一个多跳的自组织网络系统,其目的是协作地感知、采集和处理网络覆盖区域中感知对象的信息,能够实现数据的采集量化、处理融合和传输应用。因此,无线传感器网络除了感知,还具有传输功能。

3.1.4 物联网传输层技术

经过互联网二十多年及移动互联网十多年的高速发展,网络技术已经发展出庞大的技术体系,内容非常丰富,物联网传输层技术是网络技术的一个重要组成部分。根据时延、速率、成本等因素,物联网传输层技术分类及主要应用场景如表 3-1 所示。

表 3-1 物联网传输层技术分类及主要应用场景

分 类	传输层技术	主要应用场景
高速率(>10Mbps)	3G/4G/5G	视频监控、车联网、工业互联网等
中速率(<1Mbps)	2G/eMTC	可穿戴设备、定位器、电子广告等
低速率(<100kbps)	NB-IoT/LoRa	POS 机、远程抄表、智慧城市、智能监控、智慧停车等

NB-IoT、eMTC 和 LoRa 都属于无线通信技术。NB-IoT（Narrow Band-Internet of Things）即窄带物联网，属于物联网范畴的一种技术。NB-IoT 具有覆盖广、电池寿命长、成本低、容量大四大特性。eMTC（LTE enhanced MTC）属于物联网中速率传输层技术，具有覆盖广、支撑海量连接、低功耗和更低成本的特性。LoRa 具有远距离、低功耗、多节点和低成本的特性。除了这些，还有很多其他的无线通信技术。

3.1.5　物联网应用层技术

物联网应用层是最终实现的层次，它利用感知层采集的海量数据进行分析，解决客户的相关问题。它将可重复的系统部分开发为中间件，这是多层次信息化架构中的一个重要组成部分。

中间件在应用层举足轻重，可实现各种技术之间的资源共享和各种技术之间的相互连接。中间件由多种模块组成，包括事件数据库、任务管理系统、事件管理系统等，应用场景包括智慧城市、工业互联网、智慧医疗、智慧出行等。设备之间的相互连接需要用到 M2M（Machine-to-Machine）技术。

M2M 技术是一种应用，或者说是一种服务，其核心功能是实现机器终端之间的智能化信息交互。M2M 技术通过智能系统将多种通信技术融合。M2M 技术可以实现三种形式的实时数据无线连接：一种是系统之间的连接，另一种是远程设备之间的连接，还有一种是人与机器之间的连接。M2M 技术是物联网的基础技术之一，目前物联网主要是以连接人、机器、系统为主要形式。如果能将 M2M 技术普及，使无数个 M2M 系统相互连接，则将实现智能制造、智慧交通、智慧医疗、智慧城市等物联信息系统。

3.1.6　物联网发展的驱动力

鉴于物联网的市场前景，物联网发展将获得来自以下三个层面的驱动力。

（1）从政府层面来看，各国都把物联网提到了国家信息化发展的战略高度，并纷纷提出了计划，制定了目标和行动方案。

（2）从产业链层面来看，第一，产业初步形成，各环节分工较为清晰，产业链环节中以全球领先的跨国企业为核心，其带动了产业链能力的总体提升；第二，重视 M2M 技术的研发和投入，这成为新一轮增长的驱动力；第三，全球运营商随着个人用户普及率的增加，需要寻求新的增长驱动力；第四，各产业链环节初步形成了产业的相关能力；第五，新兴的服务商看好产业机会，所以也在积极参与和推动。

（3）从技术层面来看，首先，RFID 技术、传感器技术、纳米技术、智能嵌入技术等逐步成熟；其次，网络的速度及效率不断提高，目前已经开始从 3G、4G 向 5G 方向发展，5G 的普及将会大大促进物联网应用场景向更高端方向发展。

3.1.7 物联网面临的挑战

这些年物联网的发展非常快，但离物联网全面商业化爆发似乎还有一段距离，其仍然面临许多挑战：

（1）从政府层面来看，政府还没有出台具体的扶持和立法政策，物联网安全等问题还待解决。

（2）从产业链层面来看，目前物联网的发展还处于碎片化阶段，各商家有各自发展的方向，因此产业链环节多，复杂度高，导致整体成本很难下降。

（3）从技术层面来看，为了获取精确信息，通常在监测区域内部署大量的传感器节点，导致传感器节点成千上万，如此多的传感器节点的能耗问题急需解决；另外，多种无线传感技术与通信网络的融合问题尚未解决。

3.2 物联网和 5G 的关系

物联网和 5G 将转变国家的商业形式、战争形式，以及形成新的社会形态互动[1]。随着 5G 的普及及投入使用，物联网用户的体验将大幅度提升。5G 具有带宽大、速率高、连接广、覆盖广、成本低、功耗低、架构优等特点。5G 不仅给社会提供了一个全面的互联互通的机会，而且会在信息、安全、智能化这三个方面重新塑造整个社会的面貌与格局。根据移动通信的发展规律，5G 将具有超高的频谱利用率和能效，在传输速率和资源利用率等方面较 4G 提高至少一个量级，其无线覆盖性能、传输时延、系统安全和用户体验也将得到显著提高。5G 移动通信技术将与其他无线移动通信技术密切结合，构成新一代无所不在的移动信息网络，满足未来 10 年移动互联网流量增加千倍以上的发展需求。5G 移动通信系统的应用领域也将进一步扩展，对海量传感设备及 M2M 通信的支撑能力将成为 5G 移动通信系统设计的重要指标之一。未来 5G 移动通信系统还须具备充分的灵活性，具有网络自感知、自调整等智能化能力，以便应对未来移动信息社会难以预计的快速变化。

3.2.1　工业与技术革命：从蒸汽机到 5G 万物互联

信息与通信技术（Information and Communication Technology，ICT）这个新名词的引入充分说明电信产业和计算机、互联网产业的结合将会给人类社会带来巨大的变革。大量被广泛使用的移动连接设备推动社会进一步深入变革，使社会变得更加网络化和连接化，从而在经济、文化和技术方面产生深远影响[2]。当前所经历的这场技术革命，源于 20 世纪 70 年代半导体技术和集成电路（IC）技术的发展，以及现代信息技术（IT）和现代电子通信技术的发展。未来 ICT 产业将构建不同的场景，同时满足服务需求差异巨大的交付框架要求，满足大量的不同需求，实现万物智能互联（物联网），有人将其称为第四次工业革命。

四次工业革命如图 3-3 所示。

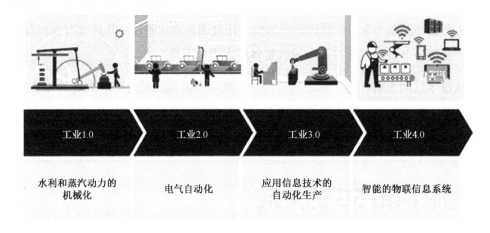

图 3-3　四次工业革命

第一次工业革命发生在 18 世纪 60 年代至 19 世纪中期，始于英国的水利和蒸汽动力的机械化生产，以英国纺织机和蒸汽机车为标志。随后英国从农业经济迅速转型为近代工业经济。

第二次工业革命发生在 19 世纪下半叶至 20 世纪初，始于一系列的电气发明。发电机、电动机等出现并被广泛应用，从而逐渐形成了工业电气化和流水线生产方式。电气化生产线上的工人分工更加专业，从而实现了大规模工业制造。

第三次工业革命发生在 20 世纪 60 年代，主要归功于电子信息技术，以可编程逻辑控制器（Programmable Logic Controllers，PLC）为核心的一系列发明提升了企业的自动化能力和产能。

第四次工业革命即我们当前所处的时代。有学者认为，这个时代将以 5G 移动通信技术为起点来实现万物智能互联，无处不在的设备介入和可感知的物品，将极大地推动社会超智能化方向发展。

人们期待的 5G 提供了进入第四次工业革命的途径。因为它将以人为主要服务对象的无线通信延伸到了人与物全连接的世界。特别需要指出的是，5G 包括连接人与物的标准配置、海量的机器连接、新的频段和监管制度、通过互联网的内容分发集成、网络的边缘处理和存储、软件定义网络、网络功能的虚拟化。

3.2.2　5G 简介

移动通信已经深刻地改变了人们的生活，但人们对更高性能的移动通信的追求从未停止。为了应对未来爆炸性的移动数据流量增长、海量的设备连接、不断涌现的各类新业务和应用场景，第五代移动通信系统应运而生。

5G 指第五代移动通信技术，是目前最新一代的蜂窝移动通信技术。5G 将渗透到未来社会的各领域，以用户为中心构建全方位的信息生态系统。5G 将使信息突破时空限制，为用户提供极佳的交互体验，并为用户带来身临其境的信息盛宴；5G 将拉近万物的距离，通过无缝融合的方式，便捷地实现人与万物的智能互联。5G 将为用户提供光纤般的接入速率，"零"时延的使用体验，千亿设备的连接能力，超高流量密度、超高连接数密度和超高移动性等多场景的一致服务，业务及用户感知的智能优化，同时将为网络带来超百倍的能效提升和超百倍的比特成本降低，最终实现"信息随心至，万物触手及"的总体愿景。

1. 移动通信发展简介

第一代移动通信（1G：TACS/AMPS 等）只能实现模拟语音通信，第二代移动通信（2G：GSM/CDMA）实现了数字语音与短信业务，第三代移动通信（3G：CDMA2000/WCDMA/TD-SCDMA）与第四代移动通信（4G：TD-LTE/FDD-LTE）实现了移动数据与移动互联网业务，而第五代移动通信（5G）将实现万物智能互联互通。

20 世纪 70 年代，以模拟技术为基础的蜂窝式无线电话系统出现，首次将人们带入个人移动通信时代。1981 年诞生了蜂窝移动通信系统，其采用了模拟技术、调频信号和数字信令信道，这就是我们所称的 1G。民用移动通信的出现当然是革命性的，但 1G 的缺陷也很明显：一是容量太小，模拟技术对频谱的利用率太低，当时的交换技术发展也不够，无法接入大量用户，使移动通信成了少数人的奢侈品；二是保密性差，非常容易截取；三是各自独立标准，不能漫游，北欧部署的 NMT、德国部署的 C-Netz、英国部署的 TACS 系统和北美部署的 AMPS 系统，相互之间不能漫游。

1982 年，欧洲电信标准协会（ETSI）的前身欧洲邮政电信管理委员会（CEPT）决定开发第二代移动通信系统，也就是 GSM（Global System for Mobile Communications），其在 1991 年开始大规模部署后基本上实现了全球漫游（北美、日本少数国家除外），并使用了混合的时分多址（TDMA）和频分多址（FDMA）技术，从而使移动通信从模拟技术迈向了数字技术，用户容量也得到了大幅度提高。

GSM 是迄今最为成功的通信系统，其不仅覆盖面积广、使用时间长，巅峰时全球拥有近 45 亿用户，而且目前仍然在大规模使用，时间跨度达 30 多年。2G 为人类移动通信系统的普及做出了卓越的贡献，也极大地拉近了人与人之间的距离。当然 2G 系统的局限性也非常多，该系统只为了满足人们的语音通话需求，并不能满足人们对移动宽带流量的需求。为了满足人们在数据业务上的需求，2G 提供了 SM 上的 GPRS（分组数据业务）和 EDGE，以及 CDMA 技术，俗称 2.5G 与 2.75G 技术，但它们的速率远远达不到人们的使用需求，随着智能手机的普及，人们对流量的需求已非常迫切。

为了满足未来新的市场需求，实现 2G 到未来 3G 的平滑过渡，保证未来技术的可持续发展，1998 年，3GPP（3rd Generation Partnership Project，第三代合作伙伴计划）成立，其最初的工作范围是为第三代移动通信系统制定全球适用的技术规范和技术报告。最后，3GPP 完成了 3G 标准的制定，并在国际电联形成了 WCDMA、TD-SCDMA 和 CDMA2000 技术标准，供全球运营商部署 3G 网络。

由于 3G 时代移动终端的上网速率是 2G 时代的几十倍，并且 WCDMA 第一个版本在 1999 年已经完成，最初欧洲一些发达国家对 3G 特别是 WCDMA 的前景过于乐观，3G 牌照的拍卖动辄几百亿美元，但早期运营商投资建网后发现收入并没有大幅度的增长，加之早期智能机发展不如意及早期智能机的移动应用没有发展起来，早期发展 3G 的运营商亏损严重[3]。

2007 年年初，以苹果 iPhone 为代表的智能手机的出现带动了智能手机市场的爆发性增长，人们对高速率的移动通信网络与更低的流量资费的需求越来越迫切，因此，在 3G 刚迎来春天的时候，4G 就来了。2008 年，3GPP 提出了以长期演进技术（Long Term Evolution，LTE）作为 3.9G 技术标准，实际上准 4G 技术的 LTE 第一个版本标准（R8）也出炉了，紧接着 2009 年年底，全球第一个 LTE 商用网络开始部署。从使用时长来说，3G 无疑是最短的一个，尤其是中国移动的 TD-SCDMA 网络，其很快被 4G 替代。1G 到 4G 移动通信网络的发展及标准迁移如图 3-4 所示[3]。

4G LTE 最初是为分组数据业务设计的，并且早期并不支持语音，移动宽带速率是其发展的重点，其对高速率、低时延和高容量有严格的要求。而且，4G LTE 不再产生多种制式，只有频分双工（FDD）和时分双工（TDD）两种双工模式，在统一化标准上大大优于 3G。4G LTE 的演进包括改进的天线技术、多站点协调、利用碎片频谱和密集部署等，4G LTE 还支持大规模机器类通信，并引入了 M2M 通信，从而拓展了移动宽带的使用范围。

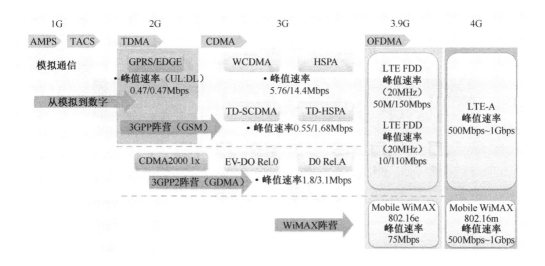

图 3-4　1G 到 4G 移动通信网络的发展及标准迁移

2. 从移动互联到极限移动互联

5G 移动通信系统将逐步成为满足人类信息化需求的无线移动通信系统。它不仅提供更高的上网速率、更大的带宽与更强的空口技术，而且提供面向全社会的业务应用与极致的通信体验。对极致高速率的持续渴望、对视频业务的广泛需求和对诸如虚拟现实、高清视频的兴趣推动了人们对 1Gbps 以上通信速率的需求。5G 技术使无线通信网络获得了当前只能由光纤接入实现的速率和服务。感知互联网进一步增加了对低时延的诉求。要同时满足低时延与高速率的需求，这对网络的能力提出了更高的要求[2]。

总的来看，每一代移动通信都有其典型的时代特征及应用场景。1G 是模拟时代，以语音为主，2G 就进入了数字时代，除了语音还增加了短信，3G 则开启了移动互联时代，到了 4G，速率的提升使移动互联变成了以数据为主导，而 5G 的高速率、低时延甚至"零"时延，使通信进入了万物互联时代。移通信网络发展及迭代如图 3-5 所示。

3. 5G 的总体愿景

移动通信深刻地改变了人们的生活，同时人们又对移动通信的性能不断提出更高的要求。5G 通过集成多种无线技术来满足用户不同的极限体验。

未来 5G 将渗透到社会的各应用领域，从可穿戴设备、智慧家居到工业、医疗、教育等，形成全方位的信息生态体系。

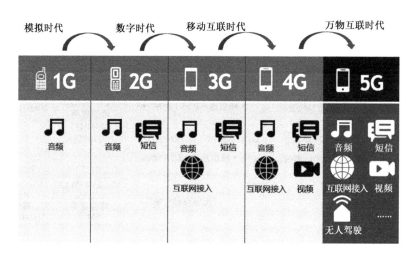

图 3-5 移通信网络发展及迭代

4. 5G 应用场景及性能挑战

5G 典型场景涉及未来人们生产、工作和生活的各方面,特别是工业互联网、无人驾驶、智慧医疗和需要"零"时延的场景,这些场景基本上需要超高流量密度、超高连接数密度、超高移动性,会给 5G 系统带来极大的挑战。在这些场景中,考虑增强现实、虚拟现实、超高清视频、云存储、车联网等 5G 典型业务,可以得到各应用场景下的 5G 性能需求。5G 关键性能主要包括用户体验速率、连接数密度、端到端时延、移动性、流量密度及用户峰值速率(见表 3-2)。

表 3-2 5G 关键性能

名 称	定 义	5G 指标	与 4G 指标比较
用户体验速率	真实网络环境下用户可获得的最低传输速率	0.1~1Gbps	100 倍
连接数密度	单位面积支持的在线设备数总和	$10^6/km^2$	更大
端到端时延	数据包从源节点开始传输到被目的节点正确接收所需的时间	1ms	1/5 或更低
移动性	满足一定性能要求时,收发双方间的最大相对移动速度	500km/h 以上	4 倍
流量密度	单位面积区域内的总流量	10~100 Tbps/km²	更大
用户峰值速率	用户可获得的最高传输速率	10~20 Gbps	20 倍

如表 3-2 所示,5G 关键性能可以实现如下指标:支持 0.1~1Gbps 的用户体验速率、每平方千米 100 万的连接数密度、毫秒级的端到端时延、每平方千米 10~100 Tbps 的流量密度、每小时 500km 以上的移动性和 10~20 Gbps 的用户峰值速率,各项指标都很大幅度地优于

4G 指标。其中，端到端时延、用户体验速率与连接数密度是 5G 最基本的三个关键技术能力指标。由于未来 5G 会大面积部署，因此需要大幅度提高网络部署和运营的效率，与 4G 相比，5G 的频谱效率需要提升 5～15 倍，能效和成本效率也需要提升上百倍。

这些关键性能指标并非一成不变，不同应用场景有不同的应用需求，如高铁和普通场景对传输带宽的要求差异很大。

5. 5G 的三大应用场景

国际电信联盟（International Telecommunication Union，ITU）正式确认了 5G 的三大应用场景，分别是增强移动宽带 eMBB、海量机器通信 mMTC 和超高可靠低时延通信 uRLLC，如图 3-6 所示。

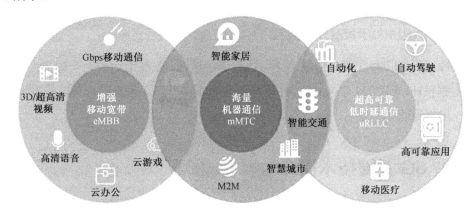

图 3-6　5G 的三大应用场景

eMBB 是以人为中心的应用场景，集中表现为超高的数据传输速率，最直观的感受就是移动网速改善，未来更多应用，包括超高清视频、游戏、VR/AR 等对移动网速的需求都将得到满足。从 eMBB 层面来说，它是原来移动网络的升级，可让人们体验到极致的网速。因此，eMBB 将是 5G 发展初期面向个人消费市场的核心应用场景。

mMTC 代表了 5G 强大的海量通信能力，可使 5G 快速促进各垂直行业的深度融合，包括智慧城市、智能家居、环境监测等。在万物互联情形下，人们的生活方式也将发生颠覆性的变化。在这一场景下，数据速率较低且时延不敏感，连接覆盖生活的方方面面，终端成本更低，电池寿命更长且可靠性更高，可真正实现万物互联。

在 uRLLC 场景下，连接时延达到毫秒级别，同时在高速移动（500 km/h）情况下具有高可靠性的连接。这一场景下的典型应用是智能制造/工业互联网、无人驾驶/车联网、远程医疗等，这类应用的价值极高。

由此看出，5G 的实施和应用将会对这些应用场景产生颠覆性的影响，对未来社会发展具有深刻的意义。

6. 5G 应用现状与发展前景

5G 未来将向差异化服务、海量物联网、垂直行业应用、开放平台化方向发展。运营商普遍关注 5G 能够带来价值的重要垂直行业市场，包括汽车、传输、物流、能源、公共设施监测、安全、教育、金融、医疗保健、工业和农业[3]。中国已从 2G 时代技术标准的观望者、3G 时代技术标准的参与者与跟随者，发展成为 4G 时代技术标准的深度制定者，在 5G 时代，中国企业已经获得了非常领先的地位。特别是从 4G 开始，中国移动已经深度参与技术标准的制订，从运营商的思路与立场出发主导标准的制订。华为公司推出了全球首个 5G 无线网络标准商用芯片，引起了很大的轰动，其 5G 的各项应用也在如火如荼地进行着，这标志着中国在 5G 发展过程中处于领跑者地位。

中国 5G 研发起步早，并且市场广阔，这将使中国在 5G 商用后成为全球最大的 5G 市场。公开数据预计，到 2025 年，中国 5G 用户将达到 5.76 亿人，占全国总人口的 40%左右，占全球 5G 用户数的 41%左右。

3.2.3　5G 关键技术简介

5G 技术在发展中不但继承了 3G/4G 技术的优点，同时根据未来物联网与车联网等主要应用场景进行了专项设计，形成了其特有的技术特点，以下介绍实现 5G 需要的关键技术。

1. 大规模 MIMO 技术

大规模 MIMO（Multiple-Input Multiple-Output，多进多出）技术是 5G 关键技术之一。传统 MIMO 技术通过在发射端和接收端配备多根天线来提高通信系统的容量、系统数据的传输速率及传输可靠性。随着技术的发展，通信系统支持越来越多的天线端口，到了 3GPP 的 R13 版本，通信系统开始支持大规模 MIMO 技术。MIMO 技术标准化进程如表 3-3 所示。其中 MIMO 技术指在发射端和接收端分别使用多个发射天线和接收天线，使信号通过这些天线传输和接收，从而改善通信质量。理论上，天线数量越多，传输的可靠性和频谱效率就越高。大规模 MIMO 技术充分利用空间资源，通过多个天线实现多发多收，在不增加频谱资源和天线发射功率的情况下，成倍地提高系统信道容量，被视为 5G 移动通信的核心技术。目前除 5G 之外，MIMO 技术已经广泛应用于 WiFi、LTE、雷达等。

表 3-3 MIMO 技术标准化进程

标准	MIMO 技术	特点
R8	发射分集	最多支持 4 层传输
	空分复用	只支持单层传输
	波束赋形	最多两个 rank1UE
	MU-MIMO	SU/MU 灵活切换
R9	双流波束赋形	最多 4 个数据流（每 UE 最多 2 层） 采用非码本的传输方式 支持基于信道互易性的反馈
R10	高阶 MIMO	最多支持 8 层传输 基于双级多颗粒度码本的高精度反馈
	上行 MIMO	最多支持 4 层传输
R11	CoMP	多小区协作 MIMO
R12	CoMP/3D MIMO	多小区协作 MIMO/3D
R13	3D MIMO	拓展为三维（3D）天线阵列

在无线通信系统中，多天线技术具有提高系统频谱效率和传输性能的优势，同时，频谱效率和传输性能跟天线数目成正比，当频谱资源和天线发射功率保持不变时，发射端和接收端都可以配置多根天线来成倍提高系统容量，这就是 MIMO 技术。目前在无线通信系统中，收发端配置的天线数量都非常少，而大规模 MIMO 技术可在一个基站上配置非常多的天线，可以在同一时间、同一频率（同时同频）的资源上实现多个用户同时无干扰通信。与当前 MIMO 技术相比，其具有以下明显的优势。

第一，大规模 MIMO 技术有较强的空间分辨率，能满足多个用户与单个基站在同一时频上同时进行通信的需求。

第二，大规模 MIMO 技术可实现多波束的智能赋形，可使定向和波束赋形能力更强，将显著提高频谱效率，降低发射功率。

2. 新型多址技术

移动互联网和物联网将成为未来移动通信发展的主要驱动力，5G 技术为应对低时延与高可靠性的应用场景需求提供了可能，这些应用场景不仅需要通信系统大幅度提升系统频谱效率，还需要其具备支持海量设备连接的能力，这对系统的多址接入技术提出了很高的要求，也对现有的正交多址接入技术形成了严峻的挑战。

当前的 5G 技术采用了以 SCMA、PDMA、MUSA 和 NOMA 为代表的新型多址技术，并通过多用户信息在相同资源上的叠加传输，有效地提升了系统的频谱效率，并可成倍增加系统的接入容量。

1) SCMA

稀疏码分多址接入(Sparse Code Multiple Access,SCMA)技术是第五代全新空口核心移动通信技术,其通过低密度码与高维调制结合,以及共轭、置换、相位旋转等操作选出最佳性能的码本集合,使不同用户采用不同码本进行信息传输。在同样的资源条件下,SCMA技术可以支持更多的用户连接,从而大大提升频谱效率。

2) PDMA

图样分割多址接入(Pattern Division Multiple Access,PDMA)技术基于发射端与接收端的联合设计,在发射端利用图样分割技术对用户信号进行合理分割,在接收端采用串行干扰抵消接收机算法进行多用户检测,从而使通信系统的整体最优。

3) MUSA

多用户共享接入(Multi-User Shared Access,MUSA)技术是一种基于复数域多元码序列的多用户共享接入技术,是结合了非正交多址接入和免调度接入设计理念的新型多用户接入技术[4]。

4) NOMA

非正交多址接入(Non-Orthogonal Multiple Access,NOMA)技术与传统的正交传输技术有所不同,其发射端采用非正交发送,主动引入干扰信息,在接收端通过串行干扰删除(Successive Interference Cancellation,SIC)技术实现接收机的正确解调。虽然采用SIC技术会使接收机的复杂度有一定的提高,但可以获得更高的频谱效率。随着接收机处理能力的增强,用提高接收机的复杂度来换取更高的频谱效率,将使非正交传输技术在实际系统中的应用成为可能,这就是NOMA技术的本质。

从2G、3G到4G,多用户复用技术无非就是在时域、频域、码域上进行研究,而NOMA技术在正交频分复用(OFDM)的基础上增加了一个维度——功率域。新增这个功率域的目的是利用每个用户不同的路径损耗来实现多用户复用。自适应技术从3G的快速功率控制(Fast-transmission Power Control,TPC)、4G的自适应调制和编码(Adaptive Modulation and Coding,AMC)发展到了5G的功率分配自适应调制和编码(见表3-4)。

表3-4 3G、3.9G/4G与5G比较

通信系统	多址方式	信号波形	自适应技术	频谱图
3G	非正交(CDMA)	单一载体	快速功率控制	非正交功率控制
3.9G/4G	正交(OFDMA)	正交频分复用	自适应调制和编码	用户正交
5G	SIC正交(NOMA)	正交频分复用	功率分配自适应调制和编码	叠加功率分配

NOMA 技术中的关键技术包括串行干扰删除、功率复用。

上述新型多址技术相比于 4G 的 OFDM 技术，不但可以提供更高的频谱效率、支持更多的用户连接，还可以有效降低时延，可以作为未来 5G 系统的基础性核心技术。

3. 滤波器组多载波技术

OFDM 技术是 4G 多载波技术的典型代表。在 5G 中，OFDM 技术仍然是基本波形的重要的载波技术，但考虑到 5G 更加多样化的业务类型、超高的频谱效率及极高的连接数等需要，需要新的多载波技术作为补充，以便更好地适应 5G 总体需求与系统需求。

滤波器组多载波（Filter Banks based Multicarrier，FBMC）技术主要解决 OFDM 技术需要引入一个比时延扩展还长的循环前缀的问题。

在 OFDM 系统中，无线信道的多径效应会使符号间产生干扰。为了消除符号间的干扰，可在符号间插入保护间隔。插入保护间隔的一般方法是符号间置零，即发送第一个符号后停留一段时间（不发送任何信息），然后再发送第二个符号。在 OFDM 系统中，这样虽然减弱或消除了符号间干扰，但由于破坏了子载波间的正交性，从而导致子载波之间产生了干扰。

FBMC 技术的核心是在保持符号持续时间不变、不引入额外开销的情况下，在发射端及接收端添加额外的滤波器来处理时域中相邻多载波符号间的重叠。

总之，由于未来 5G 应用场景和业务类型的巨大差异，单一的波形很难满足所有需求，多种波形技术将共存，在不同的场景下发挥各自的作用。新型多载波技术应当从场景和业务的根本需求出发，以最适合的波形和参数，为特定业务达到最佳性能发挥基础性的作用。

4. 全频段接入技术

全频段接入技术是 5G 的关键技术之一。5G 的全频段包含 6GHz 以下的低频段和 6GHz 以上的高频段，由于 6GHz 以下的低频段密集分布着卫星、广播等各种业务，为了避免对原有业务的干扰，6GHz 以上高频段的开发势在必行，因此，未来 5G 不仅需要支持 6GHz 以下的频段，还需要支持 6～30GHz 的频段，甚至需要支持扩展到 100GHz 的频段。全频段接入技术采用低频和高频混合组网，充分挖掘低频和高频的优势，共同满足无缝覆盖、高速率、大容量等 5G 需求。目前，业界统一的认识是研究 6～100GHz 频段，该频段拥有丰富的空闲频谱资源，可有效满足未来 5G 对更高容量和速率的需求，可支持 10Gbps 以上的用户传输速率。5G 频段分布与国内运营商已分配频段如图 3-7 所示。

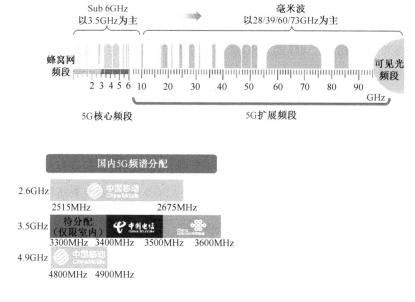

图 3-7　5G 频段分布与国内运营商已分配频段

高频通信能够使 5G 利用高频丰富的频谱资源,大幅度提升数据传输速率和系统容量,是突破传统蜂窝网频段通信的革命性技术。高频通信广泛应用于卫星通信、雷达、导航、医疗、仓储等各领域,但在移动通信领域还处于研究起步阶段。另外,高频信号传播易受到障碍物、反射物、散射体及大气吸收等环境因素的影响,高频通信与传统蜂窝网频段通信有较大差异,如其传播衰减大、信道变化快、绕射能力差等,因此,需要对高频通信在移动领域的应用进行深入的研究。

5. 超密集组网

随着移动互联网和物联网的快速发展,各种新型业务不断涌现,为了满足未来移动网络数据流量增大 1 000 倍及用户体验速率提升 10～100 倍的需求,需要在室内外热点区域密集部署低功率小基站,形成超密集组网。因此,超密集组网是应对未来 5G 网络数据流量爆炸式增长的主要技术手段。超密集组网提供更加"密集化"的无线网络基础设施部署,可获得更高的频率复用效率,从而在局部热点区域实现百倍量级的系统容量提升。超密集组网的典型应用场景包括密集街区、校园、大型集会、交通枢纽、办公室、密集住宅、体育场等。随着小区部署密度的增加,超密集组网将面临许多新的技术挑战,如干扰、移动性、站址、传输资源及部署成本等方面的挑战。为了满足典型应用场景的需求,实现易部署、易维护、用户体验好的轻型网络,超密集组网研究可集中于接入和回传联合设计、干扰管理和抑制、小区虚拟化技术等方向[5]。

6. 全双工

全双工（Full Duplex）即收发采用相同频率，这样可大大提升频谱效率，但同时也带来了自干扰。根据干扰消除方式和位置的不同，自干扰消除技术可分为三种：天线干扰消除、射频干扰消除、数字干扰消除。

在全双工的实用化进程中，尚需解决的问题和技术挑战包括：大功率动态自干扰信号的抑制；多天线射频域自干扰抑制电路的小型化；全双工体制下的网络新架构与干扰消除机制，以及其与频分双工（FDD）/时分双工（TDD）等半双工机制的共存和演进路线等。

总的来看，全双工最大限度地提升了网络和设备收发设计的自由度，可消除 FDD 和 TDD 的差异性，具备潜在的网络频谱效率提升能力，适合频谱紧缺和碎片化的多种通信场景，有望在室内低功率、低速移动场景下率先使用。由于复杂度和应用条件不尽相同，其在各种场景的应用和技术突破需要逐阶段推进。

7. 设备到设备的通信技术

设备到设备的通信技术（D2D）是一种直接通信技术，其最大的特点就是不需要基站中转。D2D 被广泛认为是提升系统性能的焦点技术，可支持未来 5G 的新业务。D2D 的操作优点包括大幅度提升频谱效率、提高用户体验速率和单位面积容量、降低时延、减少成本及提高效率。这些优点主要是由于 D2D 用户在邻近区域使用了 D2D 通信（邻近增益），从而提高了时间和频率资源的空间复用程度（复用增益）。相比于蜂窝基站需要上行和下行链路资源，D2D 只使用单一链路的增益（跳跃增益）即可。

8. 核心网云化与网络功能虚拟化

随着智能终端的普及和移动互联网业务的高速扩展，网络中的流量处于爆炸式增长阶段，这对网络容量和性能提出了更高的要求。相比于传统 4G EPC（Evolved Packet Core）核心网，5G 系统架构采用原生云化设计思路，其关键特性包括服务化架构（Service-based Architecture）、网络切片、边缘计算[6]。5G 核心网与网络功能虚拟化（Network Function Virtualization，NFV）基础设施结合，为普通消费者、应用提供商和垂直行业需求方提供网络切片、边缘计算等新型业务能力。5G 核心网将从传统的互联网接入管道转型为全社会信息化的赋能者。

5G 核心网部署以成熟的 NFV 技术为基础。5G 核心网既是对传统移动互联网服务能力的升级，也是产业互联网不可或缺的关键一环。然而，现阶段 NFV 商用部署刚刚起步，标准进展相对滞后。因此，从推进 5G 核心网云化部署的角度来说，现阶段有必要梳理关键需求，确定基础框架，开展关键技术攻关与试验验证，从而促进 5G 核心网云化与 NFV 两种技术协同并进。

5G 核心网对云化 NFV 平台（以下简称云平台）的关键需求如下（见图 3-8）。

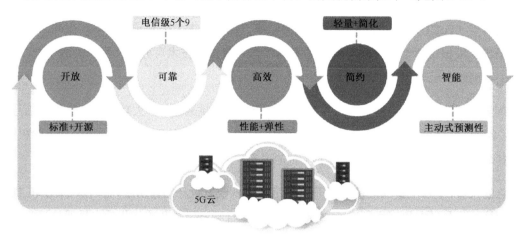

图 3-8　5G 核心网对云平台的关键需求

第一是开放：云平台需要实现解耦部署和全网资源共享，探索标准化和开源相结合的新型开放模式，消减网络和平台服务单厂家锁定风险，依托主流开源项目和符合"事实标准"的服务接口来建立开放式的通信基础设施新生态。

第二是可靠：电信业务对现有 IT 数据中心（Data Center，DC）和基础设施在可靠性方面提出了更高的要求，NFV 系统由服务器、存储、网络和云操作系统多部件构成，涉障节点多，潜在故障率更高，为达到电信级"5 个 9"的可靠性，需要设计针对性的优化方案。

第三是高效：云平台的效能需求包括业务性能和运维弹性两个方面，业务性能体现在云平台需要满足 5G 核心网服务化接口信令处理、边缘并发计算和大流量转发的要求；运维弹性主要体现为云平台业务快速编排、灵活跨 DC 组网和资源动态扩缩容。

第四是简约：5G 核心网的网络功能单元粒度更细，需要云平台提供更轻量化的部署单元来匹配，从而实现敏捷的网络重构和切片编排；NFV 编排需要将复杂的网络应用、容器/虚拟机、物理资源间的依赖关系、拓扑管理、完整性控制等业务过程模板化，从而实现一键部署和模板可配，降低交付复杂度和运维技术门槛。

第五是智能：云平台能够从广域网和海量数据中提取知识，智能管理面向多行业、多租户、多场景的广域分布的数据中心资源；引入人工智能辅助的主动式预测性运营，可为网络运营商和切片租户提供运维优化、流量预测、故障识别和自动化恢复等智能增值服务。

开放、可靠和高效是 5G 网络功能在云平台上规模部署的基础要求。因此，5G 核心网云化部署建议采取分步推进的模式：部署初期重点考虑满足云平台开放性、稳定性和基本业务性能要求，确定 DC 组网规划、NFV 平台选型、核心网建设等基础框架问题，从而促进 5G

核心网云化部署落地；待后续云平台运行稳定后，基于 NFV 灵活扩展和快速迭代的特征，按照不同业务场景的高阶功能要求，逐步进行针对性优化和完善。

3.2.4 物联网与 5G 的关系

物联网的概念由来已久，但近几年才获得了越来越多的关注。在 ICT 行业中，有几个不同的概念描述，即物联网（IoT）、信息物理融合系统（CPS）和机器与机器通信（M2M），它们在应用上是不同的。

（1）物联网强调互联网连接的所有对象（包括人或机器）都拥有唯一的地址，并通过有线网络和无线网络进行通信。

（2）信息物理融合系统强调通过通信系统对计算过程和物理过程（如传感器、人和物理环境）集成，特别是该物理过程在数字化（信息）系统中可以被观察、监控、控制和自动化处理。嵌入式计算能力和通信能力是信息物理融合系统的两个关键技术。未来的智慧农业、现代电网与智能环保等都是典型的信息物理融合系统。

（3）机器与机器通信指不同设备之间的信息传递与通信。尽管数字处理器在不同的层次嵌入到工业系统中的历史已经有很多年，但新的通信能力将会在大量的分布式处理器之间实现连接，5G 大流量、低时延的特点会使设备之间互联互通，而且连接的范围会越来越广，甚至可能跨国。当所有的目标设备通过 5G 网络实现互联互通，并通过云计算与云存储完成任务的处理和存储时，信息物理融合系统和物联网的区别与边界就消失了。因此，无线移动通信是物联网（IoT）的重要赋能者。

总之，物联网是 5G 商用的前奏和基础，发展 5G 的目的是使工作和生活场景更加便利，而恰恰物联网就为 5G 提供了一个充分发挥其优势的舞台，在这个舞台上，5G 可以通过众多的物联网应用——智慧农业、智慧物流、智慧医疗、工业互联网、智能家居、车联网、智慧城市等真正落地，发挥其强大的性能优势。

3.2.5 5G 的前景

5G 在短短不到一年的时间里变成了家喻户晓的名词，而且随着越来越多的应用场景落地，5G 会越来越火。当前有句非常流行的话："4G 改变生活，5G 改变社会。"这句话很好地勾勒出了 5G 的前景。5G 的三大技术特征：一是大带宽，5G 未来面临 1000 倍的容量增长，不仅要达到 10Gbps 的接入速率，达到光纤接入的体验速率，同时还要让用户感受不到时延，实现端到端的"零距离"体验；二是超大规模的网络接入，5G 不仅要提供人与人的通信服务，还要提供机器与机器及人与机器的通信服务；三是高可靠性、超低时延，5G 的传输速率与响应速度均已经超过工业总线的性能指标，因此，5G 不仅会带来通信技术的变革，而且会给未来各行业带来革命性的变革，同时还会给未来的商业模式及社会经济带来变革。

为了支撑未来 5G 通信业务持续增长，以及支撑 ICT 产业迎接云计算与大数据的挑战，5G 网络已经开始部署并逐渐投入运营。5G 能给用户带来光纤接入般的体验，并实现通信极致境界：超宽带、零等待、全智能，终端客户与网络的距离将完全消失。因此，用"5G 前途无量"来形容 5G 的未来是毫不夸张的。

3.3 计算能力——人工智能芯片

在过去的近半个世纪里，经典计算机的发展大致沿摩尔定律（Moore's Law）发展前进。摩尔定律是 1965 年由美国人戈登·摩尔（Gordon Moore）首先提出来的。摩尔通过观察发现，当价格不变时，集成电路上可容纳的元器件的数目，每隔 18～24 个月便会增加 1 倍，其性能也将提升 1 倍。尽管准确地预测了过去几十年计算机行业的发展，摩尔定律只是一种建立在观察基础上的推断，本身并不构成一个物理或自然法则。为了维持摩尔定律的趋势，单位面积上的半导体芯片所集成的晶体管和电阻数量每 18 个月就要翻一番，这就导致晶体管的体积变得越来越小。这就为强大的人工智能芯片发展奠定了基础。

随着全球移动互联网和物联网的快速发展，以及其在医疗、工业、交通、教育等领域的应用，数据采集量爆炸式地增长。大数据结合最新的深度学习技术，将给人工智能的发展与应用带来巨大的价值，其中，算法是人工智能的技术核心，而数据资源和运算能力（硬件芯片）是人工智能的基础，因此，算法、算力和数据成为人工智能的三大核心要素（见图 3-9），而运算能力提升是人工智能发展的前提保障，芯片是运算能力的核心。

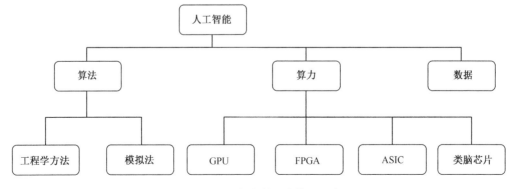

图 3-9 人工智能的三大核心要素

人工智能芯片的主要类型有 GPU、FPGA、ASIC 和类脑（目前多称为神经形态）芯片四种。

3.3.1 GPU

1. GPU 简介

GPU（Graphics Processing Unit）即图形处理器，又称显示核心、视觉处理器、显示芯片，最初是用来做图像运算的微处理器，如显卡 GPU 是专为执行复杂的数学和几何计算而设计的。随着通用计算技术的发展，GPU 已经不再局限于图形处理，目前主流的 GPU 厂商都引入了通用 GPU（General Purpose GPU，GPGPU）及其编译器，强化 GPU 在非图形处理领域的浮点运算、并行计算及矩阵运算方面的性能，使其获得了需要大量并行计算的深度学习等高性能运算市场的青睐。由于 GPU 的能效比高，比单纯使用 CPU 时应用吞吐量增加了 10～100 倍，因此 GPU 已经成为大数据的主要处理器芯片。

2. GPU 的基本特点

GPU 的基本特点可以通过与 CPU 的比较体现出来，CPU 和 GPU 本身架构方式与运算目的的不同导致了它们有不同的特点，具体如表 3-5 所示。

表 3-5　CPU 与 GPU 对比

对比项	CPU	GPU
架构方式	70%的晶体管用来构建 Cache 和一部分控制单元，负责逻辑算术的部分并不多； 非常依赖 Cache； 逻辑核心复杂	整体是一个庞大的计算阵列（包括 ALU 和 Shader）填充； 不依赖 Cache； 逻辑核心简单
运算目的	适合串行； 运算复杂度高	适合大规模并行； 运算复杂度低

资料来源：浙商证券研究所。

3. GPU 行业现状

计算机端 GPU 芯片市场行业集中度高，由英伟达（NVIDIA）、英特尔（Intel）、AMD 三大巨头公司垄断，英特尔在市场占有率方面占据较大优势，而应用在人工智能领域的通用 GPU 市场则基本被英伟达垄断[7]。目前，英伟达已与亚马逊、谷歌、微软、脸谱、IBM、丰田、百度等多家顶级公司建立了合作关系，利用深度神经网络来解决海量复杂计算问题，并且已经开发出多款针对深度学习的 GPU 产品，从而更进一步加深了与下游客户在深度学习方面的合作，因此，从产品成熟度、生态圈的规模及市场等多个维度来衡量，英伟达在通用

GPU 领域都占有相对垄断的地位。

目前，中国的景嘉微、兆芯、凌久龙芯等几家公司在 GPU 芯片设计领域开始发力，正在形成部分国产替代产品，但主要是设计图形显控领域产品、小型专用化雷达领域产品，其产品还无法达到人工智能深度学习的算力要求。

3.3.2 FPGA

1. FPGA 简介

FPGA（Field Programmable Gate Array）即现场可编程门阵列，它是从专用集成电路上发展起来的半定制化的可编程电路，FPGA 芯片主要由 7 部分构成，分别为可编程输入输出单元、基本可编程逻辑单元、丰富的布线资源、嵌入式存储模块 RAM 及数字信号处理模块 DSP、完整的时钟管理模块、内嵌的底层配置功能单元和内嵌专用硬件模块。FPGA 还具有静态可重复编程和动态在系统重构的特性，使硬件的功能可以像软件一样通过编程来修改。不同的编程数据在同一片 FPGA 上可以产生不同的电路功能，因此，FPGA 具有很强的灵活性和适应性。FPGA 能完成任何数字器件的功能，甚至高性能 CPU 都可以用 FPGA 来实现。

目前主流的 FPGA 除了可变逻辑，还集成了大量的数字信号处理计算单元，因此其并行计算能力可以比肩 GPU。在进行神经网络运算的时候，FPGA 与 GPU 两者的速度会比 CPU 快很多。但是由于 GPU 架构固定，硬件原生支持的指令也就固定了，而 FPGA 则是可编程的。其可编程性是关键，因为它让软件与终端应用公司能够提供与竞争对手不同的解决方案，并且能够灵活地针对自己所用的算法修改电路。与 GPU 相比，FPGA 具有性能高、能耗低及可硬件编程的特点。

2. FPGA 的核心价值

FPGA 的基本特点带来了它如下的核心价值。

（1）采用 FPGA 设计 ASIC（专用集成电路），用户不需要投片生产，就能得到合适的芯片，而且 FPGA 可做其他全定制或半定制 ASIC 的中试样片。这样就解决了芯片升级换代难、实现成本高、设计风险大、应用覆盖面窄、市场响应窗口短等问题。

（2）用户可根据需求，动态配置逻辑功能，在芯片内部按照性能/面积/功耗"最优化平衡"原则来实现系统加速、差异化设计及安全可靠方面的功能。

（3）FPGA 是 ASIC 中设计周期最短、开发费用最低、风险最小的器件之一。

3. FPGA 行业现状

FPGA 技术门槛非常高，因此核心技术只掌握在少数几家公司手里。公开数据显示，Xilinx 和 Altera（现已被 Intel 收购）占了近 90% 的市场份额，合计专利达 6000 多项，剩余份额被 Lattice 和 Microsemi 两家占据，两家专利合计超过 3000 项。技术专利的限制和漫长的开发周期使 FPGA 行业有着极高的壁垒。

作为国家战略，中国这些年在该领域投入了数十亿元的科研经费，但 FPGA 的专利限制及技术门槛使中国 FPGA 的研发之路十分艰辛。目前，紫光同创、上海安路、京微雅格/齐力、广东高云、复旦微电子等公司在 FPGA 方向发力，在研发方面已获得一定进展，但在产品性能、功耗、容量和应用领域上都同世界先进技术存在较大差距，期待这些公司后续在产品研发及一些应用领域能逐渐突破。

3.3.3 ASIC

1. ASIC 简介

ASIC（Application Specific Integrated Circuit）即专用集成电路，是指应特定用户要求或特定电子系统的需要而设计、制造的集成电路。ASIC 是集成电路技术与特定用户的整机或系统技术紧密结合的产物。FPGA 一般来说比 ASIC 的速度慢，而且无法完成更复杂的设计，还会消耗更多的电能，因此，就算力而言，ASIC 远优于 FPGA，但 ASIC 的专用特点使其灵活度低，实际价格受制于研发成本和出货量两个因素。对于出货量较小的 ASIC，其价格会显著高于 GPU/FPGA/CPU。一旦人工智能技术成熟，ASIC 专用集成的特点反而会使其实现规模效应，较通用集成电路而言，其成本会大大降低。

目前，ASIC 在人工智能深度学习方面的应用不断增加，Google TPU 就是一种 ASIC 芯片，其专为特定目的设计，无法编程。ASIC 的典型应用是基于 ASIC 的比特币矿机。比特币挖矿和人工智能深度学习有类似之处，都是依赖于底层芯片进行大规模的并行计算。比特币矿机的芯片经历了四个阶段：CPU、GPU、FPGA 和 ASIC。其中 ASIC 在比特币挖矿领域充分展现了它的优势。

2. ASIC 的特点

与通用集成电路相比，ASIC 具有以下几个特点。

（1）体积更小、重量更轻、功耗更低。

（2）可靠性更高，用 ASIC 芯片进行系统集成后，外部连线减少，因而可靠性明显提高。

（3）易于获得高性能，ASIC 是针对专门应用而特别设计的，其系统设计、电路设计、工艺设计之间紧密结合，这种一体化的设计有利于获得前所未有的高性能系统。

（4）可增强保密性，电子产品中的 ASIC 芯片对用户来说相当于一个"黑匣子"，难以仿造。

（5）在大批量应用时，可显著降低系统成本。

3. ASIC 行业现状

随着人工智能的兴起，世界科技巨头纷纷布局芯片制造。高通、AMD、ARM、英伟达和英特尔等都在致力于将定制化芯片整合进它们现有的解决方案中。此外，还有瞄准服务器高性能云计算市场和低功耗终端智能市场的整合方案。谷歌针对基于其深度学习框架 TensorFlow 研发的 TPU 是 ASIC 中较为成熟的产品。第一代 TPU 由谷歌在 2016 年开发者 I/O 大会上正式推出；第二代 TPU 又称 Cloud TPU，于 2017 年 5 月由谷歌在开发者 I/O 大会上正式公布，相较于第一代 TPU，其既能用于训练神经网络，又能用于推理，在浮点性能方面较传统的 GPU 提升了 15 倍；第三代 TPU 于 2018 年 5 月 8 日发布，谷歌宣布其本身的功能是第二代 TPU 的 2 倍，并且其部署的 pod 芯片数量是前一代芯片数量的 4 倍，这就使每 pod 的性能提高了 8 倍。

ASIC 在人工智能领域的应用起步较晚，因此各国水平相差不大。目前，中国已有数家公司致力于人工智能相关的 ASIC 芯片研究，代表公司为中科寒武纪、中星微电子和地平线机器人。中科寒武纪和中星微电子已经有了相对成熟的产品。中科寒武纪专门面向深度学习技术，研制了国际上首个深度学习专用处理器芯片 NPU，目前其已研发的三款芯片都具有面向神经网络的原型处理器结构，值得指出的是，中科寒武纪设计的 NPU IP 已经于 2017 年集成在华为海思麒麟芯片上。而在 2018 年 10 月的华为全联接大会上，华为发布了两款 AI 芯片，均采用华为自研的达芬奇 AI 架构，这是全球第一个覆盖全场景的人工智能 IP 和芯片系列。这一系列的产品与麒麟 970 中采用的 NPU 有很大的不同，其将数据获取、训练、部署等各环节囊括在自己的框架内，主要目的是提高效率，让 AI 应用开发更加容易和便捷。从此，华为开启了自研人工智能芯片的道路[8]。中星微电子于 2016 年 6 月推出了中国首款嵌入式神经网络处理器芯片，这是全球首颗具备人工智能深度学习的嵌入式视频采集压缩编码系统级芯片。这款基于深度学习的芯片运用在人脸识别上，最高能达到 98% 的准确率，超过了人眼识别的准确率。地平线机器人是一家初创企业，着眼于为无人驾驶汽车、监控摄像头和其他联网智能设备开发人工智能芯片。

3.3.4 类脑芯片

1. 类脑芯片简介

类脑芯片顾名思义就是一款模拟人脑的新型芯片。现代计算机基本都基于冯·诺依曼架构，它将程序和处理该程序的数据用同样的方式分别存储在两个区域：一个称为指令集，另一个称为数据集。前面介绍的 GPU、FPGA、ASIC 都沿用了传统的冯·诺依曼架构。而类脑芯片则模拟人脑功能进行感知、行为和思考以提升计算能力，其以完全拟人化为目标，追求在芯片架构上不断逼近人脑，旨在打破冯·诺依曼架构的瓶颈。从理论上看，类脑芯片更加接近于模仿人脑的原理工作，其不再使用向量/矩阵/张量运算，而直接使用神经元和突触的方式来替代传统架构体系，使芯片具有进行异步、并行、低速和分布式处理数据的能力。类脑芯片借助了多种新型存储器件，不同于传统的数字计算电路。目前，类脑芯片主要受制于缺乏高性能算法。

2. 类脑芯片的基本特点

根据它的架构和设计初衷，类脑芯片具有如下特点。

第一个特点是存算一体，这是对存算分离的冯·诺依曼架构的突破。第二个特点是规模巨大，因为人脑是由上百亿个神经元细胞组成的，这些神经元细胞通过极其复杂的互联形成了一个规模巨大的有机系统。很多人认为要模拟真正的人脑，一定要达到某种规模才能看到类似人脑的效应，这也是为什么 IBM 的 TrueNorth 一直追求大规模互联的原因。第三个特点是功能分区，比如视觉区、听觉区、情感区等，这些不同的功能分区有机结合在一起，互相配合完成大脑的活动。第四个特点是并行处理，因为人脑可以同时做多件事，如人可以一边聊天一边吃饭，同时一边看电视，这些可以互不干扰，完全并行。第五个特点是功耗极低，虽然人脑能处理很多复杂的任务，但消耗的能量却是极低的。当然，人脑还有很多其他特点，比如计算的高容错性、不确定性等。受人脑这些特点的启发，新的类脑芯片在开发中。

3. 类脑芯片行业现状

参照人脑神经元模型及其组织结构来设计芯片结构，是类脑芯片研究的一大方向，包括美国、日本、德国、英国、瑞士等在内的发达国家已经制定了相应的发展战略，中国的类人脑科学研究项目目前也已经正式启动。随着各国"脑计划"的兴起和开展，涌现出了大量的类脑芯片研究成果，当前世界上已有一批科技公司走在前列，它们的成果受到了国际上的广泛关注并为学界和业界所熟知，例如，欧盟支持的 SpiNNaker 和 BrainScaleS、斯坦福大学的 Neurogrid、IBM 的 TrueNorth、高通的 Zeroth、谷歌的"神经网络图灵机"等，这些成果有望在近期产生重要的应用。结合机器人，类脑芯片未来的研究有望在仿人运动模型和"自主学习-动作"类人神经运动控制,以及人机协同的智能机器人控制和交互式学习、自适应和自主决策方法等方面取得重大突破[9]。

3.3.5 芯片比较

目前,基于同一种计算机架构的用于深度学习的芯片类型主要是 CPU、GPU、FPGA、ASIC。

CPU、GPU、FPGA 和 ASIC 各有优缺点(见表 3-6 及图 3-10)。CPU 的架构设计以低时延为导向,擅长逻辑运算和串行计算;而 GPU 的架构设计以并行计算为导向,更适用于计算密集型程序及并行计算。GPU 起初就是为了处理 3D 图像中的上百万个像素设计的,拥有更多的内核去处理更多的计算任务,因此,GPU 天然具备了执行大规模并行计算的能力。GPU 的大规模应用使其集中化的数据处理能力变得前所未有的强大。

表 3-6 CPU、GPU、FPGA、ASIC 特点对比

参数	CPU	GPU	FPGA	ASIC
特征	通用计算、串行计算	数据依赖性低的高密度的计算	无指令系统、软硬件一体化、门电路冗余、可重复编程	无指令系统、软硬件一体化、门电路优化精简、不可重复编程
编译系统	需要	需要	不需要	不需要
编程资源的成本	低	低	高	高
开发成本	低	低	高	高
开发周期	短	短	较长	长
运行主频	高	高	低	低
芯片资源占有率	—	—	视算法而定	视算法而定
成本	低	低	高	昂贵
能耗	高	高	低	低
易用性	强	较强	较弱	弱
晶体管效率	弱	较弱	强	较强

图 3-10 CPU、GPU、FPGA 及 ASIC 的效率及易用性比较

GPU 和 CPU 之间并不是替代关系，GPU 一般作为 CPU 的协助处理器，起到"加速"的作用，即以"CPU+GPU"的组合方式共同完成对数据的运算处理及模型训练。在训练过程中，当 CPU 遇到计算密集型任务时，就将其中应用程序计算密集部分的工作负载交由 GPU 执行，通过并行计算的方式缩短运行时间，而 CPU 则专注于逻辑控制及更加复杂精细的计算，以此实现"加速"的目的。

GPU、FPGA 和 ASIC 都可作为 CPU 的协助处理器起到加速计算的作用，三者各有优缺点。GPU 是一种通用芯片，可以应用于气象及海洋建模、数据科学分析、制造业、电子设计自动化等多个领域，它并不是为机器学习设计的专用芯片。相较于 GPU，FPGA 和 ASIC 在计算速度上更胜一筹，但 ASIC 是专门为某种特定应用/算法开发的集成电路，即 ASIC 在获得计算速度提升的同时，牺牲了一定的灵活性。

在一些常见的应用中，如表 3-7 所示，设计人员通常可以单独使用或组合使用部分芯片或所有芯片。

表 3-7 芯片在应用时的选择[10]

应用	CPU	FPGA	GPU	ASIC	说明
视觉与图像处理		✔	✔	✔	FPGA 在大容量应用中可能会让位给 ASIC
人工智能训练			✔		GPU 具有并行性，非常适合在合理时间内处理大字节数据集
人工智能推理	✔	✔	✔	✔	FPGA 可能领先；高端 CPU（如英特尔的 Xeon）和 GPU（如 Nvidia 的 T4）占领了这个市场
高速搜索	✔	✔	✔	✔	微软的必应使用 FPGA；谷歌使用 TPU ASIC；协调和控制需要 CPU
工业电机控制	(✔)	✔		✔	许多电机控制可用 ASIC；FPGA 提供快速转向 ASIC 的替代方案
超级计算机	✔		✔		大多数超级计算机使用 CPU 和 GPU 的某种组合
通用计算	✔		(✔)		CPU 具有最多元化、灵活的选择；GPU 开始执行一些任务
嵌入式控制	✔	✔		✔	CPU 在低成本、空间受限、低功耗、移动应用中占主导地位
原型设计、低容量		✔			FPGA 是低容量、高端应用的最佳选择；另外，硅前验证、硅后验证和固件开发也使用 FPGA

3.4 量子计算

权威 IT 研究及咨询顾问公司 Gartner 列出了企业组织在 2019 年需要关注的几大战略性技术趋势，其中包括量子计算和边缘计算。

晶体管的体积变得越来越小，当其小到一定程度时，就不再遵循经典摩尔定律，而可能靠量子力学来延续。随着晶体管集成度的提高，晶体管越来越多，芯片产生的热量也越来越高，发热和散热的矛盾会制约经典计算机的发展速度。随着行业发展的瓶颈到来，如今业内专家普遍认为摩尔定律的效应在今后会逐渐放缓。

量子的概念由德国物理学家普朗克于 1900 年首先提出。他在柏林的物理学会会议上发表了题为《论正常光谱的能量分布定律的理论》的论文，提出了著名的普朗克公式。在此之前，传统物理学普遍认为能量是以连续的形式传输的，但普朗克推翻了这个理念，认为能量是跳跃的、不连续的，是分成一份一份的。普朗克公式是量子概念的最初形式，也是量子理论的基石。在此以后，爱因斯坦、玻尔、德布罗意、海森堡、薛定谔和狄拉克等一批著名理论物理学家为完善量子力学分别做出了各自的重要贡献。

1927 年，第五次索尔维会议在比利时布鲁塞尔召开，当时世界上最主要的物理学者聚在一起探讨量子理论，后人一般认为此次会议是量子力学成为物理学一个重要分支的里程碑。

美国阿岗国家实验室的物理学家保罗·本尼奥夫（Paul Benioff）于 1980 年首先提出把量子理论用于开发计算机。次年，加州理工学院的著名物理学家费曼肯定了这种可能性并创造了量子计算机（Quantum Computer）这个词汇。相比于其他计算机发展的解决方案，如光子计算机和生物计算机，量子计算机脱离了经典计算机框架，试图用量子力学规律重新诠释经典计算机。

那么量子计算机和经典计算机的工作原理有什么不同呢？经典计算机用晶体管的导通状态来表示数值 0 或 1，并用二进制比特进行数字的存储和运算。而量子计算机进程使用量子比特（Qubit）进行运算。量子力学认为，量子位存在于超级状态或叠加状态中，由于量子纠缠与叠加，一个量子比特可以同时代表 0 和 1（见图 3-11）。这个现象与我们平时对事物的观察相违。为了形象地说明这个现象，有人做了一个形象的比喻：一枚摆在桌上静止的硬币，我们只能看到它的正面或背面；当我们把它快速旋转起来时，我们看到的既是正面，又是背面。一台量子计算机就像许多硬币同时快速旋转。

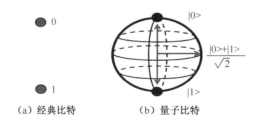

（a）经典比特　　　（b）量子比特

图 3-11　经典比特与量子比特

传统物理学认为，电子的旋转方向是客观现象，所以无论自旋方向如何，一个电子只能代表一个确定的状态，即 1 或 0。然而在量子理论中，一个电子自旋的方向，既可以是向上的，又可以是向下的。只要我们不去观测，就永远无法得知。

随着量子比特数的递增，量子计算机的运算能力将以指数形式增加。一台具有 30 个量子比特的量子计算机的运算能力应该和一台每秒进行万亿次浮点运算的经典计算机的运算能力相当。一旦量子比特数达到 50 以上，量子计算机就能在处理某些特定问题时展现出超越现有超级计算机的运算能力。

与经典计算机相比，量子计算机有哪些特有的应用前景呢？经典计算机给我们带来了互联网，改变了我们生活的方方面面，但遇到需要强大算力求解的问题时往往无能为力。量子计算机由于在并行运算上有强大的能力，理论上具有模拟任意自然系统的能力，从而可以快速完成经典计算机无法完成的运算。量子计算机的应用领域如表 3-8 所示。

表 3-8 量子计算机的应用领域

领　　域	应　　用
人工智能	在量子计算机上训练人工智能可以提高计算机视觉、模式识别、语音识别、机器翻译的性能，从而使人工智能加速前进
多路径优化	在广为流传的邮递员路径优化问题上，量子计算机可帮助解决经典计算机无法快速完成的计算，求解出最佳路径。在生活中，量子计算机可以根据现有情况预测交通状况，完成深度分析，进行交通调度和优化，帮助解决城市交通拥堵问题
天气预报	对天气系统的模拟分析需要很高的算力，如果使用量子计算机进行信息分析，那么人们就可以精确预测天气系统的走向，从而大幅度提高天气预报的精准度
生物学：破解生命密码	量子计算机有望帮助生物科学家破解基因排序，从而为人类破解生命之谜打开一扇大门。基因组测序会产生大量的数据，一个人整个 DNA 链的表达需要大量的计算和存储容量
医疗：新药物开发	量子计算机在理论上有能力描绘数以万亿计的分子组成，这将提高科研人员研制新药的速度。量子计算机甚至还可以利用其强大的算力为病人量身定制药物，实现真正意义上的个性医疗
新农业：破解固氮酶的分子结构	现代农业离不开肥料，肥料的主要成分是氨。廉价高效地生产肥料是发展农业的关键，也是制约农业发展的难题。在自然界中，植物根部的一种微小细菌，用一种叫固氮酶的特殊分子以非常低的能量将氮和氢转化成氨。今天最先进的超级计算机也无力模拟这种转化的全过程。量子计算机则有望完成模拟，从而让人们用高效、低成本的方法来生产肥料，以便养活地球上不断增长的人口
保密通信：远距离传输/量子卫星	量子加密是一种将纠缠光子通过量子密钥分配（QKD）进行远距离传输的技术，如果量子加密通信被人截获，加密方案将立即显示中断迹象，从而使入侵者无法破译和窃听当事人的通信
军事：战略武器	模拟原子武器爆炸和战略导弹轨迹

当前各国科研机构和大公司纷纷投入巨资开展量子计算的研究，探索实现量子计算机的各种可能体系，包括采用离子阱中囚禁的离子、超导线路、线性光学中的光子、量子点、金刚石 NV 色心、光阱中的中性原子等。但是由于不同量子体系的操控技术难度和应用发展前

景不同,面临的挑战也不一样,目前哪种体系是最优体系还很难确定。其中,相互作用可控、相干时间较长且具备扩展优势的中性原子体系,是实现量子计算机的有力候选者之一。

量子计算机的发展历程如表 3-9 所示[10]。

表 3-9 量子计算机的发展历程

年 份	事 件
1998	英国牛津大学的研究人员宣布,他们利用两个量子比特计算信息的能力取得了突破性进展
2008	加拿大 D-Wave 公司成功研制出一台具有 16 个量子比特的"猎户星座"量子计算机,并于 2008 年 2 月 13 日和 2008 年 2 月 15 日分别在美国加州和加拿大温哥华展示了该量子计算机
2009	美国国家标准技术研究院研制出可处理两个量子比特数据的量子计算机
2015	全球第一家量子计算公司 D-Wave 宣布其突破了 1000 个量子比特的障碍,开发出了一种新的处理器,其量子比特数为上一代 D-Wave 处理器的 2 倍左右,并远超其他任何同行开发的产品的量子比特数
2017	IBM 宣布将推出全球首个商业"通用"量子计算服务。IBM 表示,此服务配备直接通过互联网访问的能力,对药品开发及各项科学研究有变革性的推动作用,已开始征集消费用户
2017	中国科学院潘建伟团队构建的光量子计算机实验样机的计算能力已超越早期的计算机。此外,中国科研团队完成了 10 个超导量子比特的操纵,成功打破了目前世界上最大位数的超导量子比特纠缠和完整测量的纪录
2018	谷歌展示了对具有 72 个量子比特的信息进行处理
2018	Rigetti Computing 公司宣布了制作具有 128 个量子比特的量子芯片计划
2019	IBM 在 CES 上推出了第一台商用量子计算机。IBM 的 Q System One 使用了 20 个量子比特,既有传统计算机的组件,也有量子计算机的组件
2019	浙江大学、中科院物理所、中科院自动化所、北京计算科学研究中心等单位组成的团队通力合作,开发出了具有 20 个超导量子比特的量子芯片,并成功操控其实现全局纠缠,刷新了固态量子器件中生成纠缠态的量子比特数目的世界纪录

从国家层面来讲,不论是美国、欧盟,还是日本、中国,都在量子计算机方面进行了布局,它们在量子计算机方面的行动规划如表 3-10 所示。

表 3-10 几个国家/地区在量子计算机方面的行动规划

国家/地区	行动内容
美国	美国在 20 世纪末就提前布局,近年来,美国对量子科技的重视有增无减。2018 年 9 月,美国政府正式提出了量子战略,宣布将成立多个国家级实验室,投入大量资金进行量子技术研究。2018 年 12 月,美国国会正式通过了国家量子计划法案,提出美国要制定一个为期 10 年的"国家量子计划",以加快美国在量子计算领域的发展。为此,美国成立了"国家量子协调办公室"协调相关政策,并授权能源部等各部门投入约 13 亿美元进行量子研究。在国家战略的背景下,美国的大学、企业联合开展了多项有关量子科技的研究工作,在量子科技研究方面取得了一系列的突破
欧盟	欧盟很早就意识到了量子科技的巨大潜力,在量子计算及量子加密方面进行了积极的研究开发,重点主攻通信、计算、传感和模拟这四个方面的量子技术
日本	日本在量子计算机研制方面也不甘落后,近期,日本电信巨头 NTT 公司与东京大学携手研制了日本首台量子计算原型机,成为国际量子计算机竞赛中的一员。从理论上来说,该原型机的计算速度是传统超级计算机的 100 倍,而能耗仅为其 1/10

续表

国家/地区	行动内容
中国	中国量子计算以研究为主，同时加速推进量子通信网络建设和行业应用，并先后推出自然科学基金、"863"计划和重大专项等来扶持量子计算的研究与应用。中科院牵头，联合多家大学和机构成立了"中国量子通信产业联盟"。在2018年5月的两院院士大会上，中国再次明确了量子信息的战略地位。目前，中国已经建立了国家量子计算机实验室

一批知名公司也参与了量子计算机的开发（见表3-11）。

表3-11 投资开发量子计算机的部分著名企业

国 际	中 国
亚马逊、高盛、摩根大通、IBM、花旗银行、德意志电信（Deutsche Telekom）、韩国移动电信（SK Telecom）、惠普、英特尔、谷歌、微软、Booz Allen Hamilton、洛克希德·马丁、雷神	阿里巴巴、华为

量子计算机会取代经典计算机吗？目前这个还是未知的。现在运行的经典中小型计算机普及和渗透程度很高，而且无须量子计算机的帮助也可以解决大部分现实应用问题。量子计算机有能力解决的问题大多都是前瞻性的，不是社会运行必须立刻解决的。即使在量子计算机量产后，也没有必要抛弃现存的计算机和经典计算机体系架构。此外，新技术完全取代旧技术，除了技术进步，还必须克服生产成本和社会守旧势力等一系列障碍。在人类发展史上，新旧技术设备并存的例子比比皆是。

量子计算机在制造工艺上还有巨大的困难。量子比特可以成为纠缠，为计算结果带来不确定性。为了克服这种不确定性，必须把计算机冷却到绝对零度，这给制造工艺带来了难度。

量子计算机是一种全新架构的计算机，需要开发全新的算法、语言和应用。量子计算机在算法上与经典计算机相比还处于起步阶段；在语言上处于开发汇编语言阶段，高级语言有待开发。为了促进量子计算机的发展，IBM、谷歌等开放了网上链接，鼓励有兴趣的人成为量子计算机开发者。因此，量子计算机还有相当一段路要走。

3.5 边缘计算

3.5.1 边缘计算的含义

边缘计算是近几年的战略性科技趋势之一。随着移动设备的增加和物联网技术的蓬勃发展，边缘计算作为一个新的概念进入了IT界人士的视野。边缘计算是一种分布式的、开放的 IT 系统架构模式，简言之，边缘计算就是把数据处理放在网络终端设备上，或者本地的计算机服务器上，而不是传输到云终端或数据中心来处理，云服务应该被转移到与用户物理位置邻近的地方——移动网络的边缘。

这一概念听起来并不是很新鲜，计算机的发展经历了从中央处理到分布式计算，再到云计算的循环上升的几个阶段。在最开始的时候，计算机的运算处理能力都集中在大型主机上，终端只是用来做最基本的数据输入/输出，没有什么数据处理能力。后来，随着个人计算机的迅猛发展，大量的计算机应用软件也发展起来了，此时分布式计算和终端应用程序就成了主流。之后，随着网络技术和云计算的发展，数据的分析处理又向数据中心和云端集中，推动了大数据与人工智能技术的逐渐成熟。

早期物联网的终端设备所收集的数据流量相对较小，对网络实时性和传输速度的要求并不高，但当终端设备需要处理如实时图像数据流、模式识别等应用时，其对网络带宽的要求就非常高，而且有些应用场景对于数据处理的实时性也有非常高的要求。新的物联网应用场景催生了基于人工智能的神经网络模式识别处理专用芯片的发展，从而使移动终端和物联网设备的数据处理能力大大提高，因而催生了边缘计算的网络架构。

3.5.2 边缘计算与云计算

边缘计算这一概念是相对于数据在云端服务器的中心化计算处理而提出的，但边缘计算与云计算这两个概念并不是相互抵触、相互对立的。实际上，边缘计算和云计算在实际应用中是互为补充、协同发展的。

未来的物联网、互联网发展模式不会是基于单纯的边缘计算或云计算的，而是结合两种模式，通过不断创新，形成更有效的合作新模式。具有数据收集能力和边缘数据处理能力的终端设备同具有高速运算与大数据处理能力的云端相结合，将使物联网获得比以前更迅速的发展，从而引领服务提升和产品创新。

3.5.3 边缘计算的优势

边缘计算这一概念出现的驱动力来自对实时数据流的加速处理（包括实时数据处理和零时延反馈）的需求。这对于像自动驾驶和人脸图像识别这样的应用特别关键。例如，自动驾驶所产生的实时数据流、视频流，数据量庞大，时效性强，需要毫秒级的分析响应能力。如果这些都依赖上传到云端去处理，那么网络传输费用高昂，且不能保证实时与低时延。

边缘计算在靠近数据获取源头对大量的数据进行处理，从而降低了对互联网带宽的要求，减少了数据传输费用,也使得大量的数据不必上传到公共的云端处理器,减少了敏感信息的曝光。

3.5.4 隐私与安全

边缘计算模式的分布式处理特点,保证了数据采集与数据处理可以在网络终端或本地的服务器进行,使得数据避免了在传输中与在云端的安全隐患,有力地保证了某些特殊的应用场景的隐私。

3.5.5 边缘计算的应用场景

根据 Gartner 的研究报告,到 2022 年,超过一半的企业数据将在传统数据中心和云之外生产与处理,而目前这一比例仅约为 10%。

边缘计算的兴起帮助企业和机构实现了近乎实时的信息分析与处理,并围绕物联网设备和数据创造出了新的价值。边缘计算是云计算和物联网创新爆发的领域。然而,边缘计算还处在早期探索阶段,业界并没有实现边缘计算的标准模式与解决方案。

边缘计算可在众多领域创造新的价值与机会。这些领域涵盖广泛[11],如无人驾驶、智能制造、AR/VR、智慧城市、智慧医疗、智能家居和办公等。边缘计算应用的架构原理如图 3-12 所示。下面对这些应用场景涉及的边缘计算应用做些说明。

图 3-12 边缘计算应用的架构原理

1. 无人驾驶

虽然预计无人驾驶车辆不会很快取代人类接管高速公路，但汽车行业与互联网巨头已投入超过数十亿美元用于开发该技术，并已经累积了数十万千米的测试行驶数据。安全行驶是公众关心的首要问题，为此，无人驾驶车辆需要通过众多车载传感器，如摄像头和雷达等实时收集和分析与其周围环境、方向和天气状况有关的大量数据，并进一步与道路上的其他车辆进行通信，分享信息。同时无人驾驶车辆还需要将数据反馈给制造商，以跟踪使用和维护其与当地市政智慧交通网络的接口。

这些传感器产生的实时数据流，与移动电话、个人计算机和其他所有上网连接设备竞争网络带宽。如此多的车辆收集和传输数据，如果都传输到云端处理，带宽压力是不可避免的。相比于对实时性要求不强的网页浏览，无人驾驶车辆在开放式高速公路上以 100 千米/小时的速度行驶时，就必须要有新的解决方案以实现毫秒级的实时响应。

基于边缘计算架构的无人驾驶车辆，能够实时地在车辆和更广泛的网络之间收集、处理与共享数据，几乎没有时延；结合分布在城市各位置的边缘数据中心网络，可以收集关键数据并将其传输到智慧城市网络，进而分享给交通管理部门、应急服务部门和制造商。

2. 智慧医疗

在医疗保健领域，网络连接和服务器响应时间经常是 IT 系统架构的关键考虑因素，因为其很有可能关系到病人的生死。边缘计算基础架构的本地化数据分析与处理保证了分析结果的时效性，使得依赖大量视频、图像和其他传感器的医疗设备，甚至远程手术机器人成为可能。并且，使用边缘计算基础架构还可以为每个本地医疗单位提供集中的自动化安全策略，从而保证了医疗数据的安全，避免了在传输过程中和在云端数据泄露的潜在可能。此外，边缘计算与智能物联网设备相结合，可以收集患者数据，将其发送到当地诊所，并向医务人员提供几乎实时的信息。即使患者不在场且尚未预约，医生也可以检查患者数据。

3. 智能制造

在制造领域，边缘计算系统构架可以大大降低互连系统的复杂性，使实时收集和分析数据变得更加容易。它还允许设备在生产线本地收集和分析数据，并将关键信息传输回中央网络。智能机器将能在没有运行基于云的应用程序的大型中央数据中心的帮助下运行边缘计算和工业物联网设备，从而使简化工业流程、优化供应链和创建"智能"制造变得更加容易。边缘计算也构成了机器学习网络的框架，使机器人技术驱动的智能柔性制造成为可能。使用工业物联网设备通过边缘网络收集和传输数据的机器人可以比基于云架构的机器人能更快地识别故障问题，适应产品变化，提高效率和生产率，控制成本。

4. 智慧城市

智慧城市的实施依赖于分布在整个城市、社区和建筑物的大量传感器收集的实时数据，这些数据可为监测、安全、管理等公共服务提供决策依据。通过边缘计算系统构架，可以将数据保持在监测传感器本地或尽可能接近的位置来处理。这意味着存储和处理的角色从云服务器转移到了网络边缘计算机，免除了对高带宽网络和云端处理中心的依赖。可通过边缘计算启动的公共服务包括以下几种。

（1）传感器监控：传感器可以通过边缘计算进行本地监控，仅在出现异常情况时才将数据传输到中央集线器。

（2）工作人员消息传递：边缘计算平台可以在没有网络连接的情况下进行安全的高带宽数据传送——从交通信号灯到垃圾桶，因此边缘处理对控制成本越来越有吸引力。

（3）安全摄像头：这是现代警察工作的关键，其产生的实时视频数据流使得节约网络带宽成本成为关键，对于在本地存储并分析的监控视频，可以把图像识别等 AI 处理模块放在本地的边缘计算服务器中实现。

（4）路灯：由于城市近来大多选择低功率 LED 作为路灯，因此，对新路灯的控制与管理也是边缘计算可能的应用场景。

以上是边缘计算最典型的一些应用场景，随着技术的不断成熟，其应用场景将会不断延伸和深入。

3.6 数字孪生

3.6.1 数字孪生的概念

孪生，在医学上多指双胞胎，那么数字孪生（Digital Twin），顾名思义就是数字化形式的双胞胎。其更确切的表述：数字孪生指以数字化方式创建物理实体的虚拟模型，借助数据模拟物理实体在现实环境中的行为，简单来说就是利用物理模型，使用传感器获取数据的仿真过程，在虚拟空间中完成映射，以反映相对应的实体的全生命周期[12]。举例来说，数字孪生类似于双胞胎中的一个存在于现实世界中，另一个存在于虚拟世界中，而连接两个世界的纽带是以数字形式构造的，它是现实世界和数字虚拟世界沟通的桥梁。

格瑞伍斯（Grieves）教授为解决对产品全生命周期信息描述不全面的问题，于 2003 年提出了数字孪生，这被称为狭义的数字孪生。然而当今世界，由于虚拟现实技术和各类传感器技术的发展，数字孪生早已从产品的生产制造等单一形态扩展至更加广泛的领域。利用数字孪生，可以对现实世界中的物体进行更加细致的描述。例如，其能将物体的运动状态、硬件的磨损情况等，以数字化的形式刻画出来，从而实现在虚拟世界中真实反映现实世界中的物体，推动产品设计、工业制造等的发展。

3.6.2 数字孪生的发展

数字孪生的概念最早是用来描述产品的生产制造和实时虚拟化呈现的，随着传感技术、软硬件技术水平的提高和计算机运算性能的提升，数字孪生的概念得到了进一步发展，尤其是在产品、装备的实时运行监测方面。从产品全生命周期的角度来看，数字孪生技术可以在产品的设计研发、生产制造、运行状态监测和维护、后勤保障等各阶段对产品提供支撑和指导。在产品设计研发阶段，数字孪生技术可以将全生命周期的产品健康管理数据的分析结果反馈给产品设计专家，帮助其判断和决策不同参数情况下的产品性能情况，从而在设计时就综合考虑产品在全生命周期的发展变化情况，以便获得更加完善的设计方案。在产品生产制造阶段，数字孪生技术可以通过虚拟映射的方式对产品内部不可测的状态变量进行虚拟构建，细致地刻画产品的制造过程，解决产品制造过程中存在的问题，降低产品制造的难度，提高产品生产的可靠性。2003 年，格瑞伍斯教授在美国密歇根大学的产品全生命周期管理（Product Lifecycle Management，PLM）课程上提出了数字孪生的概念，并将其定义为三维模型，包括实体产品、虚拟产品及二者间的连接，其之后被称为镜像空间模型[13]，后来被定义为信息镜像模型[14]。直到 2011 年，美国空军研究实验室和 NASA 合作提出了构建未来飞行器的数字孪生体，数字孪生才真正引起关注[15]。之后，由于 GE、西门子等公司的推广，数字孪生在工业制造领域得到迅速发展，世界著名咨询公司 Gartner 连续两年（2017 年和 2018 年）将数字孪生列为十大战略性科技趋势之一。数字孪生的发展如表 3-12 所示[16]。

表 3-12 数字孪生的发展

年　份	发展事件
2003	美国密歇根大学的格瑞伍斯教授提出"与物理产品等价的虚拟数字化表达"
2005	被称为镜像空间模型
2006—2010	被定义为信息镜像模型
2011	数字孪生引起关注

续表

年份	发展事件
2012	NASA 发布了"建模、仿真、信息技术和处理"路线图,数字孪生进入公众视野
2014	数字孪生被 NASA 推广
2015	GE 公司基于数字孪生,实现了对发动机的实时监控
2017—2018	Gartner 连续两年将其评为十大战略性科技趋势之一

在数字孪生概念不断完善和发展过程中,学术界主要针对数字孪生的建模、信息物理融合、交互与协作及服务应用等方面开展了相关研究,由此形成和完善了数字孪生技术体系。

3.6.3 数字孪生技术体系

数字孪生技术的实现依赖于诸多先进技术的发展和应用,其技术体系可以分为数据保障层、建模计算层、功能层和沉浸式体验层 4 层[15],如图 3-13 所示。

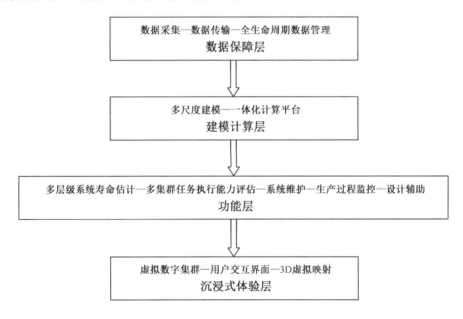

图 3-13 数字孪生技术体系

数据保障层是整个数字孪生技术体系的基础。由于数字是数字孪生中最重要的一部分,因此,数据的采集及传输为构建完整的数字孪生体系打下了基础;在得到数据之后,建模计算层将利用数据驱动或数学模型对系统进行建模,使得模型可以预测系统或设备未来的状态,并评估任务完成的可能性,从而节省了传输的时间,提高了系统的可用性,建模计算层是整个数字孪生技术体系的核心部分;功能层针对系统关键部件和子系统进行建模和寿命估计,为系统提供实时的评估和指示,是数字孪生技术体系的直接体现,功能层可以根据系统的状态定制模型,进而实现准确度高、性能稳定的系统;沉浸式体验层的目的是为用户提供良好的、人机和谐的使用场景,让用户能够获得身临其境般的技术体验,并通过在虚拟世界中学习,了解现实世界中难以遇到的物理量和模型,沉浸式体验层是直接面向用户的层级,以用户可用性和交互友好性为主要参考指标。

3.6.4 数字孪生与仿真模拟

未来的产品开发能否实现更个性、更快速、更灵活、更智能的目标,关键在于真实世界和虚拟世界的融合度,取决于产品的数字孪生体能否真实反映物理产品在虚拟空间的特点和行为,即产品的拟实化程度。数字孪生技术不仅可利用人类已有的理论和知识建立虚拟模型,而且可利用虚拟模型的仿真技术探讨和预测未知世界,从而使人类发现更好的方法与途径,不断激发人类的创新思维。

数字孪生的主要作用之一就是模拟、监控、诊断、预测和控制物理产品在现实环境中的形成过程和行为。通过构建产品数字孪生体,可以在虚拟空间中对产品的制造过程、功能和性能测试过程进行集成的模拟、仿真和验证,预测潜在的产品设计缺陷、功能缺陷和性能缺陷。针对这些缺陷,可修改产品数字孪生体中对应的参数,在此基础上对产品的制造过程、功能和性能测试过程再次进行仿真,直至问题得以解决[17],如图 3-14 所示。

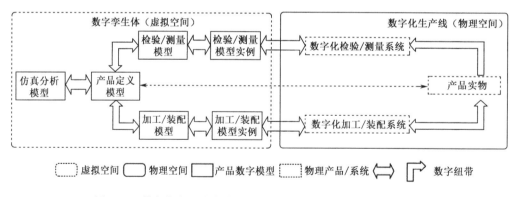

图 3-14 数字孪生和仿真模拟在产品设计/制造过程中的应用示例

借助产品数字孪生体,企业相关人员能够通过对产品设计的不断修改、完善和验证来避免及预防产品在制造/使用过程中可能出现的问题。由于产品的每个物理特性都有其特定的模型,包括计算流体动力学模型、结构动力学模型、热力学模型、应力分析模型、疲劳损伤模型及材料状态演化模型(如材料的刚度、强度、疲劳强度演化等),如何将这些基于不同物理属性的模型关联在一起,是建立产品数字孪生体,继而充分发挥产品数字孪生体模拟、监控、诊断、预测和控制作用的关键[18]。

以航空航天领域为例，在空间飞行器执行任务前，可使用飞行器数字孪生体，在搭建的虚拟仿真环境中模拟飞行器的任务执行过程，尽可能掌握飞行器在实际服役环境中的状态、行为、任务成功率、运行参数及一些在设计阶段没有考虑和预料到的问题，并为后续的飞行任务制定、飞行任务参数确定及面对异常情况时的决策制定提供依据[19]；可以通过改变虚拟环境的参数设置来模拟飞行器在不同服役环境时的运行情况；可以通过改变飞行任务参数来模拟不同飞行任务参数对飞行任务成功率、飞行器健康和寿命等产生的影响；可以模拟和验证不同的故障、降级和损坏减轻策略对提高飞行器健康和寿命的有效性等如2012年，美国空军研究实验室就提出了"机体数字孪生体"的概念，其基于飞行动力学，通过对结构定义建立应力有限元模型等结构模型，以及对刚度等材料状态参数进行调整来对仿真模拟进行优化（见图3-15）。

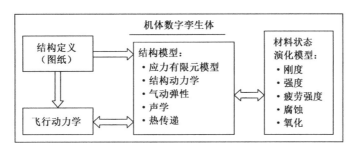

图3-15　2012年，美国空军研究实验室提出的"机体数字孪生体"[20]

基于多学科和多物理场的仿真模拟能够更加精确地反映与镜像物理产品在现实环境中的真实状态及行为，使得在虚拟环境中检测物理产品的功能和性能并最终替代物理样机成为可能，同时还能够解决基于传统方法（每个物理特性所对应的模型是单独分析的，没有耦合在一起）预测产品健康状况和剩余寿命所存在的时序与几何尺度等问题。通过打造数字孪生体，全面融入基于多学科和多物理场的仿真模拟技术，可以为用户产品创建高度精确的数字孪生模型，将仿真模拟技术扩展到包括产品设计、产品健康管理、远程诊断、智能维护、共享服务等在内的各领域。

3.6.5　数字孪生技术应用

数字孪生已经开始获得越来越广泛的应用，以后还会有更多领域采用数字孪生技术。目前数字孪生的十大应用如表3-13所示[18]。

表 3-13 数字孪生的十大应用

应用领域	具体应用
航空航天	数字孪生卫星／空间通信网络
	数字孪生飞机起落架结构优化设计
装备制造	数字孪生车辆抗毁伤评估
	数字孪生电厂智能管控：地下管网可视化管理系统、三维作业指导系统等
	数字孪生船舶全生命周期管控：船舶精细化设计、船舶智能建造等
	数字孪生复杂机电装备故障预测与健康管理
	数字孪生立体仓库：立体仓库远程运维、共享立体仓库
	数字孪生车间：生产动态调度、过程实时控制等
医疗	数字孪生医疗系统：生物人体、医疗健康服务及实时数据连接等
智慧城市	数字孪生城市：虚拟城市、城市大数据、智能服务等

在应用场景中，可以通过数字孪生分析生产效率、失效率、能源数据等，形成评估结果，反馈并储存到数字孪生，使得产品与生产模式都得到优化。在产品交付使用之后，通过数字孪生，可以从产品运营中获取信息和反馈，这将成为研发人员最宝贵的优化方略。

目前全球实体经济都处在不同阶段的转型升级关键时刻，通过物联网、大数据、人工智能和实体经济深度融合，可以大大提升实体经济的竞争力。未来，数字孪生也会结合物联网的数据采集、5G 的数据传输、大数据分析和人工智能建模，实现对过去发生问题的追溯、对当前状态的评估及对未来趋势的预测，并进行结果分析、各种可能性模拟，进而给出更全面的决策支持。

3.7 人工智能遇上大数据

在如今科技大爆炸的时代，新技术、新应用、新模式不断出现，而其中最耀眼的就是人工智能。而人工智能进入大众视野正是因为人工智能遇上了大数据：AlphaGo 战胜国际围棋大师就是利用了基于大数据的深度学习。本章阐述的各种新兴技术构筑了人工智能遇上大数据的条条大道。

物联网可感知采集大量信息：人体、家居、社区、环境、交通、医疗、城市等各类信息，这些信息通过云计算存储及计算，再经过物联网和 5G 等数据传输，形成了大规模应用场景大数据；边缘计算可有效利用资源并进行高效处理；量子计算具有超强的计算能力；各种 AI 专用芯片可大大提升数据处理能力；AI 算法及数字孪生/仿真模拟在提升效率、数据分析的准确性的同时又改善了用户体验。在越来越强大的算力和越来越精准的算法的支撑下，人工智能与大数据完美的结合将引爆智能+时代（见图 3-16）。

第 3 章 技术重构引爆智能+时代

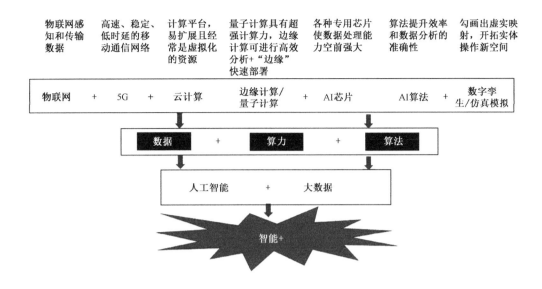

图 3-16 技术重构引爆智能+时代

虽然自 1956 年首次提出人工智能概念至今已有 60 余年的历史，然而，人工智能技术遇到大数据才真正发挥了它的威力，也带来了无限想象力和商业应用价值。因此，很多企业和创业者在人工智能领域进行了探索与尝试。图 3-17 列举了人工智能的一些主要应用领域和代表企业，在智能+时代，这些只是一部分应用场景和代表企业，随着技术的发展和数据量的丰富及数据质量的提高，人们还会开发更多的应用场景，也将会有更多的明星企业脱颖而出。

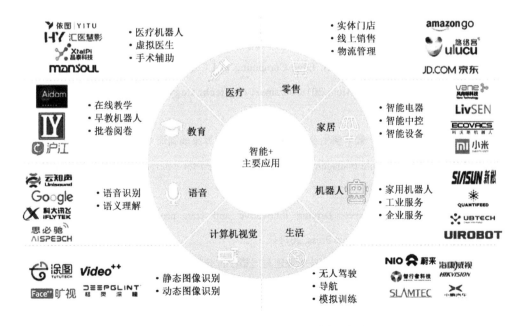

图 3-17 目前人工智能的主要应用领域及代表企业

参考文献

[1] 美国国会及行政当局中国委员会. 2018 年年度报告执行摘要[R]. 2018.

[2] [瑞典]Afif Ossiran, [西]Jose F.Monserrat, [德]Patrick Marsch, 等. 5G 移动无线通信技术[M]. 刘明, 缪庆育, 刘愔, 等, 译. 北京: 人民邮电出版社, 2017.

[3] 5G 哥. 深入浅出——5G 移动通信标准与架构[EB/OL]. [2018-11]. https://download.csdn.net/download/skwaityou/10932363.

[4] 袁志锋, 等. 面向 5G 的 MUSA 多用户共享接入[J]. 电信网技术, 2015, 5: 28-31.

[5] 张建敏. 5G 超密集组网网络架构及实现[J]. 电信科学, 2016, 32: 36-43.

[6] 王德清. IMT2020（5G）推进组——5G 核心网云化部署需求与关键技术白皮书[EB/OL]. [2018-06-22]. http://www.cww.net.cn/article?id=434689.

[7] 与非网记者. 三张图表看 9 年来英特尔/AMD/英伟达在 GPU 市场上的明争暗斗[EB/OL]. [2018-09]. https://www.eefocus.com/mcu-dsp/420793.

[8] 厦门积微信息技术有限公司. 华为发布两款 AI 芯片，寒武纪的 NPU 尴尬了[EB/OL]. [2018-10]. https://baijiahao.baidu.com/s?id=1613932936414077935&wfr=spider&for=pc.

[9] 陶建华. 类脑计算芯片与类脑智能机器人发展现状与思考[EB/OL]. [2016-09]. https://wenku.baidu.com/view/e4efe5a503d276a20029bd64783e0912a3167c51.html.

[10] ARROW. FPGA vs CPU vs GPU vs Microcontroller: How Do They Fit into the Processing Jigsaw Puzzle? [EB/OL]. [2018-10-05]. https://www.arrow.com/en/research-and-events/articles/fpga-vs-cpu-vs-gpu-vs-microcontroller.

[11] Daniele L. Smart City Technology: 5G, Edge Computing and Citizen Engagement[EB/OL]. [2018-06-05]. https://statetechmagazine.com/article/2018/06/smart-city-technology-5g-edge-computing-and-citizen-engagement.

[12] 陶飞, 刘蔚然, 刘检华, 等. 数字孪生及其应用探索[J]. 计算集成制造系统, 2018, 24(1): 1-18.

[13] Grieves M W. Product lifecycle management: The new paradigm for enterprises[J]. International Journal of Product Development, 2005, 2(1-2): 71-84.

[14] Grieves M W. Virtually perfect: Driving innovative and lean products through product lifecycle management[M]. Florida: Space Coast Press, 2011.

[15] 刘大同, 郭凯, 王本宽, 等. 数字孪生技术综述与展望[J]. 仪器仪表学报, 2018, 39(11): 4-13.

[16] 李欣, 刘秀, 万欣欣. 数字孪生应用及安全发展综述[J]. 系统仿真学报, 2019, 31(3): 385-392.

[17] 陶飞, 刘蔚然, 张萌, 等. 数字孪生五维模型及十大领域应用[J]. 计算机集成制造系统, 2019, 25(1): 5-22.

[18] 庄存波，刘检华，熊辉，等. 产品数字孪生体的内涵、体系结构及其发展趋势[J]. 计算机集成制造系统，2017, 23(4): 753-768.

[19] Shafto M, Conroy M, Doyle R,et al. Modeling, simulation, information technology & processing roadmap[R]. Washington, D.C., USA: NASA, 2012.

[20] TUEGEL E J. The airframe digital twin: som challenges to realization[C] //Proceedings of the 53rd AIAA/ASME/ASCE/AHS/ASC Structures, Structural Dynamics and Materials Conference, Reston, VA, USA: AIAA, 2012:1812.

04 第 4 章 智能与数据对制造业的重构——工业大脑

- 工业 4.0 概述
- 工业管理系统
- 工业互联网
- 智慧物流
- 案例：安尼梅森云动 MES 在显示行业（LCD/OLED）的应用
- 案例：汽车零部件制造业项目
- 案例：街景店车 C2M 工业互联网平台
- 案例：煤矿大脑
- 案例：基于数字孪生的汽车白车身轻量化设计
- 案例：科思通智慧仓储物流解决方案
- 工业大脑的机会和趋势

制造业是工业的根本,而工业又是一个国家强大的根本,制造业现代化的关键是智能化和数据化。自工业革命以来,制造业不变的追求就是高效率、低成本和高质量。所谓"工业大脑"就是在智能化与数据化时代,以智能为主导,在互联网、物联网平台上通过数据驱动,将人工智能、大数据及通信技术与先进制造技术结合并贯穿于设计、生产、管理、服务等制造活动的各环节的具有自感知、自学习、自决策、自执行、自适应等功能的新型生产方式[1]。美国、欧盟、日本、中国等都在新一代信息通信技术与先进制造技术深度融合方面发力,抢先布局智能与数据给制造业带来的重构——工业大脑,也是现在所说的智能制造或工业4.0。

4.1 工业4.0概述

4.1.1 工业4.0简介

所谓工业4.0是按照工业发展的阶段定义的,指第四次工业革命阶段。工业4.0由德国政府提出,与中国的智能制造相对应。智能制造是一种由智能机器和人类专家共同组成的人机一体化智能系统。云计算、大数据、移动互联网、物联网、人工智能等新兴信息技术与制造业的深度融合,正在引发制造业研发设计、生产制造、产业形态和商业模式的深刻变革,科技创新已成为推动先进制造业发展的主要驱动力。在第四次工业革命阶段,由机器人技术、物联网、人工智能、大数据、系统软件等技术融合而成的物联信息系统将对设计、生产、物流、销售等信息数据化、智能化以实现低成本、高效率、高质量、个性化的产品,这就是第四次工业革命的核心。

4.1.2 工业4.0的核心特征

工业4.0利用融合了多种技术的物联信息系统来提供效率和质量,实现数据化及智能化,目前还处在早期发展阶段,其核心特征还在形成中,粗略总结起来,工业4.0具有以下五大核心特征(见图4-1)。

图 4-1 工业 4.0 的核心特征

（1）数据：在工业 4.0 的环境下，所有设备都带有传感器，因此所有设备也是数据收集和存储单元，并且这些数据也会越来越有价值。

（2）互联：同样在工业 4.0 的环境下，所有设备将是基于互联网和物联网的，所以设备间的信息交换应该是互联的，这样大大提高了效率，降低了产销过程中的信息不对称性。

（3）融合：在工业 4.0 的环境下，融合的意义是多层次的，不仅指人工智能、大数据、机器人、物联网技术的融合，而且指信息的融合、设备之间的融合。

（4）创新：设备的互联及数据的融合开启了零库存、个性化等很多新型商业模式创新的可能。

（5）升级：工业 4.0 才刚开始，随着数据的不断积累、设备的互联、技术及数据的融合，以及商业模式的创新，其还会不断迭代升级，使解决方案更高效、更智能。

4.1.3　工业 4.0 和智能制造

工业 4.0 强调的是智能工厂、智能生产和智能物流[2]，而智能生产是智能制造的主线，智能工厂是智能生产的主要载体。广泛来讲，工业 4.0 包括了人工智能、工业装备（机器人）、工业大数据、虚拟现实/仿真模拟、工业管理系统（智能工厂/车间）、工业互联网、工业网络安全等，而智能制造更强调理性概念，涵盖了五个方面：产品智能化、装备智能化、生产智能化、管理智能化和服务智能化（见图 4-2）。

目前，智能制造实践还处在由设备级和控制级向车间级和工厂级过渡的阶段，而智能车间和智能工厂是工业互联网的重要基础。

图 4-2 智能制造的核心内容

4.1.4 智能制造的基本原理

随着智能制造与新型科技的融合，制造业正在逐步从自动化向信息化、网联化、智能化方向升级。其基于产品需求、定义、工艺、服务等模型，通过人工智能形成智能机器的感知、分析、决策、执行能力，并进一步提升自学习、自优化的能力，通过执行系统将指令传递到物理系统来执行设定的任务，同时通过传感器等感知设备将物理系统的信息传递给智能管理系统。智能管理系统更多的是采集物理系统的数据，从而形成研发设计知识模型、制造工程知识模型、生产运行知识模型、其他知识模型等。在智能制造的实践中，可不断地充实知识库，使智能管理系统具有自学习功能，不断迭代。智能制造的基本原理如图 4-3 所示。

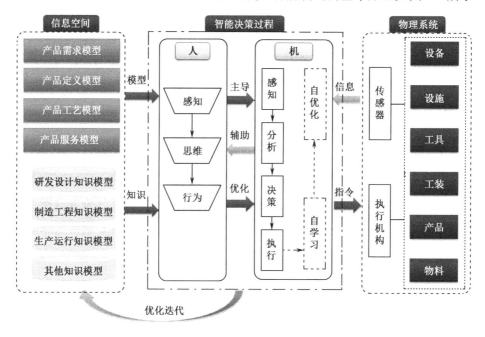

图 4-3 智能制造的基本原理

4.1.5 智能制造的核心痛点

制造业正处在转型阶段，发展水平参差不齐，按工业 4.0 的划分，目前大部分企业处于工业 2.0 的阶段，即处于信息化和自动化的阶段，甚至还有处于工业 1.0 阶段的企业。于制造企业而言，工业 4.0 的发展能够解决企业以下问题。

（1）企业信息化系统彼此间无法连接，碎片化严重，不能很好地满足企业的需求。

随着互联网的发展，企业的信息化水平不断提高，很多企业在信息化和数字化方面部署了 ERP 系统、MES 等，但这些系统却相互割裂，无法形成一个完整的体系，不能充分发挥其效用。

（2）随着社会发展和人们生活水平的不断提高，个性化需求将越来越普遍，其对企业生产的柔性度要求也越来越高。

随着技术的不断进步、社会的不断发展、人们生活水平的不断提高，人们不再满足于基本的生活需求，对待产品，人们也不再只看重商品的基本功能，而是越来越追求个性化。未来，个性化需求将成为主流，这对于目前的制造业体系来说是一大考验。目前，制造业生产方式和管理水平与提供个性化、大规模客制化产品的要求还有很大的距离。

（3）在未来的制造业服务化转型方面，制造企业面临极大的挑战。

目前的制造业模式都是大规模制造的模式，通过大规模制造来降低生产成本，但随着个性化需求成为趋势，这种大规模制造的方式将会发生颠覆性的变革，未来大规模客制化将成为主流。另外，制造业日益从制造向服务化方向转型，未来，随着智能制造的发展，这种服务化需求也必将成为主流（见图 4-4）。

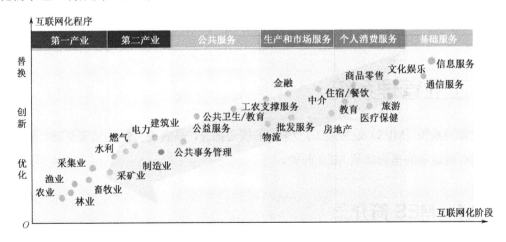

图 4-4　中国制造业互联网化程度

资料来源：易观智库。

智能制造对制造业数字化转型和高质量发展有着重要作用,能够让企业获得实质性的收益。搭建工业互联网平台,能够更好地支撑制造企业向价值链的高端延伸,实现跨设备、跨系统、跨厂区、跨地区的互联互通,增加企业利润,优化存量,降低企业的综合成本,推动整个制造服务体系智能化,推动服务型制造的发展。

4.1.6 智能制造的主要应用

智能制造包括自动化、信息化、互联网化和智能化四个层次,主要包括智能装备(工业机器人、服务机器人、特种机器人、智能运输工具)、工业感知及网络(计算机视觉、传感器、RFID、工业以太网)、工业软件(ERP/MES/DCS 等)三大领域。智能制造的主要应用产品示例如表 4-1 所示。

表 4-1 智能制造主要应用产品示例

分类	产品示例
工业机器人	焊接机器人、喷涂机器人、搬运机器人、加工机器人、装配机器人、清洁机器人及其他工业机器人
家政服务机器人	教育娱乐服务机器人、养老助残服务机器人、个人服务机器人、清洁机器人、个人运输服务机器人、安防监控服务机器人
公共服务机器人	酒店服务机器人、银行服务机器人、康复辅助机器人、医疗服务机器人、清洁机器人、场馆服务机器人、餐饮服务机器人
特种机器人	特种极限机器人、农业(包括农林牧渔)机器人、水下机器人、军用和警用机器人、电力机器人、石油化工机器人、石油勘探机器人、矿业机器人、建筑机器人、物流机器人、安防机器人、防爆机器人
智能驾驶	辅助驾驶、自动驾驶、无人驾驶、轨道交通系统
无人机	无人直升机、固定翼机、多旋翼飞行器、无人飞艇、无人伞翼机、无人船

4.2 工业管理系统

工业管理系统(MES)是智能工厂/车间的核心部分,是智能工厂的重要基础,因此,智能与数据对制造业的重构就从 MES 开始。

4.2.1 MES 简介

MES 是一个面向制造企业车间执行层的生产信息化管理系统,也是一个连接、监视和控制复杂制造系统和工厂车间数据流的信息系统。MES 的主要目标是确保生产操作的有效执行和提高生产产出。MES 通过跟踪和收集有关整个生产周期的准确、实时数据来实现这一目标，贯穿从订单发布到产品交付的整个阶段。

MES 作为工业管理的核心部分，市场空间广阔，相关机构预测，到 2020 年，全球 MES 行业市场规模有望达到 931 亿元。中国作为 MES 的一个新型市场，有着巨大的发展潜力。

MES 可以应用于汽车及零配件、装备制造、医疗器械、工程机械、航空船舶、电子通信、消费类电子、石油化工、冶金矿业等各行业。MES 可以帮助企业实现生产过程透明化、高效化、柔性化、可追溯化，可以为企业打造一个扎实、可靠、全面、可行的制造协同管理平台。

4.2.2　MES 架构

MES 分为四个层次：技术架构层、数据支持层、执行制造层和协同管理层。

技术架构层提供了技术平台。技术平台包括很多技术框架，如数据处理框架、算法规则框架等。数据支持层包括操作系统和工程数据仓库，而工程数据仓库包括工厂建模和完整数据追溯。执行制造层包括制造执行管理、制造执行过程、库存管理、设备接口系统。协同管理层包括柔性制造精益管理、异构系统数据交互和数据战情室。MES 可以为企业提供设备管理、在制品管理、生产执行管理、物料流转管理、质量品控管理、现场环境管理、实时生产控制等。MES 架构如图 4-5 所示。

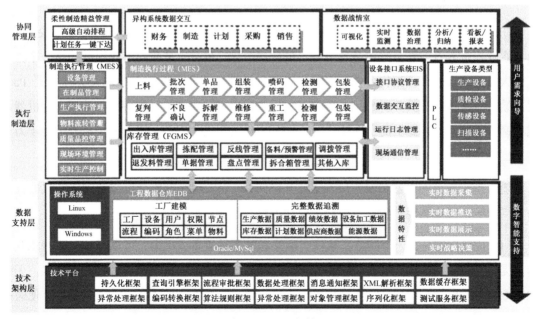

图 4-5　MES 架构

资料来源：安尼梅森。

随着不断使用和发展，MES 功能也不断丰富和完善，将从按工业单一定制化实施向基于智能与数据的智慧化系统方向发展。

4.3 工业互联网

4.3.1 工业互联网概况

工业互联网是新一代信息通信技术与现代工业技术深度融合的产物，是制造业数字化、网络化、智能化的重要载体，其核心是通过自动化、信息化、互联网、智能化等技术手段，激发生产力，优化资源配置，最终重构工业产业格局。未来它将整合两大革命性转变的优势：其一是工业革命，伴随着工业革命，出现了无数机器、设备、机组和工作站；其二是更为强大的网络革命，在其影响下，计算、信息与通信系统应运而生并不断发展。事实上，工业互联网是全球新一轮产业竞争的制高点。许多国家、企业都意识到协同制造联网是代表互联网+制造融合创新大方向的顶级生态系统。也就是说，无论是美国工业互联网还是德国工业 4.0，其最具代表性的跨国平台正在展露，正在凝聚大量生产资源和工业大数据。

1. 美国：重在服务及衍生新价值

GE（通用电气公司）推出的 Predix 云平台是一个工业操作系统，其中有很多模块，可以由各企业根据其行业背景来构建适合自己的解决方案。Predix 是面向工业领域的第一个基于工业大数据的云平台，架构主要有三层，底部是提供基础设施服务的 IaaS 层，中间是 PaaS 层，最上端是软件及服务层 SaaS。Predix 利用这三层云计算架构，将各种工业设备、机器及供应商等相互联结，提供资产性能管理（APM）和运营优化服务，每天监控和分析上千万个传感器所发回的 5000 万条数据。

随着越来越多的机器和设备加入工业互联网，可以实现跨越整个机组和网络的机器仪表的协同效应，形成智能数据，从而产生巨大的潜在价值，具体如下。

（1）优化网络。在一个网络系统内实现互联的各种设备或机器，可以通过互联网相互协作，提高网络整体的运营效率。例如，在医疗领域，将医生和护士等的医疗数据互联，无缝地将数据传输给医疗机构和病人，从而能够更迅速地帮助病人使用正确的医疗设备，使医疗设备利用率更高，医疗服务质量更好。智能数据的巨大价值也体现在交通网络的路径优化方面。当实现互联后，车辆不仅知道自己的位置和目的地，同时也了解网络系统内其他车辆的位置和目的地，这样就允许通过优化路由来寻找最有效的人工智能解决方案。

（2）优化运维。通过智能数据可以实现最优化、低成本，并有利于整个设备或机器的运行维护。例如，将机器、组件和各环节联网之后，将实现设备状态的可监测，在正确的时间将最优数量的零部件交付到准确的位置，从而减少零部件库存需求和维护成本，提升设备或机器的稳定性。

（3）恢复系统。通过建立广泛的大数据信息，可帮助网络系统在经历毁灭性打击之后更加快速、有效地恢复。例如，当地震或其他自然灾害发生时，可以用智能仪表、传感器、其他智能设备和系统组成的网络来进行快速检测，隔离发生故障的设备或机器，从而不至于发生串联而导致更大规模的故障发生。

（4）自主学习。每台设备或机器的操作经验可以聚合为一个大数据，从而使整个设备或机器能够自主学习。这种自主学习的方式是不可能在单个机器上实现的。例如，收集许多飞机上的数据，加上飞机的位置和飞行历史数据，这样就可以提供有关各种环境下飞机性能的相关信息。当越来越多的机器连接在一个系统中时，则会产生无数智能数据，结果是网络系统不断扩大并能自主学习，而且越来越智能化。

一旦智能设备采集到大量的智能数据，就可以通过智能系统挖掘具备商业经营价值的智能决策。设备与数据相互结合，网络协同且及时更新，将给诸多行业带来较大裨益。

据 GE 预测，航班延误每年给航空公司带来的损失超过 400 亿美元。其中 10%的延误是由于对飞机的维护欠缺所造成的。同时，全球航空业每年燃油费用高达 1700 亿美元（营业收入约为 5600 亿美元），而根据国际航空运输协会（IATA）的调查，这些油耗中 18%～22%属于资源浪费。GE 的工业互联网通过对飞机航运输局和零部件系统数据进行监测与统计，并分析维修保养方面的问题，每年可减少 1000 次延误；同时，通过航运数据，挖掘减少燃油能耗的实现路径，从而优化飞行调度，减少了 2%的能耗使用，每年节约了 2000 万美元的成本，大量减少了二氧化碳的排放。

GE 将这个平台开放给所有工业合作伙伴，期望未来形成一个巨大的、完善的生态系统，而各企业则积极开发具有行业辐射效果的应用软件，并在此平台上发布共享、互相借鉴、互惠互利。

2. 德国：既抓服务又抓生产

作为德国工业 4.0 的领军企业，西门子于 2015 年年底宣布将设立一个跨行业的软件平台 Sinalytics，为数字化服务提供技术基础。Sinalytics 与 Predix 极为相似。资料显示，这一平台将整合远程维护、数据分析及网络安全等一系列现有技术和新技术，能够对机器感应器产生的大量数据进行整合和分析，并利用这些数据为客户提供全新的服务。比如，可以通过这些数据提升企业对燃气轮机、风力发电机、火车、医疗成像系统的监控水平。据说，已经约有 30 万台设备连接至 Sinalytics 平台。

2016 年 4 月,西门子对外正式推出"MindSphere——西门子工业云平台",当时西门子宣称该工业云平台将为工业企业提供"数字化服务,譬如预防性维护、能源数据管理及工厂资源优化,特别是,机械设备制造商及工厂建造者可以通过该平台监测其设备机群,以便在全球范围内有效提供服务,缩短设备停工时间,同时,MindSphere 还为西门子的工厂数字化服务提供包括数控机床及驱动链的预防性维护服务"。

资料显示,MindSphere 是一个数据联结平台,通过收集、整合和分析来自用户端、供应商、信息化系统和自动化系统的相关数据,汇总形成数据企业的唯一数据中心,由此创建完整、容易应用的产品性能大数据结果。同时,基于云计算的计算能力和数据处理能力,相关结果将即时反馈到企业的信息化系统和自动化系统,从而提高企业对业务相关流程的响应,实现智能制造。

3. 中国:实现"互联网+"协同制造

在国务院 2015 年发布的《关于积极推进"互联网+"行动的指导意见》中,"互联网+"协同制造是重点行动之一。其旨在推动互联网与制造业融合,提升制造业数字化、网络化、智能化水平,加强产业链协作,发展基于互联网的协同制造新模式。其要求在重点领域推进智能制造、大规模个性化定制、网络化协同制造和服务型制造,打造一批网络化协同制造公共服务平台,加快形成制造业网络化产业生态体系。

实际上,早在 2000 年,国际著名的咨询机构 ARC 针对生产制造模式新的发展,详细地分析了自动化、制造业及信息化技术的发展现状,从科技发展趋势对生产制造可能产生影响的角度,进行了全面的调查研究,并提出了用工程、生产制造、供应链三个维度描述的数字工厂模型。

协同制造模式(Collaborative Manufacturing Model,CMM)为制造业的变革提供了理论依据和行之有效的方法。它利用信息技术和网络技术,通过将研发流程、企业管理流程与生产产业链流程有机地结合起来,形成一个协同制造流程,从而使制造管理、产品设计、产品服务生命周期和供应链管理、客户关系管理有机地融合在一个完整的企业与市场的闭环系统中,使企业的价值链从单一的制造环节向上游的设计与研发环节延伸,并使企业的管理链从上游向下游的生产制造控制环节拓展,形成一个集成工程、生产制造、供应链和企业管理的网络协同制造系统。

当前,网络化的信息空间和现实化的物理空间可共同组成协同空间,信息空间对未来制造业的发展和竞争力将产生至关重要的影响,未来制造业将进入虚实交互的协同时代。

未来的智能制造形态是将制造商、零部件供应商、销售商乃至消费者搬到线上，构成生产资源、人力物力、研发创新的网络协同结构，主要目的是实现市场与研发的协同、研发与生产的协同、管理与通信的协同，从而形成一个完整的制造网络——协联网（Internet of Collaborative Manufacturing）。其由多个制造企业或参与者组成，它们相互交换商品和信息，共同执行业务流程。

经过几十年的快速发展，全球制造业的格局发生了很大变化，尤其是中国制造业规模跃居世界第一位，建立了门类齐全、独立完整的制造体系。随着新一代信息技术和制造业的深度融合，离散型行业制造装备的数字化、网络化、智能化步伐将加快。

工业数字化是未来新工业的前提，而工业互联网则是企业数字化制造转型的基础。当前，新一轮科技革命和产业变革正蓬勃兴起，制造业加速向网络化、数字化、智能化方向延伸拓展，软件定义、数据驱动、平台支撑、服务增值、智能主导的特征日趋明显。据相关研究院预测，2020年中国工业互联网市场规模将同比增长14%，接近7000亿元。

加快发展工业互联网平台，不仅是工业行业顺应产业发展大势、抢占产业未来制高点的战略选择，也是推动制造业质量变革、效率变革和动力变革，实现经济高质量发展的客观要求。"互联网+制造业"的融合发展是传统工业新旧动能转换的必然趋势，力推工业互联网发展是工业转型升级的关键。应以构筑支撑工业全要素、全产业链、全价值链互联互通的网络基础设施为目标，着力打造工业互联网标杆网络，创新网络应用，规范发展秩序，加快培育新技术、新产品、新模式、新业态。

4.3.2 工业互联网平台架构

工业互联网平台是针对制造业网络化、数字化、智能化的提升而构建的平台，是基于海量数据挖掘和采集、数据转化和清洗、数据分析和汇总的服务体系。从平台架构来讲，其由以下五个层级组成。

1. 终端感知层

终端感知层由人、机（设备）、物料、车间、工厂等组成，通过传感器、工业智能移动终端、工控一体终端、可编程逻辑控制器等将数据送入下一层——网关传输层。

2. 网关传输层

基于工业互联网网关的工业互联网智能节点及无线局域网传输着终端感知层的人、机、物料等数据，与终端感知层一起实现数据采集功能。精准、实时及高效地采集数据是整个工业互联网平台的基础和保障。

3. IaaS 层

IaaS 层包括服务器、存储、网络等工业互联网云计算基础设施,是工业互联网的重要支撑。

4. 工业 PaaS 层

工业 PaaS 层是工业互联网的核心,其构建了一个可扩展的操作系统,也是软件开发的基础平台。工业 PaaS 层又分为三大核心层级:底层是运营管理环境、运行环境、安全防护;中间层是通用 PaaS 平台资源部署和管理;上层是开发工具、行业知识等服务组件库。

5. 工业 App 层(工业 SaaS 层)

工业 SaaS 层包含满足不同行业、不同场景的应用服务,涵盖公共应用、行业应用和企业应用,是消费者、供应链、协作企业实施应用服务的窗口,也是开发者应用创新的入口,所以它是工业互联网平台的关键。

因此,工业互联网平台是云平台的延伸,其本质是在传统云平台的基础上叠加了物联网、大数据、人工智能等新兴技术,从而构建更精准、实时、高效的数据采集体系,建设包括存储、集成、访问、分析、管理功能的平台,实现工业技术、经验、知识的模型化、软件化,以工业 App 的形式为制造企业提供各类创新应用,最终形成资源富集、多方融合、协同演进的制造业生态。工业互联网平台架构如图 4-6 所示。

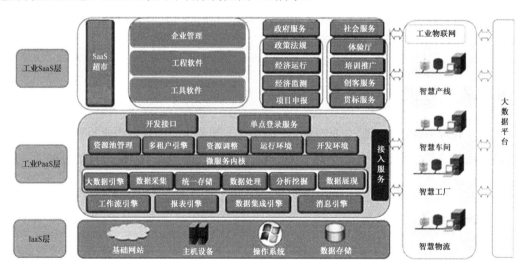

图 4-6 工业互联网平台架构

4.3.3 工业互联网平台的核心作用

工业互联网平台能够有效集成海量工业设备与系统数据,实现业务与资源的智能管理,促进知识和经验的积累与传承，驱动应用和服务的开放创新。因此，工业互联网平台是智能化和数据化的新型制造系统，在制造企业转型中发挥着核心支撑作用。具体来讲，工业互联网平台的核心作用有以下四个方面。

1. 智能化生产和管理

工业互联网平台承载了海量的设备、系统、工艺参数、软件工具、企业业务的需求，通过对生产现场人、机、物料等各类数据的全面采集和深度分析，可提高生产效率及产品质量；基于现场数据与企业计划资源、运营管理等数据的综合分析，能够实现更精准的供应链管理和财务管理，降低企业运营成本，发挥平台的集聚效应。

2. 数据化模型

工业互联网平台向下连接海量设备，自身承载了工业经验与知识模型，因此，数据化模型不仅包含物理模型（设备与部件，故障与性能及其背后的原理、知识、方法），还包含流程逻辑模型（MES、供应链管理、ERP等），以及工艺模型（工艺配方、工艺流程、工艺参数等）。随着工业互联网平台的不断完善，更多的数据化模型将被纳入工业互联网平台，并与其他模型融合，从而进一步优化工业过程。

3. 充分发挥云计算平台的巨大能量

工业互联网平台凭借先进的计算架构和高性能的云计算基础设施，通过与人工智能及大数据的融合，以及逐步应用边缘计算和5G，能够实现对海量异构数据的集成、存储、分析与计算，并借助高速网络和数据化模型，加快以数据为驱动的网络化、智能化进程。

4. 助力企业生产方式和商业模式创新

工业互联网平台是多重新兴科技融合的结果，因此，它给企业生产方式和商业模式创新创造了条件。企业通过工业互联网平台打通从客户需求到供应商的信息，可以大大减少库存；基于客户需求和数据进行生产过程资源的有效配置，可实现以批量化的成本生产个性化的产品，实现从卖产品到卖服务的转变，实现价值提升。此外，不同企业可以基于工业互联网平台开展信息交互，实现跨企业、跨区域、跨行业的资源和能力集聚，打造更高效的协同设计、协同制造、协同服务体系。总之，智能与数据催生的工业互联网平台有着巨大的创新空间，将使工业越来越有"大脑"。

4.4 智慧物流

4.4.1 智慧物流概况

物流是运输、保管、包装、装卸、流通加工、配送及信息服务等多项基本活动的统一整体。在经济全球化和电子商务的双重推动下,物流业正在从传统物流向现代物流迅速转型,这也成了当前物流业发展的必然趋势。智慧物流利用集成智能化技术,通过 RFID、传感器、移动通信技术等让配送货物自动化、信息化和网络化。物流总费用占 GDP 的比重相当大,随着物流智能化、数据化,其所占 GDP 的比重在逐渐减少。以中国为例,中国的物流总费用占 GDP 的比重从 2013 年的 18.00%下降到 2018 年的 14.44%(见表 4-2)。尽管如此,物流仍有很大的改进空间,需要借力数据化和智能化,向智慧物流方向发展。

表 4-2 物流总费用

年　　度	物流费用总额(万亿元)	GDP 占比(%)
2018	13	14.44
2017	12.1	14.75
2016	11.1	14.90
2015	10.8	16.00
2014	10.6	16.60
2013	10.2	18.00

随着机器人、大数据和人工智能的应用,依赖人力的物流行业正开始从劳动密集型转向技术密集型——智慧物流。智慧物流就是在物流的运输、仓储、包装、装卸搬运、流通加工、配送、信息服务等各环节实现系统感知、全面分析、及时处理和自我调整的功能,从而实现物流规整智慧、发现智慧、创新智慧和系统智慧的现代综合性物流系统。其以大数据为思维系统,用人工智能代表现代仓储的智慧中枢,使用机器手臂、无人机、无人车、搬运机器人等代替人的手臂、肩和腿,从而在一定程度上代替了人的体力和脑力劳动,同时降低了物流成本。

对企业来说,智慧物流可帮助企业增加利润源,提高对风险的预测能力及掌控能力,降低各环节不必要的成本,帮助企业提高服务客户的效率。

对消费者来说,智慧物流可以通过提供货物尤其是食品类货物源头的自助查询和跟踪等多种服务,让消费者买得放心,吃得放心,在增加消费者购买信心的同时促进消费,最终对整体市场产生良性影响。同时，智慧物流符合科学发展观与可持续发展战略，节能环保，可减轻环境污染并降低企业成本。

4.4.2 物流类别

物流可以按不同方式进行分类。例如，按照运输方式，物流可分为空港物流、船舶运输、公路运输等。货物的类型有很多，如生鲜水果、低温冷冻食品、医药品、冷轧钢材、危险易爆品、化学用品、易碎品、电子元器件、汽车零配件、汽车、精密机器、废物处理品等，可按货物不同对物流进行分类。生活中最常见的是电商服务的生活用品物流，因此，电商仓储物流是整个物流产业链中非常重要的环节，也是目前智慧物流的重点应用领域。随着工业4.0及工业互联网的发展延伸，新的智慧物流业态将会出现。

4.4.3 智慧仓储物流的系统架构及原理

随着互联网及电商的发展，电商物流也蓬勃发展，形成了举足轻重的物流产业，其中仓储物流是电商物流中最重要的部分，也是目前智慧物流的主要聚焦点。智慧仓储物流中最常见的是立体仓库，它可以充分利用空间来储藏更多的货物。

立体仓库主要由立体仓库货架、进出库区域、来料及空周转箱堆料区、分拣区和装箱包装区组成（见图4-7）。立体仓库的智能解决方案就是将这些功能块由自动化和信息化转为网络化和智能化。

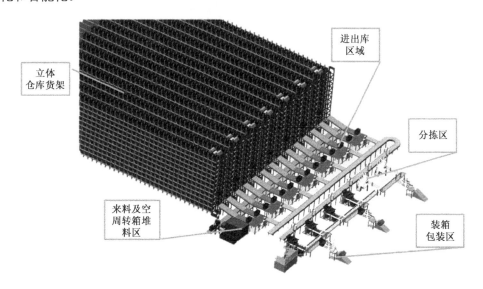

图4-7 立体仓库总体架构

从图 4-7 可以看出，立体仓库包含很多部分，所以需要集成很多设备。穿梭车系统由高速提升机和穿梭车两部分组成，穿梭车用于在巷道内搬运和装卸货物，在完成巷道内作业后，穿梭车进入高速提升机，由高速提升机携带做垂直方向的上下移动以转换作业层，或回到输送线层做出入库作业（见图 4-8）。根据不同的仓库场景，还可采用机器手臂来代替人工搬运。分拣作业的机器手臂通过 PLC 定位抓取或图像识别/AI 识别等分拣货物或产品。自动引导车也经常被采用。通过一系列自动设备的组合加上 MES、WMS、WCS 等系统的控制和管理，立体仓库可以自动进行管理、控制、选货、抓取、出货、包装、打标等过程，不但节省了人力，更主要的是实行了实时数字化管理，提高了效率，降低了综合成本。

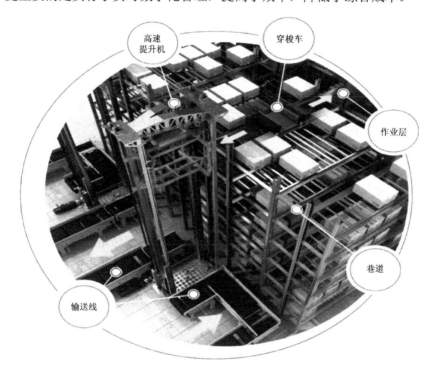

图 4-8　穿梭车系统作业示意

4.5　案例：安尼梅森云动 MES 在显示行业（LCD/OLED）的应用

4.5.1　显示行业百花齐放

2018 年，中国显示行业继续一片繁荣，投资项目此起彼伏。维信诺固安 6 代 AMOLED 面板线、中电熊猫 8.6 代 TFT-LCD 面板线、华星光电 11 代 TFT-LCD 面板线、和辉 6 代

AMOLED 面板线、柔宇 5.5 代 AMOLED 面板线等投入生产；同时，京东方绵阳 6 代 AMOLED 面板线、京东方武汉 10.5 代 TFT-LCD 面板线、惠科滁州 8.6 代 TFT-LCD 面板线、信利仁寿 5 代 TFT-LCD 面板线、华星光电第二条 11 代 TFT-LCD 面板线、惠科绵阳 8.6 代 TFT-LCD 面板线、维信诺合肥 6 代 AMOLED 面板线等在加紧建设。至此，中国已有在产面板线 40 条、在建/规划面板线 18 条以上。2019 年，国产化材料企业迎来更多的发展机会，OLED 材料、液晶材料、基板玻璃、偏光片、靶材等产业都有很大的发展空间；同时，竞争日趋激烈，显示行业面临以下挑战。

（1）系统和生产现场需要同步的数据多、同步时间短（在秒级）。

（2）生产过程中的产品种类、数量众多。

（3）工艺过程比较长，涉及质量点比较多。

（4）生产过程中涉及的人员角色、工艺工序很多。

因此，提高效率和质量迫在眉睫，这也为智能制造平台解决方案奠定了市场需求。

4.5.2　云动 MES 解决方案

在安尼梅森云动 MES 解决方案中，显示行业的智能化建设包含以下四个层面。

第一个层面是数字化，强调的是横向。横向指车间的原材料从生产加工完毕到入库的整个过程。为了控制产品的质量，可通过系统把其中的人、机、料、法、环集中在一起，进行一体化、数字化管理，从而在 IT 体系的支撑下，减少人工，实现横向系统互联的数字工厂。

第二个层面是协同化。在横向管理的基础上加上企业管理，如设计单元和生产单元要高度协同，生产管理环节跟制造环节要高度协同，这样整个业务链条和生产链条纵横交叉、相互协同运作，构成了协同化。协同化的实现基础是数字化，所以，首先要完成数字化建设，其次要完成协同化建设，包括协同营销分销体系、生产体系、供应链体系、财务体系、人力资源体系、物资体系等的协同，从而实现流程化运营、纵向系统互联的协同工厂。

第三个层面是智能化。在前两个层面横纵交叉完成之后，工厂建设才有更高层面的智能化的概念。可通过物理信息系统、智能学习、智能决策来实现能够智能分析、自我优化的智能工厂。

第四个层面是智慧化。在当前人工智能、云计算、物联网等技术高速发展的背景下，智慧化成为可能。

基于这四个层面的思想建立的智能化建设架构如图 4-9 所示。

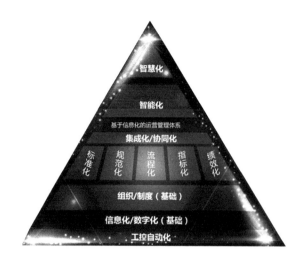

图 4-9　智能化建设架构

在智能化建设的基础上，系统功能分为以下五个层次（见图 4-10）。

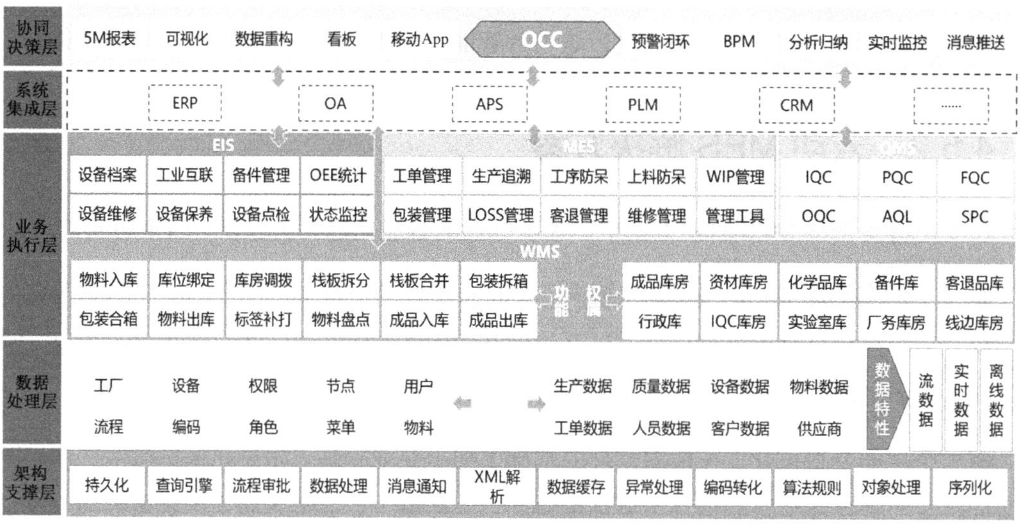

图 4-10　系统功能

（1）架构支撑层：包括查询引擎、数据处理、算法规则等。

（2）数据处理层：对工厂、设备、用户、流程等建模，生成生产、质量、设备、物料等数据。

（3）业务执行层：包括设备档案、备件管理、生产追溯、包装管理、物料入库、成品出库等。

（4）系统集成层：主要是 ERP、OA、CRM 等与业务执行层的互通和集成。

（5）协同决策层：涵盖 5M 报表、可视化、看板、实时监控等。

4.5.3 云动 MES 的核心创新点

根据行业的特点和问题，云动 MES 体现了如下核心创新点。

（1）设备对接：对包括 PLC、仪表、工控机等在内的设备进行实时状态、参数、故障等数据的采集和控制。

（2）数据处理：根据数据量、点位、并发数设置对应的数据库和硬件策略。

（3）支持柔性：针对不同的产品类型，业务模型也不同，因此，业务模型构建具备一定的柔性。

（4）大数据分析：如 OLED 工艺工序比较多，通过大数据分析提前发现良率问题并提前处理，可避免浪费。

（5）灵活扩展性：根据市场的变化，对新产品类型，会出现新的业务模式，因此，系统具有灵活扩展性。

4.5.4 云动 MES 的技术架构

云动 MES 采用先进的面向服务的架构（Service-Oriented Architecture，SOA），先进的开发平台只有配上可配置的模块，才可以快速构建出符合不同场景的业务功能。如果没有一个强大的平台，只是无限制地堆积客制化模块，那么，再好的系统都会崩溃、宕机。这就是云动 MES 选择 SOA 的原因。在此基础上，配合 MVVM（Model-View-View Model）模式的代码编写规则，往往用几百、数千个灵活的、低耦合性的基础模块就能构建出百万种不同的业务功能。

4.5.5 云动 MES 的实施效果

云动 MES 的实施打通了全产业链，实现了宏观工厂到微观 PLC 的互动、全产业链自动控制，也实现了产业共享、精准运营，从而使效率提高了 30%，换模时间减少了 70%，良品率增加了 10%，根因排查上升了 68%。产业共享关系图如图 4-11 所示。

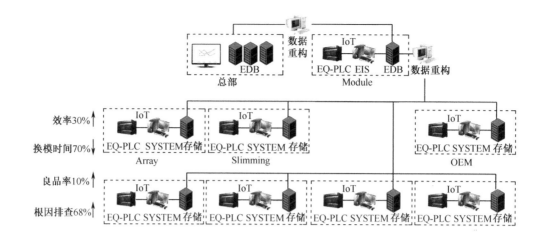

图 4-11　产业共享关系图

云动 MES 在实施过程中进行全产品的条码标准化，实现了工艺共享、精准运营，从而使效率提高了 20%，制造成本降低了 70%，良品率增加了 20%（见图 4-12）。

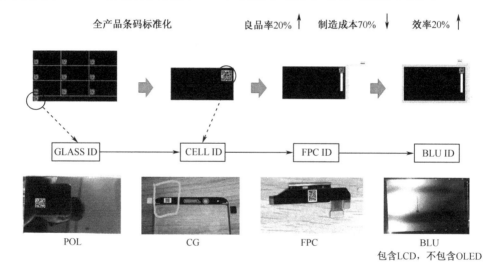

图 4-12　全产品的条码标准化

易操作性是影响实施效果的一个重要方面，新的视觉感及操作正在深刻影响着用户的习惯。特别是作为基于工厂实际应用的软件产品，其用户是基于车间层的，因此，系统需要具备易学、易用、快速上手的特点，如采用一目了然的界面功能图标，以流程引擎来推动快速响应等。在云动 MES 的实际应用中，每个操作人员进入系统后，不管是熟手还是新人，都能快速进入自己的应用界面，找到自己需要的功能菜单，并清晰地知道与自己有关的全业务流程。当然，不仅如此，易操作性还包括美观、绿色、适用的界面，以及既适合鼠标又适合触摸屏的操作方式。

4.6 案例：汽车零部件制造业项目

4.6.1 汽车零部件行业状况

中国已经成为汽车及汽车零部件全球生产、供应体系中的重要组成。汽车零部件的供应链是由"零件→组件→部件→系统→系统总成"形成的金字塔式的配套体系。在成熟的汽车产业链体系下，整车企业全力进行车型开发设计、整车组装和终端品牌经营，零部件企业负责零部件的模块化、系统化开发设计和制造，零部件供应商通常划分为一级、二级、三级供应商（见图4-13）。

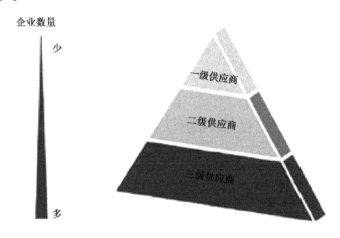

图 4-13　汽车零部件供应商级别和对应企业数量示意

汽车零部件产业作为汽车工业的重要组成部分，是汽车工业发展的重要基础。近年来，中国汽车零部件产业正处于由大变强的关键时期，显著表现在以下四个方面。

1. 生产和研发逐步向新兴市场转移

全球汽车零部件产业主要围绕整车市场的快速发展而布局，正向以中国等新兴市场为代表的亚太地区快速转移。目前，全球汽车零部件产业主要分布在亚太地区、欧洲、北美、拉丁美洲等，其中，亚太地区在全球市场的贡献率已超过50%。得益于整车企业的引领与带动，仅中国市场在全球市场的贡献率就已达到22%。

2. 整零之间的系统化供货能力逐步加强

随着消费市场竞争加剧，新车型开发周期和生命周期逐步缩短，大型整车企业对零部件供应商的系统化供货能力提出了更高的要求，不具备系统化供货能力的企业面临被淘汰和整合的局面，市场向具备系统化供货能力的企业靠拢。具备研发、生产、装配能力，产品质量稳定且能够及时供货的企业将获得更多的市场份额。

3. 民营企业优势显著

汽车产业是资金、技术密集的产业。谁拥有核心技术和雄厚资本，谁就拥有对汽车产业的话语权，就能够攫取高额利润。自改革开放以来，中国民营汽车零部件企业取得了长足进步，已经在一些零部件领域具有显著的竞争优势，部分企业成功进入国际市场。民营汽车零部件企业将成为中国汽车零部件行业一支重要的力量。

4. 信息化与智能化成为主流发展趋势

信息化与智能化对汽车零部件企业发展的作用明显：一方面，通过构建有效的信息交互机制，在生产商、经销商、客户及物流商之间及时、准确和通畅地传递信息，从而降低成本；另一方面，汽车零部件企业通过 ERP、MES 等的建设，提高自身信息化水平，从而优化企业内部管理、生产、成本等各环节。

4.6.2 盖勒普工业互联网解决方案

在传统制造业的研发和生产环节中，工艺和效率的提升周期都相当漫长，其根本原因是难以进行数据采集和分析，人们难以实时动态地了解工业设备的研发及使用过程。盖勒普工业互联网解决方案可以帮助制造企业实现全面数字化，使企业可以基于对工业产品制造和使用的全过程的洞察来缩短研发周期，优化工艺，提升生产管理水平，从而使工业的运行效率得到提升，增强企业应对市场变化的综合竞争力。

盖勒普工业互联网解决方案采用全球最新的平台架构和数据采集分析技术，帮助企业拥有以下三大核心竞争力。

1. 实现低成本、普适性的连接

"连接"是必过的难关。在全球主流工业总线中，针对自动化设备的私有控制器和协议的种类多达上万种，通用的 PLC 的占比不到 15%，而非自动化的设备，尤其是 8~20 年的"三哑"老设备的占比超过 60%，因此，帮助企业实现方便快捷、自适应的工业设备连接和数据采集，是做好工业互联网的关键。盖勒普工业互联网管理平台提供灵活完善的多种连网方案，几乎兼容世界上所有的数控系统，支持各类工业标准的数据通信协议、通信方式，为企业实现制造数字化、信息化、智能化的智能制造目标打下了坚实的基础。

2. 构建稳定灵活、性能强大的平台

工业企业对于系统稳定性要求极高，以汽车零部件生产线为例，一旦以联网方式管理控制生产过程，更容易挽回因停线或质量问题造成的每小时数百万元的损失。盖勒普工业互联网解决方案拥有大量项目实施经验的支撑，可确保工业互联网平台有优越的使用体验。

3. 凸显工业价值，优化资产与运营

资产优化基于一个事实，即制造企业的重资产特性。目前重资产企业最重要的关切就是如何优化资产效率，提升资产的利用率。盖勒普工业互联网解决方案在帮助用户搭建工业互联网管理平台的基础上，通过先进的工业大数据分析技术实现企业重资产的预测性维护管理，从而提高企业资产可靠性，降低运营成本，提升企业资产价值。

4.6.3 汽车零部件龙头企业项目概述

该汽车零部件龙头企业是由一家集设计开发、模具制造、压力铸造（以下简称压铸）、机械加工（以下简称机加）于一体的大型综合性企业投资组建的，于2011年8月正式成立，其共投资8亿元，有500多名员工，新建了11万平方米的压铸厂房、机加厂房及部分辅助设施，主要生产发动机离合器壳体、油底壳、飞轮壳等大中型零部件。其与神龙、东风、福特、爱立信、哈金森、霍尼韦尔等用户保持了良好的长期合作关系，并在2018年获得特斯拉汽车零部件的供应商资格认证。

为了进一步提高该企业各生产单元及相关业务部门车间信息化的整体架构与车间作业层数字化制造的执行管理水平，盖勒普工业互联网管理平台以车间物联网为基础，通过工业大数据的智能统计分析，实现该企业产品的协同设计、精益制造和柔性生产，提升其产品研制的快速响应能力，实现基于工艺数字化设计与智能制造的精益管理体系，使其生产过程透明化、生产计划合理化。

为此，本项目以精益生产为指导思想，以工业物联为技术基础，以信息化技术为助推手段，建立覆盖该企业车间的工业互联智能制造平台，打通企业管理层与控制层之间的信息流断层，并和企业ERP、MDC等原有第三方信息化系统实现数据无缝集成，从而提高生产部门和车间的业务流转能力、自动化计划排产调度能力及生产现场综合管控能力，促使企业按生产计划提前做好生产准备，合理分配企业资源，提高物料流转速度及质量合格率，实现物流与信息流的一致与共享，及时交付产品，进而提高企业生产的信息化水平，实现智能制造。

1. 项目实施前企业生产车间的管理瓶颈

该企业未实施本项目前，生产车间管理遇到的瓶颈如表 4-3 所示。

表 4-3　项目实施前生产车间遇到的管理瓶颈

瓶　颈	具体情况
生产计划源头不稳定	影响客户月需求，变动大，变动多
BOM 和物料计划没有在 MRP 中应用	目前应用的内容主要是产品级计划、安全库存、客户需求（MRP 中给出预测）
计划编制靠人工	物料需求由人工计算，效率较低且出错率高
生产现场的异常依靠人工反馈	管理者无法实时掌握
转序配送需求不明确	半成品、在制品转序配送需求不明确，影响效率
半成品与周转率低、库存大	有压铸、机加、清理环节但无法满足客户供货要求
工艺受操作、模具机台影响	生产过程损耗多，产出率不稳定，没有专门的质检员，靠操作工自检，良品、废品数量不准
质量记录靠纸	追溯查询、统计分析不方便
异常状况和进度查看繁琐	发现问题和解决问题的效率较难提高，并且无法做到提前预控和评估风险
生产统计分析主要靠人工	支持决策管理的信息总体偏少，统计数据与报表的及时性不强
ERP 中没有质量评审和处理过程	数据查询、统计及追溯需要大量的人力和时间，并且存在差错和遗漏

2. 项目实施目标

根据该企业车间生产存在的问题及企业对工业互联网平台建设的要求，制定项目实施目标如下。

（1）通过本项目的建设，强化生产过程管理和控制，达到精细化管理的目的。

（2）提高生产数据统计分析的及时性、准确性，避免人为干扰，促使企业管理标准化。

（3）快速定位质量问题及原因，制订措施解决质量瓶颈，实现产品质量追溯，降低质量成本。

（4）实时掌控计划、调度、工艺、设备运行情况等信息，使相关业务部门及时发现问题和解决问题。

（5）利用工业互联网管理平台建立规范的生产管理信息化系统，使企业内部现场控制层与管理层之间的信息互联互通，以此提高企业的核心竞争力。

（6）将该企业建设成汽车零部件行业数字化工厂的标杆企业，满足国家级智能制造试点企业项目对该企业的要求。

3. 项目实施范围

涉及产品：压铸车间、机加车间的所有在制品。

涉及部门：压铸事业部、机加事业部、生产管理部、技术部、品质部、设备部、精益信息部。

4. 项目实施过程

1）工业互联网管理平台功能架构

为帮助该企业达到国家级智能制造试点企业项目的建设目标，在车间执行层，基于盖勒普工业互联网管理平台搭建基础数据管理、生产计划管理、设备联网状态采集管理、生产过程管理、过程监控看板管理、质量管理及报表统计与数据分析等功能模块，形成智能制造管理系统。项目功能架构如图4-14所示。

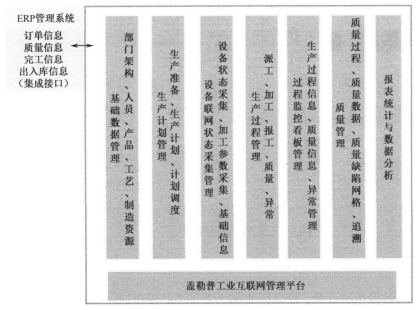

图4-14 项目功能架构

基于车间执行层向下和MDC系统实现数据的高度集成及信息互动，可全面支撑制造车间信息化底层的系统架构。纵观制造企业信息化的整体架构，只有打开业务层和控制层的数据通道，才能使企业的全局数据流进行交互，最终实现整体无缝的信息化架构，而不是业务层和控制层的"孤岛式"运行。

2）工业互联网网络架构

工业互联网是将具有感知、监控能力的各类采集、控制传感器或控制器，以及移动通信、智能分析等技术不断融入工业生产过程的各环节，从而大幅度提高制造效率，改善产品质量，降低产品成本和资源消耗，最终实现将传统工业提升到智能化新阶段的关键技术。工业互联网网络架构如图4-15所示。

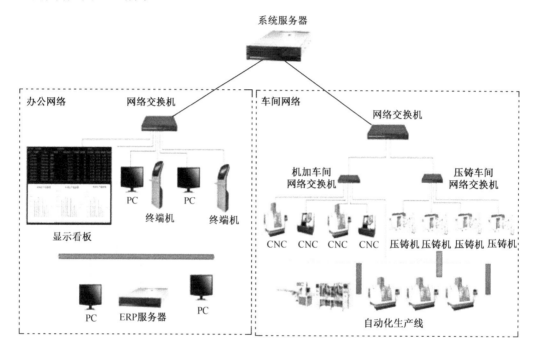

图4-15 工业互联网网络架构

5. 项目变更

当项目的某些基准发生变化时，项目的实施方案、成本和计划也会发生变化，为了达到项目的目标，就必须对项目发生的各种变化采取必要的应变措施。在本项目中，由于该企业在需求分析阶段对项目实施的要求不够具体，随着项目实施的深入，产生了项目变更的需求。为了保证本项目实施结果更加符合该企业的应用需求，更早地发挥盖勒普工业互联网管理平台的应用效果，项目负责人经过充分交流沟通后，制定了项目变更计划（见图4-16和图4-17）。

第4章 智能与数据对制造业的重构——工业大脑

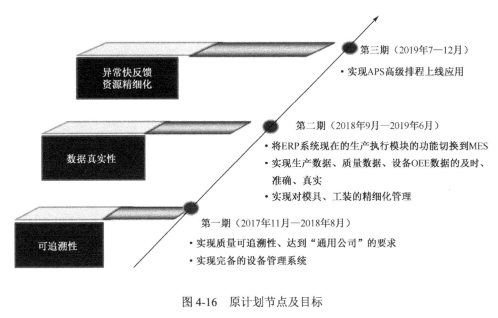

图4-16 原计划节点及目标

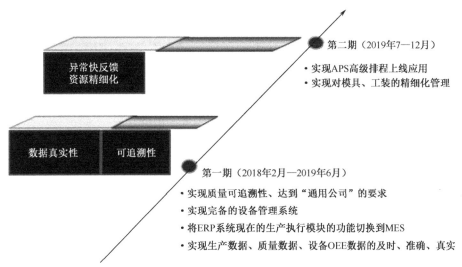

图4-17 项目变更后的计划节点及目标

6. 项目实施效果及亮点

该企业通过本项目的实施,完成了生产计划→铝锭熔炼→压铸→清理→机加→成品入库的全流程信息化管理,实现了精准的质量追溯和完善的设备管理,实现了一期项目建设目标。生产过程中的生产信息、检验信息及加工设备的加工参数等一系列数据,为利用工业大数据进行分析、更好地辅助管理人员进行科学有效的管理决策打下了坚实的数据基础;同时,推动了车间柔性化精益生产和智能制造的实现。

项目实施效果如下。

1）质量追溯

在质量管理方面，本项目实现了全流程的质量追溯、正反向的质量数据查询，并结合 MDC 系统的数据采集及生产过程中的生产信息收集，将产品加工过程中的工艺参数、设备参数、检验数据，以及铝锭的投料、除气、转运等数据信息与相关操作人员信息通过多样的图表随时快速向需要者展示。同时在产品追溯查询时，可通过条码/二维码、物料编码、生产批次等信息进行快速定位。

2）质量网格缺陷分析

通过产品网格图标注产品出现的质量问题点，通过这些信息点的积累，可智能化分析产品质量问题的产生原因，为改良产品提供最有效的数据支持（见图 4-18）。

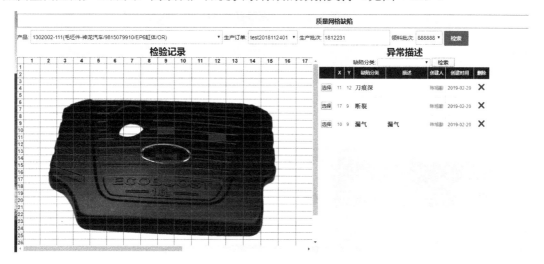

图 4-18　产品质量问题点在网格图中显示

3）设备管理与数据采集

本项目采集数据的设备总计 80 台（涵盖压铸车间和机加车间的压铸机、数控加工中心、检测设备、试漏机、螺堵/塞堵组装机、定位销压装机等），产品生产线多达 14 条（其中自动集控线有 3 条）。

对已联网设备，可实现运行状态数据的实时采集及加工任务、参数的关联显示，从而让企业更方便、有效地了解车间的实时状态，也使该企业的工业互联网管理平台建设向前迈进了一大步（见图 4-19）。

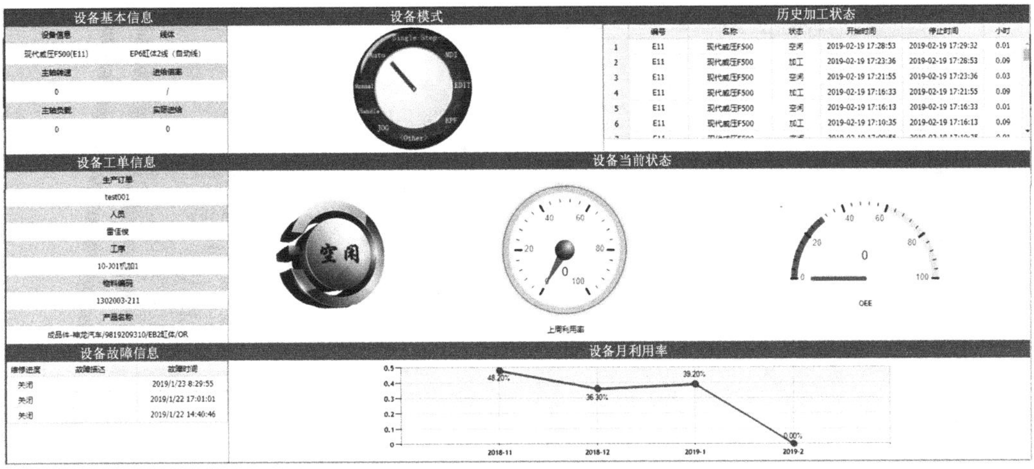

图 4-19　设备的运行状态分析报表

4）电子看板

生产看板能够建立规范的电子标识，提高现场可视化管理水平。通过大屏幕看板滚动发布车间内部管理信息，能够建立多级和区域性信息看板，满足数据展示的不同需求，便于公司领导、车间领导及客户通过看板直观了解各生产线的生产情况。另外，具体报表需求可根据具体实施情况及实际需求进行定制开发。

根据该企业的使用需求，本项目开发了相应的综合电子看板（设备状态展示看板、生产任务看板、异常管理看板、生产任务达成看板），每个板块都可以通过点击来查看更多的信息（见图 4-20 和图 4-21）。

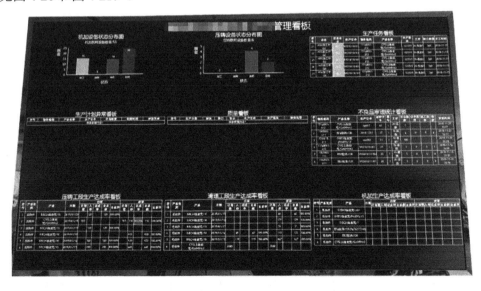

图 4-20　车间现场主要信息管理看板

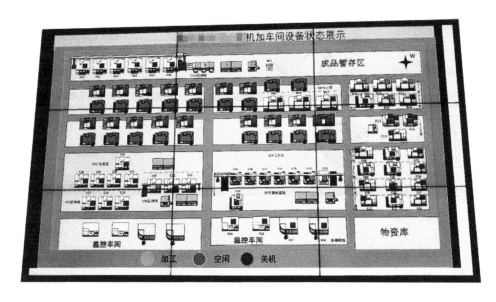

图 4-21 车间现场设备状态展示看板

结合项目实施前该企业生产统计的大致数据,该企业实施本项目获得的效果如图 4-22 所示。

图 4-22 实施效果

本项目建设的工业互联网管理平台充分利用专业的数据采集技术和先进的工业大数据分析技术,对该企业车间生产过程中的设备运行数据、维护数据、零部件加工状态及过程数据、质量检测数据等进行智能分析,并通过丰富的可定制图表智能展示其科学的分析结果,帮助企业改进加工工艺,提升产品质量,优化车间管理,优化设备维护计划,进而提升设备利用效率,从而降低了因意外情况导致的产品交付延期、质量没有保证等情况,提升了企业面对灵活多变的市场的抗风险能力,为企业进一步实现智能制造打下了坚实的基础。

4.7 案例：街景店车 C2M 工业互联网平台

4.7.1 街景店车 C2M 工业互联网平台背景介绍

"互联网+"协同制造将成为未来智能制造的核心之一，协联网平台具体应满足三个"CM"要素。在前端，通过顾客对工厂（Customer to Manufacture，C2M）模式让消费者组合系统的标准化模块，或吸引消费者参与到设计、生产环节中来；在内部，通过并行制造（Concurrent Manufacture，CM）提升生产组织能力，以柔性化的智能制造来满足海量消费者的个性化定制需求；在后端，通过云制造（Cloud Manufacture，CM）积极调整供应链，使之具备更强的资源整合能力，实现低成本、高效率和短工期。

以往，制造企业一定要通过原料、设备、生产、运输、销售五大环节组织生产制造。而这五个环节是相对固定的，且是不可或缺的。在并行制造时代，这五个环节可以相对独立，变成五个可以动态配置的模块。每个模块都有自己相应的软件系统、物联网感知系统，根据消费者的需求，五个模块可以自行高效整合以满足生产制造的工艺需求。这样除了大幅度缩短工期，还能大幅度降低成本。

传统观点认为，只有等到所有产品设计图纸全部完成后才能进行工艺设计，在所有工艺设计图完成后才能进行生产技术准备和采购，在生产技术准备和采购完成后才能进行生产。并行制造则将各有关流程细化后进行并行交叉，尽早开始各项工作。

通过并行制造，产品设计与工艺过程设计、生产技术准备、采购、生产等各种活动可以并行交叉进行。企业可充分利用信息化和自动化的手段，在产品开发、生产、销售、物流、服务的过程中，借助软件和网络的监测、交流沟通，根据最新情况，灵活、实时地调整生产工艺，而不再完全遵照几个月或几年前的计划，从而有效地大幅度提升灵活性。

未来，除了研发设计，制造业的各工艺流程都将并行化、透明化、扁平化，实现真正意义上的智能制造。并行化的智能制造过程将利用网络世界无限的数据和信息资源，突破物理世界资源有限的约束，这样一来，企业可以一边设计研发，一边采购原材料零部件，一边组织生产制造，一边开展市场营销，从而降低运营成本，提升生产效率，缩短产品生产周期，减少能源使用。

据制造业分类大全，当前中国已拥有 41 个工业大类、207 个工业中类、666 个工业小类，成为全世界唯一拥有联合国产业分类中全部工业门类的国家。而在诸多民营垂直细分领域，普遍存在大而不强的特征：产品同质化程度高，单位生产能耗高，污染严重等。因此，在积极建设自身数字化智能工厂的基础上，企业应进一步打造垂直行业领先的工业互联网平台，这样既可以通过订单拉动产业链的方式优化供应商产品设计、产能结构，提升产品质量，又可以通过共享工厂方式，建立行业区域生产中心，集中降低能耗，对环保设备进行升级改造，产生相应的经济效益与社会效益。

山东地处黄河下游，是中国由南向北扩大开放、由东向西梯度发展的战略节点，在全国发展大局中具有重要地位。山东经济发展取得显著成就，同时也存在发展不平衡不充分等一些突出问题：传统产业基础良好，服务业呈现加快发展态势，但产业结构总体偏重，传统动能仍居主导地位；新产业加速成长，"互联工厂"、个性化定制等新业态、新模式不断涌现，但新产业总量偏小，新动能支撑经济增长的作用仍未充分发挥；去产能有序推进，积极探索破产重组、搬迁升级等有效做法，但化解过剩产能、淘汰落后产能的任务仍然繁重；制度红利逐步释放，发展环境不断改善，但动能转换的动力、活力仍需培育。总体上，山东正处于新旧动能转换、经济转型升级的关键阶段，任务艰巨而繁重。

当前，全球新一轮科技革命和产业变革呈现多领域、跨学科突破的新态势，中国经济已由高速增长阶段转向高质量发展阶段，正处在转变发展方式、优化经济结构、转换增长动力的攻关期。街景店车作为山东新旧动能转换的细分产业的代表企业，目前也正处在结构调整、转型升级的关键期，正逐步实现由提供产品向提供全面解决方案、由制造型企业向"制造+细分产业链服务"型企业转变。其通过开展智能化制造，建设数字化车间，大大降低生产过程中对人的技能的依赖，从而生产更高品质的产品；大幅度提高劳动生产率，加快产品创新速度，提高产品质量和附加值，加快企业转型，显著增强企业的核心竞争力；利用工业互联网、工业物联网、大数据等技术，实现产业链研发协同、制造协同、供应链协同、物流协同等服务，开拓更多的商业机会；将信息技术与现代管理融合，实现企业流程再造、智能管控、组织优化，从而建成数据驱动型企业。

街景店车作为新旧动能转换的垂直行业代表，通过理念革新与产品设计创新，为城市步行街、商业区及景区打造智能移动店铺空间，为城市景观的多样化注入新活力；通过自身的数字化工厂建设及延伸到垂直行业的工业互联网平台的建设，促进落后产能淘汰，带动行业转型升级；从智能产品角度出发进一步打造符合国家标准且具备一定先进性的产品，探索完善科技创新，在重要领域和关键环节取得实质性突破，为全国新旧动能转换提供经验借鉴。

通过建设数字化工厂，简单重复操作岗位的工人数量预计会大幅度减少，制造成本会显著降低。通过应用虚拟验证等先进技术，可降低生产过程中的错误，降低资源损耗。基于新一代信息技术和先进制造技术，以街景店车数字化工厂为实施载体，将数字化贯通全制造过程，以关键制造环节智能化为核心，以网络互联为支撑，通过智能装备、智能物流、MES 的集成应用，可实现街景店车整个生产过程的优化控制、智能调度、状态监控、质量管控，增强生产过程的透明度，提高生产效率，提升产品质量。工业互联网平台可带动产业链上下游中小企业应用工业云，进而对接、整合优势制造资源和能力，实现产业链的协同运作。

4.7.2 街景店车 C2M 工业互联网平台的特色

（1）打造智能移动店铺行业数字化工厂新模式。实现了物流精益化管理、智能调度、多工艺一体化柔性制造、关键资源 M2M 信息交互集成、制造物联环境下的车间生产过程控制与运行优化，并通过数字化手段实现了虚拟产品制造规划与物理生产的深度融合；通过智能感知和信息处理手段构建了信息物理生产系统；关键部件加工过程实现了数控（机器人）化，生产过程和物流过程实现了智能化；通过应用 MES 实现了车间管理透明化，通过集成应用信息系统实现了工位操作无纸化，通过设备联网和传感器技术实现了生产过程实时数据采集，建立了生产控制中心，实现了生产过程的集中可视化管控。

（2）打造从市场 4.0 到工业 4.0 数据流动自动化的新模式（个性化定制+智能制造）。以数字化贯穿产品的全生命周期各环节：数字化设计→数字化分析→数字化工艺→数字化工厂规划→数字化车间（数字化制造）→智能化控制→智能化装备→智能化运维，通过虚拟制造与物理生产的循环迭代，缩短产品研制周期和费用，提高生产效率，提升产品质量，降低制造成本；实现从产品设计到产品交付的全部数据的集中管理，通过产品全生命周期的数据管理，实现数据驱动的制造智能决策支持和企业运营决策支持。

（3）打造垂直细分行业的产业链协同工业互联网平台。面向智能移动店铺产业链协同的工业互联网平台，为核心企业及其协作企业提供了切合实际的业务协同与信息交互解决方案。其中，制造厂为核心企业，协作企业按其协作类型可分为供应商、经销商、服务商、物流商等，协作企业都是围绕核心企业开展业务与进行信息交互的。工业互联网平台将软件服务模块化，企业根据自己的业务需求租用相关工业 App，而无须承担硬件和开发人员成本，只需要接入互联网，即可享受信息化带来的便利，从而成功克服了智能移动店铺产业链上下游企业在产业链协同信息化过程中遇到的困难。

4.7.3 街景店车 C2M 工业互联网平台的先进性

1. 采用面向个性化定制的复杂产品制造模式

街景店车智能移动店铺产品复杂，每个产品有 300 多种零部件，BOM 深度超过 3 层。街景店车制造模式的特点如下：采用多品种、小批量生产的离散生产方式；不同车型根据客户需求具有个性化、多样化的特点，工程变更频繁；属于典型的复杂装备、离散制造、个性化定制、订单驱动的制造模式。通过移动店铺 App，客户只需要以下 5 个步骤便可定制个性化产品。

第一步，选择移动店铺模块。街景店车有超过 100 款产品供客户选择，客户通过店铺的百变造型、多样的门窗款式及门窗的不同位置来选择合适的产品（见图 4-23）。

图 4-23　街景店车款式选择

第二步，选择内部模块。为适应不同行业的需求，街景店车提供各式各样的橱柜设备、电器设备、家具等让客户选择，客户根据经营特点，通过移动店铺 App 摆放适合的设备，模拟经营场景，达到所见即所得的目的（见图 4-24）。

第三步，选择外部模块。为丰富移动店铺的造型，客户可定制个性化灯箱和阳蓬以达到更好的造型效果（见图 4-25）。

第四步，个性化定制涂装。为满足客户个性化需求，移动店铺 App 提供多达 150 款预制涂装设计来适配各店铺造型，供客户快速选择。其有 1000 余款可供自由搭配的素材，可搭配出超过一百万套的个性化涂装设计（见图 4-26）。

第 4 章　智能与数据对制造业的重构——工业大脑 | 145

图 4-24　选择内部模块

图 4-25　选择外部模块

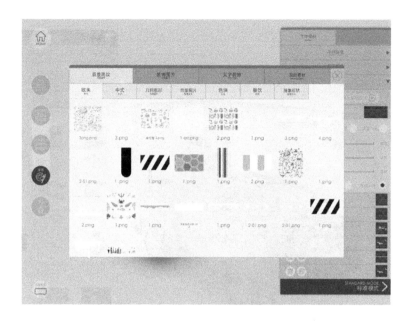

图 4-26 个性化定制涂装

第五步,个性化定制订单生成。在完成店铺造型筛选、内部模块搭配、外部模块美化、个性化涂装设计等一系列定制动作后,移动店铺 App 可自动生成相应的客户订单及生产数据(见图 4-27 和图 4-28)。

图 4-27 报价清单

街景店车通过打通个性化订单平台与数字化工厂的数字化制造平台,管理复杂产品从设计到制造的数据标准和集成规范,建立了核心制造业务流程和标准,实现了数据驱动生产,具有典型的行业特点,代表了复杂装备、离散制造、个性化定制、订单驱动的制造新模式。

图 4-28 确认清单

2. 多工艺复合设计、加工一体化

街景店车将筹划多条加工生产线,包括机器人焊接生产线、机器人门窗打磨生产线、内部物流 AGV 传送等,这些生产线有效地组合,构成了街景店车的智能化生产车间,使其具有典型的多工艺复合加工特点,能够在类似产品中进行有效示范。

3. 新一代信息技术打造数字化工厂

智能移动店铺生产过程中将大量采用数控加工中心、机器人、物流输送设备等智能装备,通过 RFID、智能传感、物联网、NB-IoT 等技术,实现数据采集、物料追踪、质量控制。利用大数据平台对街景店车制造、运维过程中的产品质量、惯性问题进行分析预测,可提高产品品质。通过信息系统与生产过程的融合,将订单数据、制造数据下发到现场,将生产现场数据采集到生产指挥中心,可提高企业生产过程的透明化。

街景店车的企业个性化制造流程如图 4-29 所示,其以数字量贯穿产品的设计、生产全生命周期。在 App 提交订单后,各环节会统一把订单汇总到 ERP 系统里面,由 ERP 系统做出物料需求计划及主生产计划,同时给 MES 下达生产订单(见图 4-30)。

MES 通过订单管理模块识别是个性化定制订单还是常规生产订单(见图 4-31),如果是个性化定制订单,PMC 会给研发统一下达设计任务,研发通过研发管理模块给出设计图纸,包括底盘设计、布局设计、电路设计等,同时通过图文档管理模块(见图 4-32)直接给产线工位下发 SOP、电子作业指导书。

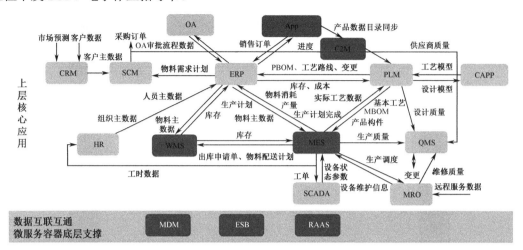

图 4-29　街景店车的企业个性化制造流程

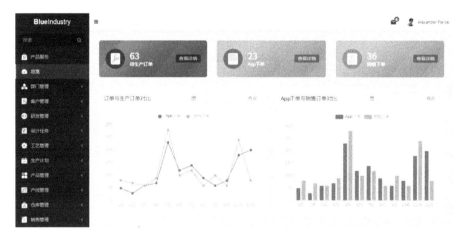

图 4-30　物料需求计划及主生产计划

图 4-31　订单管理

图 4-32　图文档管理模块

定制化的研发任务完成后,研发助理将相关设计图纸、作业指导书上传到 MES,然后 PMC 根据生产情况给产线下发生产任务。产线目录管理模块如图 4-33 所示。

图 4-33　产线目录管理模块

相关的工序进度可以在 MES 统一查看和管理(见图 4-34)。

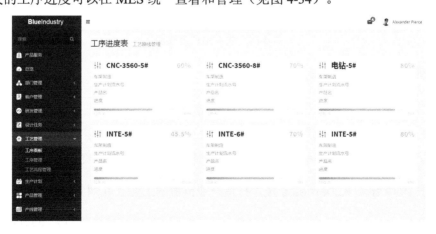

图 4-34　工序进度表

每道工序完成相关生产任务后，就可以通过放置在工位旁边的工控一体机报工把相关任务完成状态发送给 MES（见图 4-35）。

图 4-35　发送任务完成指令

通过实时工序订单状态的反馈，所有在生产中的个性化定制订单，都可以通过生产中订单模块（见图 4-36）来查询个性化定制全流程的生产状态。

图 4-36　生产中订单模块

4. 实现虚拟制造与现实制造的融合

通过建立街景店车车间数字化工厂模型，可在虚拟生产环境中进行试生产，从而对生产线产能、物流路径、工艺装配过程进行验证和优化，并通过虚拟制造与物理生产的循环迭代，减少产品试制错误，缩短产品的试制周期，降低制造成本（见图 4-37）。

5. 基于 Docker 和 Kubernetes 技术打造产业链协同工业互联网 PaaS 平台

PaaS 平台是基于全新一代移动互联网技术，通过平台化和组件化的方式帮助企业快速、低成本地进行数字化转型的基础 IT 平台。PaaS 平台允许开发人员创建和提供任何种类的业务应用程序，完全按需服务。街景店车作为细分行业的龙头企业，以工业互联网 PaaS 平台作为产业协同的载体，通过平台开展业务，向智能移动店铺制造企业及其协作企业提供协同设计、协同制造、协同采购、协同物流等多种工业 App 服务，从而带动产业链上下游中小企业应用工业云，对接、整合优势制造资源和能力，实现产业链的协同运作。

图 4-37　虚拟制造与物理生产的循环迭代

4.7.4　街景店车 C2M 工业互联网平台的实施效果

街景店车将建成智能移动店铺细分行业国际一流的数字化工厂，建成国内最先进的核心部件制造基地，全面提升公司的核心竞争力。相关技术成果和智能装备将在移动店铺行业内得到快速推广，并辐射到产业链，带动信息通信、电力电子、材料、机械制造等多个技术领域的产业升级。

街景店车是移动店铺领域的领先企业，产品出口到多个国家，并且计划未来在迪拜、埃及、马来西亚等多个国家建设研发或制造基地，输出工业互联网平台工业 App 及数字化工厂自动化产线和成套装备。街景店车 C2M 工业互联网平台的实施，可以有效提升中国制造的品牌形象及竞争能力，形成良好的示范效应，也可以对同行业乃至跨行业制造业起到良好的示范作用。

4.7.5　街景店车 C2M 工业互联网平台的经验

在推进工业互联网的过程中，街景店车有以下四条经验值得借鉴与推广。

（1）通过互联网思维实现客户与工厂的直接对话、实体经济与虚拟经济的有机结合。

（2）通过数据库技术实现个性化定制规模生产，满足大规模的差异化需求。

（3）通过数字化仿真实现数字化工厂的柔性生产模式。

（4）生产环节多维度融合，实现人、机、料、法、环的连接。

4.8 案例：煤矿大脑

4.8.1 背景介绍

能源与人们生活和社会经济息息相关，是人们生活的物质基础和社会经济发展的源动力，保证能源的有效利用和可持续利用对于现代社会经济发展具有重要意义。

中国是世界上能源生产和消费大国，虽然目前能源工业取得了巨大的成就，但这些成就主要依靠大量消费能源资源和粗放的发展模式取得，这种粗放的发展模式使我们原本就短缺的能源资源和脆弱的生态环境面临更大的压力，同时，一些安全生产事件的发生给企业带来财产损失，甚至危及工人人身安全。

在全球，煤炭、石油和天然气是三种主要的化石燃料，但人们对这些需求的增速各有不同，其中，石油占比最高，达到了33%；煤炭占比为28%；天然气占比为24%。在亚洲，煤炭占亚洲能源结构的50%左右，其凭借低廉的价格和充沛的储量将继续成为未来最重要的能源来源之一。

在过去数十年的经济快速发展中，中国能源结构的合理性与全球平均水平还有相当的差距（见图4-38）。而中国能源结构中占比最高的是污染最严重的煤炭，煤炭消费占比为62%，天然气消费占比只有6%。作为目前全球第二大能源，展望期内，煤炭仍将是中国能源结构的重要组成部分。

1. 煤炭的价值

煤炭被誉为黑色的金子、工业的食粮，它是18世纪以来人类世界使用的主要能源之一。进入21世纪以来，虽然煤炭的价值大不如从前，但目前和未来很长的一段时间内，煤炭还是人类生产和生活必不可少的能量来源之一。煤炭的供应也关系到中国的工业乃至整个社会方方面面的发展，煤炭的供应安全问题也是中国能源安全中最重要的一环。

煤炭的用途十分广泛，常见的用途如下。

（1）发电用煤：中国1/3以上的煤用来发电，平均发电耗煤约为标准煤370g/（kW·h）。电厂利用煤的热值，把热能转变为电能。

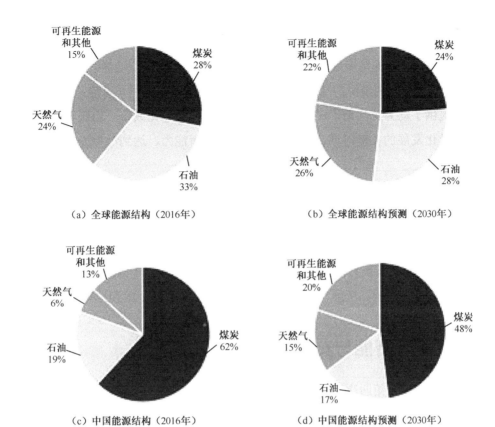

图4-38 中国能源结构与世界能源结构的差异

资料来源：英国石油数据、星海银行。

(2) 蒸汽机车用煤：占动力用煤量的3%左右，蒸汽机车锅炉平均耗煤指标约为100kg/(10000 t·km)。

(3) 建材用煤：占动力用煤量的13%以上，水泥用煤量最大，其次为玻璃、砖、瓦等。

(4) 一般工业锅炉用煤：除了热电厂及大型供热锅炉，一般企业及取暖用的工业锅炉型号繁多，数量大且分散，用煤量约占动力用煤量的26%。

(5) 生活用煤：数量也较大，约占燃料用煤量的23%。

(6) 冶金用动力煤：主要为烧结和高炉喷吹用无烟煤，其用量不到动力用煤量的1%。

(7) 炼焦煤：主要用途是炼焦炭，焦炭由焦煤或混合煤高温冶炼而成，焦炭多用于炼钢，是钢铁等行业的主要生产原料，被喻为钢铁工业的基本食粮。

2. 煤炭行业发展现状

煤炭行业面临大好的发展形势：煤炭在能源中的基础地位不可动摇；产业政策有利于煤炭行业的健康发展；宏观经济的高速发展为煤炭需求持续增长提供了可能；技术创新为煤炭行业的发展提供了动力。当前，中国煤炭工业正处于全面深化改革、加快转变经济发展方式、实现科学化发展的关键时期，也处于提高自主创新能力、达到世界先进采煤水平的重要机遇期。

中国煤炭企业正处于从劳动密集型向技术密集型转变的初级阶段。中国煤炭资源丰富、品种齐全、分布广泛，但与先进国家相比，煤田地质构造复杂，自然灾害多，资源开发基础理论研究滞后，安全高效开采和清洁高效利用关键技术亟待提高，采煤技术装备自动化、信息化、可靠性程度低，煤炭行业持续发展面临诸多挑战。因此，中国急需一些手段来完成煤炭行业探测、掘进、运输、运维、管理等各生产环节的自动化、数字化和智能化。

4.8.2 人工智能与安全生产

人工智能正在推动第四次工业革命，它将提升能源行业的预测能力，优化其生产力和管理能力。煤炭生产是事故易发的高危行业，全面引入人工智能技术，从根本上解决人员伤亡问题是当务之急，也是利国利民的重大举措。有针对性地研究开发煤炭行业的人工智能技术，对尽快实现井下作业智能化、无人化，对从根本上解决煤炭行业人员伤亡问题有极其重要的作用，同时，人工智能技术的引入具有深远的前瞻性、探索性和战略性意义。

应在煤炭行业推广人工智能技术，普及人工智能知识，创新人工智能服务，通过人工智能的手段，彻底解决煤炭安全生产的根本问题，并全面推动煤炭行业人工智能化进程，掀起一场产业化革命，为推动行业转型升级提供新引擎。精英数智与华为、中国煤炭科学研究院（以下简称煤科院）于2019年4月在福州共同提出了"煤矿大脑"——煤炭安全生产人工智能整体技术解决方案，这标志着它们将共同致力于推动人工智能能在煤炭行业的发展，实现国家安全生产目标，并为推动中国煤炭行业转型升级做出积极贡献。

4.8.3 煤矿大脑简介

煤矿大脑是基于云计算、大数据和人工智能技术，为煤炭行业安全生产态势感知提出的一套完整的解决方案，具体如下。

（1）基于云平台的PaaS框架，依托云计算、云存储等虚拟化技术，加快各种针对智能矿山应用的开发、部署和服务化，从而方便各项业务的管理。

(2）基于大数据技术，提供海量矿山传感器数据（温度、湿度、瓦斯量）的快速流转、多数据类型汇聚，以及低价值密度数据的融合和存储功能。

(3）基于人工智能技术，对矿山各种作业场景中的音频、视频及传感器数据进行实时分析，完成机器运行状态监测、人员操作合规判断、工作进度量化、环境指标预测等各种业务的数字化和智能化。

4.8.4　煤矿大脑的系统架构

煤矿大脑率先提出云、边、端的架构体系，实现了各项业务的时间灵活性和空间灵活性，以及计算、网络、存储等各种资源的虚拟化与弹性按需调度，具体如下。

1. 在云侧

(1）进行训练集制作与管理，以及各种人工智能模型的训练及管理。

(2）进行 AI 识别任务的下发、状态监控及安全生产态势分析与展示。

2. 在边侧

(1）业务镜像化：将模型的运行环境（操作系统、必要库文件及其他软件）与模型一起制作成统一的镜像文件，从而简化了业务部署，标准化了模型运行环境，方便了管理，提高了模型的移植性。

(2）任务容器化：以容器的方式运行 AI 识别任务，从而保证了应用程序与资源的独立性，提高了资源的有效性和业务的安全性。

3. 在端侧

(1）通用智能：提出了 AI Agent 框架、标准化模型、权重、任务及推理的输入与输出流程，以流水线的方式完成了不同业务场景的 AI 识别。

(2）智能终端：除了基于英伟达 RTX 消费卡和企业级 Tesla 计算卡，智能终端还将各种机器学习模型移植到华为 Atlas200、英伟达 Tx2 和 Xavier 智能计算平台上，极大地扩展了智能终端的应用范围。

煤矿大脑的系统架构如图 4-39 所示。

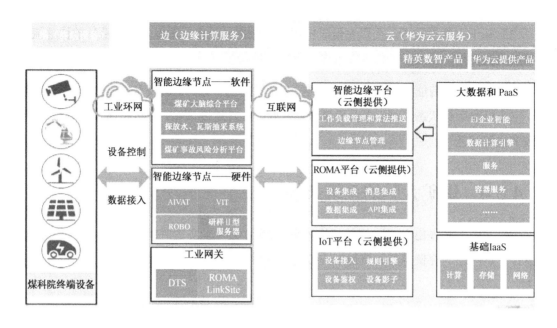

图 4-39 煤矿大脑的系统架构

4.8.5 煤矿大脑的典型应用

1. 勘探系统

近年来，中国煤炭行业迅速发展，对勘探技术及其管理工作提出了更高的要求。实践中，智能地质勘探技术已在煤矿领域广泛应用，尤其在煤层薄、稳定性差、地质构造复杂的矿井，智能地质勘探技术将起到重要作用。影响矿井安全的因素非常多，目前，中国煤炭行业尚未建立一套科学、高效的地质勘探安全防范措施，一旦发生安全事故，后果不堪设想。因此，煤炭资源开采前应对井田地质条件进行全面勘探。煤层中一般含有瓦斯和水等物质，瓦斯含量在很大程度上决定了可能产生的影响。瓦斯一旦泄漏或爆炸，产生的后果非常严重。水害同样会给矿井人员带来伤亡，给生产带来巨大的损失。

在生产中，为了预防和应对瓦斯事故与水害事故的发生，应明确瓦斯和水的分布情况，这样才能够做好预防措施。工作面超前勘探技术在挖煤机挖井前，采用向掘进方向不同角度打孔的方法对瓦斯量、水量的情况进行探测，是一项比较简单有效且广泛使用的探测技术。然而，探测会给矿企带来额外的人力和物力成本，同时井下环境极其艰苦，导致不探、少探的情况时有发生，这给安全生产带来重大隐患。针对探测工作面临的问题，煤矿大脑智能勘探分析系统（见图 4-40）基于计算机视觉技术，通过工作面机器运行轨迹、人员姿势和轨道物体等视觉特征，对整个探测过程进行实时监控与分析，不但有效地降低了监管成本，而且准确率甚至超过了人类。

图 4-40 智能勘探分析系统

2. 掘进系统

掘进是矿井生产中最关键的环节之一。在生产中,挖煤机的工作状态、人员操作的规范性都将影响生产安全。掘进现场空间小、环境复杂,人员违规操作行为时有发生。煤矿大脑智能掘进监控系统基于图像识别技术,对人员行为进行实时分析,当发现特定禁入区有人员进入,或者操作不规范(未正常支护)时,产生实时警示[见图4-41(a)]。影响挖煤机正常工作的一个常见问题是挖到坚硬的岩石,现有解决方法主要通过在挖煤机的掘进齿上安装温度传感器,让操作员通过观察温度的变化来粗略判断挖煤机前面煤层的状况,然而温度传感器受环境的影响非常大,导致准确率非常低。煤矿大脑智能掘进监控系统基于音频、响度和波形等特征,使用机器学习方法实时对掘进现场发出的各种声音进行识别,对挖到岩石等发出的异常声音进行警示[见图4-41(b)]。

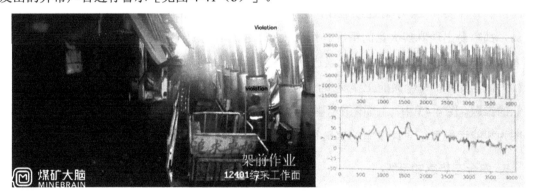

(a)AI 模型检测到有人员出现在禁入区　　(b)通过响度、音频变化判断是否挖到岩石

图 4-41　智能掘进监控系统

3. 运输系统

皮带作为矿井下最主要的运输工具,对生产的顺利进行起到了至关重要的作用。数十段皮带构成了井下高速公路,并消耗了整个矿井70%以上的电力资源。然而,皮带在运行过程

中会有多种异常情况发生：皮带跑偏、皮带上有异物（大矸石、锚杆甚至人）、皮带长期空转、皮带头堆煤及人员违规等。针对皮带运输系统的问题，煤矿大脑智能运输监控系统基于目标跟踪、目标检测、帧差检测等人工智能技术，对皮带运输系统的运行状态进行实时监控。图 4-42（a）为智能运输监控系统使用目标跟踪技术实时地对皮带是否跑偏进行分析；图 4-42（b）为堆积检测模型发现皮带机头出现堆积现象并产生报警。经过研发人员的不断攻关，该堆积检测模型识别的准确率达到 95%以上，模型识别的时延小于 30ms。

（a）对皮带是否跑偏进行分析　　（b）发现皮带机头出现堆积现象并产生报警

图 4-42　智能运输监控系统

4. 运维系统

在矿井，80%以上的安全生产事故都与人的疏忽大意有关，如井下有 3000 工人在作业，井上只有 30 人在调度室对数百个摄像头传来的机器运行状态和人员行为视频进行监视。在这种情况下，一方面，摄像头众多，存在人员监控不过来、漏检、监视不及时等问题；另一方面，矿井需要 7×24 小时连续运作，这对人的身体挑战非常大，无论是井上人员还是井下人员，都容易出现麻痹大意的情况。煤矿大脑智能运维系统基于姿态识别和目标检测技术，将人体姿势、方向、机器位置等元素进行关联分析，结合场景实时分析得出有效的巡检或值班行为，客观评价每个人的工作质量，从而解决了监管时难以量化人员是否在场、是否认真作业的难题。图 4-43 中，上面两个子图为智能运维系统对工人巡检质量进行评估，下面两个子图为智能运维系统对调度室的值班行为进行实时分析并对其值班质量进行量化。

5. 安全态势感知系统

煤矿大脑安全态势感知系统基于人工智能技术对听觉（声音传感器）、视觉（视频传感器）、嗅觉（气体传感器）、触觉（压力传感器）数据进行实时分析与警示。为更好地、实时地掌握整个矿井的安全生产态势，该系统采用多元异构数据汇聚融合体系，并使用机器学习模型对融合后的数据进行实时的安全态势分析。如图 4-44 所示为安全态势感知系统。

图 4-43 智能运维系统

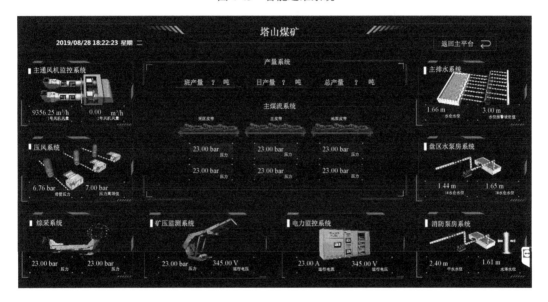

图 4-44 安全态势感知系统

4.9 案例:基于数字孪生的汽车白车身轻量化设计

4.9.1 背景介绍

汽车白车身轻量化对汽车节能和环保都具有重要的意义。据统计,客车、轿车和多数专用汽车车身的质量约占整车自身质量的 40%~60%[3]。统计表明,汽车的质量和燃油消耗之间存在密切的关系,整车质量减轻 10%,燃油消耗将降低 6%~8%[4,5]。汽车白车身轻量化是在保证汽车的刚度性能、被动安全性能、NVH 等性能提高或不降低的前提下,通过结构的优化设计、轻量化材料的应用、合理的制造工艺等手段来降低汽车的整车质量,从而达到节能减排的目的[6]。

目前,白车身轻量化的途径多为采用高强与轻质材料、减薄板类零件壁厚,以及以质量最小为目标、以车身振动频率或刚度为约束进行单目标优化设计[7],而对于车身结构的其他性能,如碰撞安全性、强度等,一般只将其作为验算对象,这导致优化方案中的这些性能很差,致使设计部门无法采纳,从而在设计上浪费大量的时间和精力。

4.9.2 技术路线

树优公司基于有限元技术建立了某 SUV 车型的产品数字孪生仿真分析模型,对模态(1 阶弯曲、1 阶扭转)、刚度(弯曲刚度、扭转刚度)、40%偏置碰和侧碰等学科性能进行精确预测。

在数字孪生仿真分析模型基础上,树优公司进一步构造白车身轻量化优化问题,以白车身零件的板厚和材料为设计变量,根据白车身自身性能特点将其分成不同的优化区域,分别进行不同工况的优化。根据零部件对白车身刚度、模态、碰撞安全性的影响,将白车身分成前、中、后三个区域,分别以 A 柱、B 柱和 C 柱作为分界线,B 柱之前为前区,B 柱和 C 柱之间为中区,C 柱之后为后区。其中,前区对正碰、偏置碰性能影响大;中区对侧碰性能影响大。其偏置碰性能已非常接近设计要求边界,而侧碰性能尚有较大的优化空间。在变量选择时,以中区和后区的零件为主要优化对象,适当选择前区的零件、板厚和材料作为设计变量。其中,刚度、模态板厚变量有 31 个;偏置碰板厚变量有 11 个、材料变量有 5 个;侧碰板厚变量有 9 个、材料变量有 6 个(见图 4-45)。

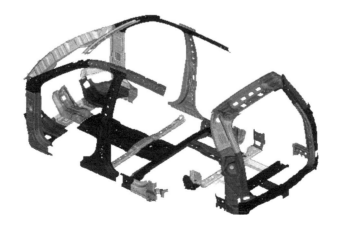

图 4-45　设计变量零件

目标函数定义为白车身质量最小，定义的约束条件如表4-4所示。

表4-4 约束条件

性　　能		约束条件
模态	1阶扭转/Hz	>37
	1阶弯曲/Hz	>50
刚度	扭转/（N·m/deg）	>11500
	弯曲/（N/mm）	>15000
40%偏置碰	侵入加速度/g	<45
	Dash侵入量/mm	<180
	A-Pillar侵入量/mm	<30
	Steering X 向侵入量/mm	<100
	Pedal X 向侵入量/mm	<100
侧碰	B-Pillar侵入速度/（mm/s）	<7.5
	B-Pillar Upper侵入量/mm	<50
	B-Pillar Mid侵入量/mm	<140
	B-Pillar Lower侵入量/mm	<170

由于白车身多学科仿真计算时间较长，优化问题具有明显的非线性和不确定性，优化时选择基于"试验设计-近似模型-全局优化"的优化策略搜索最优解，同时根据刚度、模态和碰撞安全性的仿真计算时间不等的特性，将刚度、模态和碰撞安全性的变量分开选择、分步优化，最后综合考虑刚度、模态和碰撞安全性的敏感度分析结果，进行方案细化，最终实现白车身轻量化设计（见图4-46）。

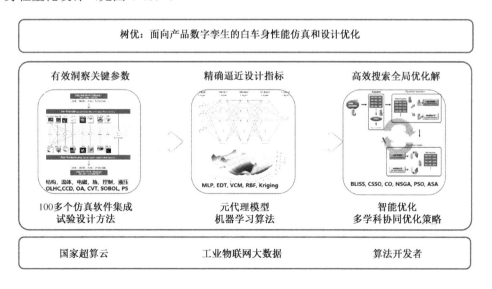

图4-46　树优公司构建的白车身轻量化设计仿真优化平台的技术路线

基于白车身数字孪生仿真分析模型和智能优化技术，开展白车身轻量化减重的技术路线如下。

（1）设计变量确定：由于零件板厚、材料对碰撞安全性都有影响，故根据白车身不同区域，选择不同车身区域的零件板厚和材料作为设计变量。

（2）仿真流程集成：基于树优公司提供的智能设计仿真优化平台UniMDE，以及集成刚度、模态、偏置碰和侧碰的Ls-Dyna/Nastran等仿真计算工具，实现多方案自动化计算。

（3）敏感度分析：基于试验设计统计方法，用尽可能少的仿真次数获取设计变量与响应变量之间的规律和关系，辨识最关键的设计变量以降低优化的难度和时间开销。

（4）代理模型构建：基于试验设计获得的样本库，运用神经网络等近似建模方法，建立设计变量与响应变量之间的数学表达，对响应函数进行平滑处理，降低"数值噪声"，从而更快地收敛到全局最优点。

（5）全局搜索优化方案：基于代理模型，运用进化差分和序贯优化等混合启发式智能优化求解策略，快速获得优化方案。

（6）方案验证和调整：基于仿真分析模型进行方案验证，并在刚度、模态近似优化方案的基础上，根据各性能指标的敏感度调整方案，最终确定优化设计方案。

4.9.3 应用成效

某汽车公司基于树优公司的白车身轻量化设计仿真优化平台，开展某SUV白车身轻量化优化设计，成功实现了对49个零件厚度和材料的优化，优化后的偏置碰安全性得到了较大改进，减重11.93kg，预计节省制造成本上千万元[8]。

对SUV白车身轻量化优化方案进行性能验证，结果显示，优化后的白车身设计方案在刚度、模态、安全性、强度、IPI和NTF等各项性能指标上均满足设计要求（见表4-5）。实践表明，在SUV车身研发过程中，基于数字孪生的仿真优化是行之有效的轻量化设计方法。

表4-5 优化方案性能指标

性	能	设计要求	初始方案	优化方案	与初始方案比较
质量/kg			386.78	374.85	-3.08%
模态	1阶扭转/Hz	>37	37.19	36.87	-0.86%
	1阶弯曲/Hz	>50	49.77	49.63	-0.28%
刚度	扭转/(N·m/deg)	>11500	11709.20	11554.86	-1.32%
	弯曲/(N/mm)	>15000	15505.38	15419.71	-0.55%

续表

性　能		设计要求	初始方案	优化方案	与初始方案比较
40%偏置碰	侵入加速度/g	<45	38.02	43.16	13.52%
	Dash 侵入量/mm	<180	157.23	151.36	-3.73%
	A-Pillar 侵入量/mm	<30	13.33	16.03	20.26%
	Steering X 向侵入量/mm	<100	85.36	74.45	-12.78%
	Pedal X 向侵入量/mm	<100	101.98	89.99	-11.76%
侧碰	B-Pillar 侵入速度/（mm/s）	<7.5	6.6	6.6	0.00
	B-Pillar Upper 侵入量/mm	<50	23.11	25.1	8.61%
	B-Pillar Mid 侵入量/mm	<140	60.19	63.1	4.83%
	B-Pillar Lower 侵入量/mm	<170	32.12	34.8	8.34%

4.10　案例：科思通智慧仓储物流解决方案

4.10.1　科思通智慧仓储物流解决方案概述

由于电子商务的迅猛发展及智慧仓储物流举足轻重的作用，各大电子商务巨头纷纷布局智慧仓储物流，美国的亚马逊、中国的京东等都发展了比较成熟的智慧仓储物流解决方案。然而，作为融合了多种智能技术的行业，从全球的市场状况来讲，智慧仓储物流仍有巨大的发展空间。基于多项相关技术应用和研发积累，科思通形成了更加完整的智慧仓储物流解决方案，其核心亮点如下。

（1）完整的自主技术组合：包括多线程模块规整技术（Multithreading Module Normalization Technology，MMNT）、底层视觉检测 VDT（2D/3D）技术、AI 软件引擎技术和精准定位移载技术（PPTT）。

（2）技术在多种场景验证：底层视觉检测 VDT（2D/3D）技术、AI 软件引擎技术和 PPTT 等已经在自动质量检测、芯片自动刻录、自动滚边机等场景验证。

（3）颠覆性技术——MMNT：MMNT 指对完全开放、任意规格和大小的模块与对等任意规格和大小的空间进行最佳、最优化的放置的技术，这是智能化领域难度极大、最前沿的基础技术之一，其将仓储物流智能化程度提升到新高度。

4.10.2 科思通智慧仓储物流解决方案详解

1. 立体仓库布局

立体仓库主要由立体仓库货架、穿梭小车、出库升降机、入库升降机和出入库作业区构成（见图4-47）。

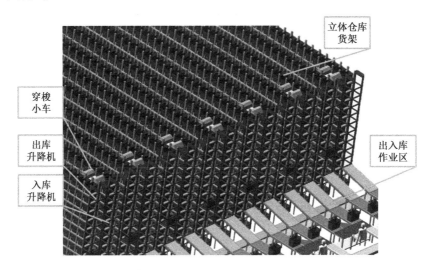

图4-47 立体仓库布局

2. 入库流程

1）转箱供应流程

操作人员在终端设置空周转箱入库指令，穿梭小车移动，将空周转箱搬至巷道口输送机上，入库升降机衔接空周转箱送至地面供箱线，再输送至换箱工作台。

2）来料纸箱输送流程

操作人员将来料纸箱投入输送线，纸箱被输送分配至各巷道缓存线，之后纸箱由缓存线输送至换箱工作台。

3）换箱后入库流程

操作人员拆开来料纸箱，将纸箱内的原料拿出装入周转箱，并进行扫码绑定动作；换箱完毕后，空纸箱放置身后等待专人处理；操作人员按下完成按钮，装箱完毕的周转箱输送至入库升降机处；入库升降机将周转箱送至对应库层，再由穿梭小车接驳送至对应库位储存；系统更新数据，作业完成。

3. 出库流程

1）周转箱出库流程

操作人员在终端设置周转箱出库指令,穿梭小车移动,将空周转箱搬至巷道口输送机上,出库升降机衔接周转箱送至地面供箱线,再输送至换箱工作台。

2）空周转箱/余料回库流程

拣选打包后产生的空周转箱/余料,由操作人员放置于回库口;操作人员按启动按钮,空周转箱/余料输送至入库升降机处;入库升降机将空周转箱/余料送至对应库层,再由穿梭小车送回原库位储存;系统更新数据,作业完成。该流程的入库作业示意如图4-48所示。

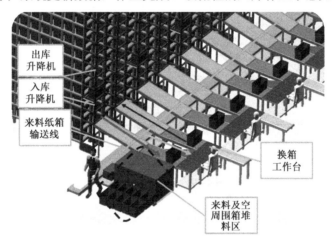

图 4-48 空周转箱/余料回库流程的入库作业示意

4. 分拣装箱流程

1）原料流出流程

操作人员从周转箱中取出相应的原料,并放入原料传送带上;原料传送带将原料传入"U"形传送带。

2）装箱流程

原料经过工位前的固定式扫码枪,扫码枪触发扫码,系统判断其是否为此工位需要的原料;相应工位的机械臂将原料装入纸箱内;装满后,纸箱流出,装箱机自动封箱打码。

分拣装箱流程如图4-49所示。

该解决方案连接了很多自动设备,通过MES、WMS等系统来控制管理,各环节相互兼容,相互协作,根据仓储物流特有的工作流程来实现物流的自动化生产。该解决方案的实践刚刚开始，随着其不断自动化、模块化、平台化、智能化，其可支持资源管理，并可及时追踪储运配信息和主动推送信息，实现物流、商流、信息流、资金流同步，同时实现业务、财务一体化管理，从而使供应链各节点管理透明化，管理效率更高，成本更低，客户满意度更高，风险更低，仓储空间的设计也将改变和标准化。

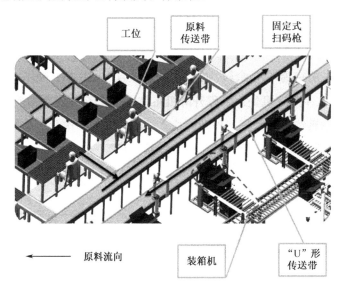

图 4-49　分拣装箱流程

4.11　工业大脑的机会和趋势

1. 智能制造重塑产业生态

智能制造系统层级从装备/产线数字化、车间/工厂智能化，向企业智能化和产业链协同升级迭代，其创新模式向个性化、协同化、众创化方向发展。将工程、制造和维护作为单一数据源对制造的全系统、全过程进行建模，将形成数字化企业系统，该系统可服务于产品生命周期的每个阶段。技术更新周期缩短，从智能维度来讲，资源要素、系统集成，向互联互通、信息融合转化，创新速度加快，研发手段虚拟化、网络化。在这些趋势的推动下，现有工业体系会逐步瓦解、重构，新的制造模式、组织方式、产业形态等大量涌现，形成新兴业态，进而使传统制造业的以产品和生产为核心的商业模式向以消费者为核心、以生产加服务的商业模式转变，产业竞争从单一环节向产业的生态竞争转变（见图 4-50）。另外，以共享经济模式为代表的无工厂的制造商和微型跨国公司也正在逐步崛起。

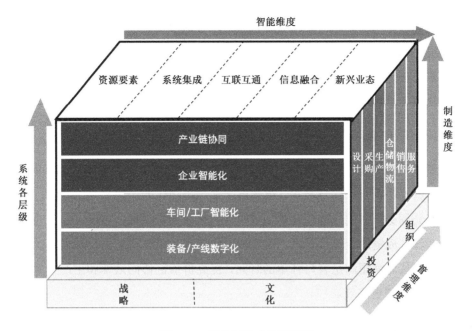

图 4-50 智能制造成熟度模型

资料来源：DELL。

2. 服务型制造的兴起

企业应该从观念、技术、商业模式方面进行改造，使其不只是产品生产者、服务提供者，而且通过产品与服务，与客户建立"强关系"，形成 C（客户）直接驱动 M（工厂）的商业模式及 O2O 销售方式。服务以各种形式融入制造业研发设计、生产制造、经营管理、销售运维等环节，有价值创造的地方就有服务形态的出现。

3. 网络及平台的构建

通过虚拟网络-实体物理系统，整合职能机器、存储系统和生产设施，通过物联网、人工智能、云计算等信息技术与制造技术的融合，构成制造物联网，实现软硬件的全系统、全生命周期、全方位的感知、互联、决策、控制、执行和服务化，使入场物流配送、生产、销售、出厂物流和服务实现泛在的人、机、料、法、环信息的集成、共享、协同与优化。通过整合资源而不是一体化或简单交易，以开放、共享、互利、对等、协作的方式与合作伙伴形成利益共享平台。以公共服务平台为载体，通过虚拟化、服务化和协同化，汇聚分布异构的制造资源和制造能力，在制造全生命周期的各阶段，根据用户的需求，实现及时低成本的服务，实现资源的自动化、高质、高效对接。

4. 创新模式的开放

C（客户）直接驱动 M（工厂）的商业模式的引入，使客户更加追求个性化。于是，除了客户，供应商、合作伙伴等利益相关者也越来越多地参与企业的价值创造活动，即形成了群体创造。群体创造以开放的平台聚合客户、供应商、合作伙伴及员工的智慧，可发挥企业内部和外部群体创造的力量，使来自不同头脑的思想和智慧相互碰撞，迸发出工业经济时代无法想象的力量，形成制造业转型升级的重要依据。

5. 供应链的实时管理

供应链管理是一个复杂、动态、多变的过程，供应链管理更多地应用了物联网、互联网、人工智能、大数据等新一代信息技术，更倾向于使用可视化的手段来显示数据，以及采用移动化的手段来访问数据；供应链管理更加重视人机系统的协调性，实现人性化的技术和管理系统。企业通过供应链的全过程管理、信息集中化管理、系统动态化管理来实现整个供应链的可持续发展，从而缩短满足客户订单的时间，提高价值链协同效率和生产效率，进而使全球范围的供应链管理更高效。

6. "数据工程师"走上岗位

智能制造的快速推进带来了对人才的巨大需求。随着数字化研发设计管理工具的普及，从业人员需要具备应对工业 4.0 的基本素质，对 CAD（计算机辅助设计）、CAM（计算机辅助制造）、CAE（计算机辅助工程）、CAPP（计算机辅助工艺过程设计）、MES（制造执行系统）、ERP（企业资源计划）系统等工具的运用已经成为对从业人员的基本能力要求。一些传统岗位在生产中的作用将逐渐弱化，甚至消失，而数字化建模、逆向造型、精密测量与检验等岗位将越来越重要。

7. "工业大脑"理念的转变

智能制造的推进引发了以下一系列的理念转变：

（1）从规模化的标准产品向规模化的个性产品转变；

（2）从专注产品向服务及体验转变；

（3）从产品和服务向技术融合转变；

（4）企业的形态转变：企业内部更加扁平化，企业之间更加协同化；

（5）发展的前瞻性转变：以智能化及网联化为目标，为未来科技创新留出了足够的空间。

总之，智能与数据重构了制造业，赋予其类似大脑的功能。在技术和创新的引领下，制造业未来具有丰富的发展空间，人们对制造业充满了期待！

参 考 文 献

[1] Bernard M. Why Everyone Must Get Ready For The 4th Industrial Revolution[EB/OL]. [2016-04-05]. https://www.forbes.com/sites/bernardmarr/2016/04/05/why-everyone-must-get-ready-for-4th-industrial-revolution/#5de3b5a63f90.

[2] 人工智能学家. 智能制造和智能装备的核心问题和发展趋势[EB/OL]. [2018-08-06]. https://www.docin.com/p-2146717383.html.

[3] 钱德猛，梁林. 某轿车白车身的轻量化设计研究[J]. 合肥工业大学学报（自然科学版），2009, 11(32): 191-193.

[4] 马鸣图，路洪洲，李志刚. 论轿车白车身轻量化的表征参量和评价方法[J]. 汽车工程, 2009, 31(5): 403-439.

[5] 朱鹏，张新超，杨笠，等. 基于模态和刚度灵敏度分析的白车身轻量化研究[J]. 上海汽车, 2015, 4: 30-34.

[6] 刘开勇. 基于响应面模型的白车身轻量化优化方法[D]. 长沙：湖南大学, 2016.

[7] 季枫，王登峰，陈书明，等. 轿车白车身隐式全参数化建模与多目标轻量化优化[J]. 汽车工程, 2014, 36(2): 254-258.

[8] 占华，方立桥，赖宇阳. PIAnO 在白车身轻量化设计上的应用[J]. 计算机辅助工程, 2018, 27(3): 29-34.

第 5 章 智能与数据对出行的重构——智慧出行

- 智慧出行的含义
- 智慧出行的发展
- 智能驾驶技术的内涵
- 智能驾驶的分类
- 智能驾驶的原理
- 智能驾驶的意义
- Mpilot 智能驾驶方案
- 智慧机场 AET 案例
- 江苏 W 市智慧停车案例
- 智能交通案例
- 无人驾驶公交
- 智慧出行的挑战和展望

衣食住行是人们日常活动的主要内容，智能与数据同样会对出行产生影响，形成新的出行模式，使百年汽车产业面临重大变革，智能化、网联化、电动化、共享化将成为汽车产业的发展趋势。智能网联汽车及其核心功能——智能（自动）驾驶技术已经成为世界车辆工程领域研究的热点和汽车工业增长的新动力。需要说明的是，智能驾驶技术及自动驾驶技术是同一概念，只是智能驾驶技术突出的是技术内核，而自动驾驶技术体现的是现实感受。自动驾驶将给大出行、大物流和乘客经济三大万亿元产业带来变革。按照空间分布，出行可以分为市内出行、城际出行等；按照频次，出行则可以分为高频出行、低频出行等，如通勤是高频出行，而旅游、度假属于相对低频的出行。从广义角度来讲，智慧出行涉及很多方面，包括辅助驾驶、无人驾驶、智慧交通、智慧停车等，其高度融合了物联网、5G、大数据、人工智能等技术，具有非常好的应用场景，同时，其节能环保并能提升出行安全，因此，其具有重大的社会意义。

5.1 智慧出行的含义

介绍智慧出行之前先介绍出行。出行的主要内容之一是客运，它更多的是把乘客作为一种运输对象，重点考虑的是运输的可达性、经济性，其往往是对公共运输系统来讲的，是从运力相对紧张的运输系统出发的，而对乘客的身心感受关注不够，乘客也不能参与运输过程中的互动。而出行本身则强调了人的主动性，人不仅可以选择出行方式、出发时间、路径等，甚至可以在途中灵活调整。在越来越普遍的自驾中，驾驶员本身就是出行者之一，可以在交通管理政策允许的范围内自由选择路径，并做动态调整。随着技术的发展，特别是通信技术的发展，人们对交通出行的诉求，尤其是对可能影响出行决策的时空信息，如路况、车速、空余车位等的诉求越来越多元化，这属于智慧出行第一阶段的诉求。

智慧出行第二阶段的诉求则是进一步的解放：一方面是从拥挤中解放出来，恢复到自由流速度，即使是在高密度流情况下也能畅行无阻；另一方面是从驾驶活动中解放出来。驾驶活动本身分解后，十分简单，核心就是加减速度和转向，但为什么自动驾驶技术发展困难重重，甚至屡遭挫折呢？原因就在于交通环境，每条道路的情况不同，光照、标线、路面甚至路上的人、车都千差万别，在这种情况下，进行模式识别不是简单的事，其计算量巨大，并要在极短的时间内处理完成。

智慧出行第二阶段的两个诉求，共同点是大数据、人工智能、5G 等技术都能参与系统决策，甚至自主决策；不同点在于，自动驾驶是单车的智能化，车辆搭载激光、微波和视频等各类检测器就可实现对环境的检测，并作为控制车辆的依据，而路网畅通是系统层面的诉求，其要求分布于路网、车辆的各类终端作为神经末梢，交换信息，并指挥路网中的车辆，从而保障整体的秩序和效率。实现这一目标的途径是采用智能网联系统。

因此，智慧出行就是基于技术和规则的优化出行方案。从广义来讲，智慧出行指任何有效提升出行效率的出行方案，是智慧城市的主要组成部分；从科技角度来讲，智慧出行指借助移动互联网、云计算、大数据、物联网、5G、人工智能、无人驾驶等先进技术和理念，对传统交通及出行模式进行重构。智慧出行需要利用卫星定位、移动通信、高性能计算、地理信息系统等技术准确、全面地来展现城市道路交通状况，通过手机导航对驾驶行为进行实时感应与分析，从而实现高效的出行。随着技术的发展和提升，智慧出行还将具有更新的模式。

5.2 智慧出行的发展

智慧出行作为一个整体解决方案，将借助交通及汽车的智能化，重点减少交通事故，缓解交通拥堵，提高道路及车辆的利用率等，同时为众多企业的发展开辟市场。其中，智能驾驶技术有很高的科技含量和很好的应用前景。智能驾驶技术是指通过让汽车搭载先进的车载传感器、控制器、执行器等装置，并融合现代通信与网络技术，实现车内网、车外网、车际网的无缝链接，使汽车具备信息共享、复杂环境感知、智能化决策、自动化协同等控制功能，与智能公路和辅助设施组成智能出行系统，从而实现汽车安全、高效、舒适、节能地行驶，并最终实现无人驾驶的技术[1]。云计算、人工智能、物联网、移动互联网、5G 和智能驾驶技术都是智慧出行解决方案的核心技术。

5.3 智能驾驶技术的内涵

智能驾驶技术就是通过一系列对环境的感知及计算判断技术使车辆在无人操控或有限操控下行驶的技术，其中涉及雷达、计算机视觉、GPS、自动控制、人工智能、物联网/车联网等众多技术，因此，美国、中国、德国、英国、日本等的大学、研究机构及企业已经对此进行了数十年的研究。其中，5G 技术的商业化推进被认为是智能驾驶技术大面积推广的关键。

智能驾驶技术包括环境感知、决策规划和控制执行三大部分。类似于人类驾驶员在驾驶过程中通过视觉、听觉、触觉等感官系统感知行驶环境和车辆状态，环境感知子系统通过配置内部传感器和外部传感器来获取自身状态及周边环境信息，提供对环境的综合准确理解。决策规划子系统代表了智能驾驶技术的认知层，包括决策和规划两个方面。其中，决策部分定义了各部分之间的相互关系和功能分配，决定了车辆的安全行驶模式；规划部分用于生成安全、实时的无碰撞轨迹。控制执行子系统用以实现车辆的纵向车距控制、车速控制和横向车辆位置控制等，是车辆智能驾驶的最终执行机构。

5.4 智能驾驶的分类

根据智能驾驶的自动化程度，美国自动工程师协会（SAE）将智能驾驶分为六个级别（见表 5-1）。

表 5-1 智能驾驶级别

SAE 级别	级别名称	说　　明
0	无自动功能	完全由驾驶员操控，属于纯人工驾驶
1	辅助驾驶（DA）	指有一项任务，如自动转向或自动刹车由辅助系统完成的驾驶
2	半自动驾驶（PA）	指有两项任务，如自动转向和自动刹车由辅助系统完成的驾驶，驾驶员需要监控驾驶环境并准备随时掌控
3	协同自动驾驶（CA）	指驾驶操作几乎可以由自动驾驶系统全部独立完成、驾驶员只需有限干预的自动驾驶
4	高自动驾驶（HA）	适用于部分场景下，通常指在城市中或在高速公路上
5	完全自动驾驶（FA）	指在任何条件和环境下都完全无人干预的自动驾驶

目前，主流的智能驾驶介于第二与第三级别，因此，智能驾驶还处于起步阶段。

5.5 智能驾驶的原理

智能驾驶技术集中运用了现代传感技术、信息与通信技术、自动控制技术、计算机技术和人工智能技术等，而智能驾驶系统通过"环境感知、决策规划、控制执行"来指导车辆到达预定目的地（见图 5-1）。下面对智能驾驶涉及的主要技术进行介绍。

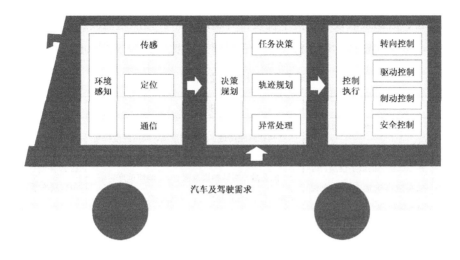

图 5-1 智能驾驶关键技术

5.5.1 环境感知技术

环境感知技术使智能驾驶车辆模拟人类驾驶员的感知能力,理解自身和周边的驾驶态势。工业相机、雷达、定位导航系统可为智能驾驶车辆提供海量的周边状态信息及自身状态数据。环境感知过程利用网联通信实现智能驾驶车辆与外界设施和设备之间的信息共享、互联互通及控制协同。

智能驾驶汽车装有激光雷达、GPS、相机、毫米波雷达、惯性导航装置及前置运算的计算机等(见图 5-2),其中,常用作感知系统设备的主要是相机、激光雷达、毫米波雷达、超声波雷达、GPS、BDS、INS 等。

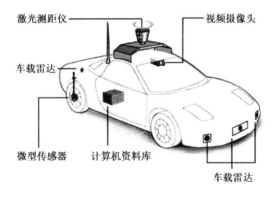

图 5-2 智能驾驶汽车设备

1. 环境感知——雷达

雷达一般有五个基本组成部分:发射机、发射天线、接收机、接收天线和显示器,此外其还有电源设备、数据录取设备、抗干扰设备等辅助设备。按照电磁波的波段，雷达分为三类：激光雷达、毫米波雷达、超声波雷达。三种雷达的比较如表 5-2 所示。

表 5-2 三种雷达的比较

种 类	概 念	特 征	不 足
激光雷达：分机械激光雷达和固态激光雷达两种	集激光、GPS 和惯性测量装置于一体，用于获得数据并生成精确的数字模型，可以高度准确地定位激光束打出的位置	具有探测距离远、测量精度高、响应速度快与不受环境光的影响的优势；与机械激光雷达相比，固态激光雷达扫描范围更大，响应速度更快，成本可控，是雷达的主要发展趋势	技术门槛和成本较高；在云雾雨雪等恶劣环境中衰减严重
毫米波雷达	工作在毫米波频段，频率为 30~300GHz	具有体积小、质量轻、分辨率高、全天候工作且便于安装的特点	有盲点且无法识别交通标识及信号
超声波雷达	工作在机械波波段，工作频率在 20kHz 以上，多用于测距	对恶劣天气不敏感，穿透性强，衰减小；对光照和色彩不敏感，可用于识别透明和漫反射性差的物体；对外界电磁场不敏感，适用于存在电磁干扰的环境；原理简单，制作方便，成本较低，容易进行市场推广	测距速度慢，而且无法测量方位，应用领域受限

雷达主要的缺点在于制造工艺复杂、成本很高，这在一定程度上使其应用范围受限。

2. 环境感知——视觉传感器

驾驶过程中所接收的信息大多来自视觉，因此，在智能驾驶中，视觉传感器是感知交通环境的传感器之一。

智能驾驶中配置的视觉传感器主要是工业相机，它是计算机视觉系统中的一个关键组件，其最本质的功能是将光信号转变成有序的电信号，大致步骤为图像处理—将图片转化成数据、模式识别—通过图像匹配对行人车辆等进行识别、物体定位—估算物体与本车的相对距离和相对速度。相比于传统的民用相机（摄像机），它具有高图像稳定性、高传输能力和高抗干扰能力等。目前，市面上的工业相机大多是基于 CCD 或 CMOS 芯片的。工业相机的种类及应用如表 5-3 所示。

表 5-3 工业相机的种类及应用

种 类	安装位置	特 点	技术难点
单目工业相机	前挡风玻璃上部	结构简单、算法成熟但感知范围有限	估算准确性较低
后视工业相机	车尾	探测后方环境	恶劣环境的适应性差
立体工业相机	前挡风玻璃上部	利用两个（或多个）同时探测前方目标，实现高精度和大范围探测	计算量大，匹配难
全景工业相机	前后左右四个或更多	成像视野宽，实现 360° 环境感知	图像畸变较大，分辨率较低

近年来，深度学习在计算机视觉和图像处理领域的应用取得了巨大成功，基于深度学习的图像处理成了智能驾驶环境感知的重要支撑。与其他传感器相比，视觉传感器安装使用方法简单，获取的图像信息量大，投入成本低，作用范围广，通过构建机器学习模型，其相比于传统图像处理算法构造的特征更具表征力和推广性，可以大大提高目标检测和识别的准确性。但是，在复杂交通环境下，视觉传感器依然存在目标检测困难、图像计算量大、算法难以实现的问题。

3. 环境感知——定位与导航技术

智能驾驶需要获取车辆与外界环境的相对位置及绝对位置。定位与导航技术是环境感知的关键技术。

1）卫星导航系统

卫星导航系统由空间段（导航卫星）、地面段（地面观测站）和用户段（信号接收机）三个独立部分组成，如图 5-3 所示。卫星导航的基本原理是测量已知位置的卫星到用户接收机之间的距离，并综合多颗卫星的数据计算用户的位置信息。

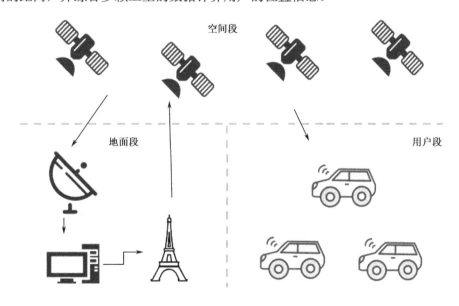

图 5-3　卫星导航系统组成示意

目前卫星导航系统主要有 GPS、北斗卫星导航系统、GLONASS 和 GALILEO。

2）姿态和状态感知

智能驾驶车辆环境感知系统对车体的感知包括两部分：车身姿态感知和车身状态感知。车身姿态感知主要指对车辆航向角、侧倾角和俯仰角的感知。车身状态感知主要指对车辆行驶速度、纵向加速度、发动机转速、方向盘转角、制动主缸压力等车辆状态信息的感知。

3）数字地图和驾驶地图

手动驾驶离不开地图指引，即使没有借助纸质地图或手机 App，实际上驾驶员也在使用自己记忆中的地图。智能驾驶车辆上路同样需要地图来辅助定位与导航，因此，数字地图必不可少。

数字地图是以数字形式将纸质地图的要素存储在计算机上，并显示在电子屏幕上的地图。数字地图能够表示远大于纸质地图的信息量，可以进行任意比例、任意范围的绘图输出，而且地图上的内容易于修改、组合和拼接。

数字地图主要有六个特点：快速存取和显示；以动画形式呈现；地图要素可分层显示；图上的长度、角度、面积等要素可自动测量；可进行传输；利用 VR 技术可将地图立体化、动态化。

驾驶地图是服务于驾驶车辆的专用地图，具有自己的特点。城市地图、经济地图、旅游地图等都是立足于人们日常生活需求的地图，缺少智能驾驶所需的物理属性，是不能作为驾驶地图的。驾驶地图的精度要求是分米级甚至厘米级的，并且要求是可变粒度的，这样驾驶员可以根据道路的复杂程度来选择粒度精细程度。

5.5.2 智能网联技术

智能网联技术（V2X）指汽车搭载传感器、控制器、执行器等装置，融合现代通信与网络技术，实现车与人、车、路等的智能信息交换共享。V2X 实现了车与外界的互联，是未来智能汽车、自动驾驶、智能交通运输系统的基础和关键技术。V2X 主要包括 V2N（Vehicle-to-Network，车-互联网）、V2V（Vehicle-to-Vehicle，车-车）、V2I（Vehicle-to-Infrastructure，车-基础设施）、V2P（Vehicle-to-Pedestrian，车-行人）。

V2X 是基于物联网，运用 D2D（Device to Device，终端直通）及信息通信等技术来实现车辆与外界互联的无线通信技术。智能化与网联化的结合可以提高驾驶安全性，减少拥堵，降低交通事故率，提高交通效率，由此发展出了两大技术方向，即 DSRC 和 LTE-V2X。

1. DSRC

DSRC（Dedicated Short Range Communication）是专用短程协议，涉及车载单元（On Board Unit，OBU）、路边单元（Road Side Unit，RSU）、控制中心等设备，可以在数百米的特定

区域内实现对车速高达 200km/h 的移动目标的识别和双向通信。

DSRC 的优势在于技术成熟可靠，能够保证低时延和高安全可靠性，因此是当下市场主流的 V2X 标准。同时，其存在一些不足，包括覆盖范围小、传输速率低、易受建筑物遮挡影响、处理数据慢等。DSRC 的主要应用场景包括不停车收费（ETC 系统）、车队管理、出入控制等。

2. LTE-V2X

LTE-V2X 基于现有蜂窝移动通信支持（3G/4G），是近几年迅速发展起来的技术，由上行链路、基站、下行链路组成。LTE-V2X 的优势包括部署成本低，可以重复利用；覆盖范围广，可扩展至数百米以上的非视距范围；数据传输速率高等。因此，LTE-V2X 适用于高车流量的环境。

5.5.3 决策规划技术

智能驾驶汽车根据传感器输入的各种参数生成期望的路径，而决策规划将决定智能驾驶汽车能否准确完成各种驾驶行为。决策规划是智能驾驶系统智能性的直接体现，对车辆的行驶安全性和整车性能起着决定性作用。常见的决策规划体系结构有分层递阶式、反应式及混合式，其比较如表 5-4 所示。

表 5-4 三种决策规划体系结构比较

种 类	概 念	特 征	不 足
分层递阶式	是一个串联系统结构，智能驾驶系统的各模块之间次序分明，上一个模块的输出即下一个模块的输入，因此其又称为"感知-规划-行动"结构	由于每个模块的工作范围逐层缩小，对问题的求解精度也就相应地逐层提高了，具备良好的规划推理能力，容易实现高层次的智能控制	对全局环境模型的要求比较理想化，可靠性不高
反应式	采用并联结构，每个控制层可以直接基于传感器的输入进行决策，体现了"感知-动作"的特点，易于适应完全陌生的环境	存储空间不大，响应快速，实时性强，可以方便灵活地实现从低层次到高层次的过渡	实现系统执行动作时的高灵活性和低任务复杂度是其设计的难点
混合式	有效结合了分层递阶式和反应式的优点	在全局规划层次上，生成面向目标定义的分层递阶式行为；在局部规划层次上，生成面向目标搜索的反应式行为	

智能驾驶决策规划可对智能驾驶车辆的运动轨迹状态进行规划，有效地将决策规划这一复杂问题自上而下地进行分割简化是获得有效的决策规划解决方案的关键，也是处理异常的重要原则。

5.5.4 智能驾驶控制技术

智能驾驶控制技术在环境感知技术的基础上，根据决策规划的目标轨迹，通过形成智能控制系统指令使车辆按照目标轨迹准确稳定行驶，以控制车辆的转向、车速、车距，以及让车辆进行换道、超车等基本操作。

智能驾驶控制技术的核心是车辆的纵向控制技术和横向控制技术。纵向控制，即车辆的驱动与制动控制。车辆纵向控制是在行车速度方向上的控制，即自动控制车速及本车与前后车或障碍物的距离。巡航控制和紧急制动控制都是典型的智能驾驶纵向控制。横向控制，即方向盘角度的调整及轮胎力的控制。车辆横向控制是垂直于运动方向上的控制，对于汽车来说就是转向控制。根据从行驶环境到驾驶动作的映射过程，智能驾驶控制技术可以推演出不同的技术方案。有关人员对智能驾驶控制技术做了大量的研究和尝试。例如，基于人工智能决策的控制模型本质上是模拟人脑对外界环境信息和车体自身信息的感知（见图 5-4），车辆通过定位导航获得全局地图信息，通过 V2X 及传感器获得局部交通环境信息，并结合全局任务、全局地图信息形成子任务划分，再与通过学习驾驶动作而持续更新的知识库结合，最终形成控制模型。

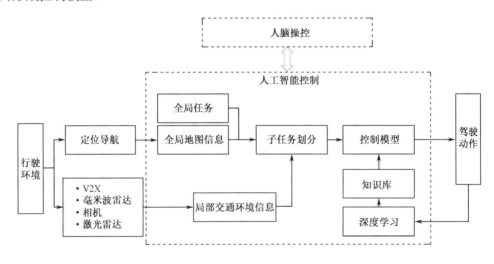

图 5-4 基于人工智能决策的控制模型

5.6 智能驾驶的意义

智能驾驶技术不仅能够提供更安全、更舒适、更节能、更环保的驾驶方式，有效缓解交通拥堵，也能够让驾驶员从紧张的驾驶工作中解脱出来。它是智慧城市建设和智能交通系统建设的重要环节，是构建绿色汽车社会的核心要素，其意义在于不仅可以带来汽车产品与技术的升级，更有可能带来汽车及相关产业全业态和价值链体系的重构。于智慧出行而言，智能驾驶产业的发展带来以下好处。

1. 改善交通安全状况

智能驾驶可以改善交通安全状况，减少交通事故，可以通过车联网实现道路资源的最大化利用。世界卫生组织提供的数据显示，全球每年因交通事故造成的死亡人数达到125万人，其造成的经济损失超过6000亿美元。中国平均每天有大约280人因交通事故伤亡，相当于一次重大空难。驾驶员的过失是交通事故的主要因素。智能驾驶汽车不受人的心理和情绪干扰，保证遵守交通法规，按照规划路线行驶，从而可以有效减少人为疏忽所造成的交通事故。同时，智能驾驶汽车能够比人类更加精准地计算和使用路权，通过车联网共享交通资源信息，从而可以最大化利用城市的道路资源。

2. 减少车辆数量和节能减排

智能驾驶可以通过合理调度实现共享出行，从而减少私家车购买数量，大幅度减少温室气体排量，促进节能减排。智能驾驶可以更合理地操控和切换驾驶模式、控制车辆的提速和减速，避免由于驾驶员的不良驾驶习惯导致的车辆能源消耗和尾气排放等问题。从这个意义上说，智能驾驶对城市环境改善是有贡献的。如果将智能驾驶汽车与智能交通、云计算相结合，构建城市智能车指挥调度服务中心，共享交通资源，实现选择最优交通出行，将道路上行驶的汽车变成一个个小型的为公众提供服务的电动智能汽车，将大大减少城市汽车的保有量，有望解决城市交通拥堵难题。

3. 改变功能属性，解放劳动力

智能驾驶将改变车的功能属性，推动城市与社会的变革，带动智能化基础设施的建设。汽车的产品功能和使用方式正在发生深刻变化，其由单纯的交通运输工具逐渐转变为智能移动空间，兼具移动办公、移动家居、娱乐休闲、数字消费、公共服务等功能，从而推动车联网数据服务、共享出行等生产生活新模式加快发展。同时，智能驾驶的应用与智能交通的多车管理调度及交通环境等相关，将促进网络通信技术、人工智能技术与道路交通基础设施的深度融合，为车联网等新技术应用提供必要条件。

5.7 Mpilot 智能驾驶方案

5.7.1 Mpilot 的技术原理

车辆是智能驾驶的"身体";摄像头、激光雷达、毫米波雷达这些车载传感器是智能驾驶的"五官和脑壳";而环境感知、高精度地图和驾驶决策算法构成了智能驾驶的"大脑",Mpilot 就是这样打造出来的。

Mpilot 是在深度学习基础平台上打造的,深度学习基础平台包括大数据、云计算和模型算法平台。而基于该基础平台,Mpilot 又增加了包含环境感知、高精度地图、驾驶决策算法在内的核心技术。其目前已先后推出面向高快速封闭结构化道路的 Mpilot Highway 和面向停车场环境自主泊车场景的 Mpilot Parking。

不同的产品包括不同级别的智能驾驶方案,以及衍生出的大数据服务。基于深厚的深度学习原创算法积累,Mpilot 能够利用可量产的感知硬件提供可量产的智能驾驶方案。

不同地域,不同驾驶环境,不同天气状况,司机的驾驶行为也不同,从而使智能驾驶大规模部署充满挑战。因此,要最终实现完全无人的驾驶,数据及数据驱动的算法是关键。

5.7.2 Mpilot Highway

Mpilot Highway 的目标是打造国际领先的可量产智能驾驶方案,通过实现车辆的自主上下匝道、主动变道及避让加塞车辆,解放驾驶员的时间,提升驾驶体验。

(1)自主上下匝道:利用高精度地图与定位,让车辆进行包括上下匝道在内的动态路径规划,实现完整的智能驾驶体验。

(2)主动变道:利用高精度地图与定位,根据路径规划和路况信息,让车辆在合适时机进行主动变道。

(3)避让加塞车辆:在高快速道路行驶过程中,让车辆对加塞车辆及时、舒适地进行避让。

5.7.3 Mpilot Parking

Mpilot Parking 面向停车场环境的自主泊车场景,目标是服务于前装车,在保证系统安全的前提下,将车主从每天 30 分钟的取泊车过程中解放出来,让车主好停车、好找车。

其优势如下。

1. 应对复杂车流人流，更智能

在停车的真实场景中，往往会出现各种复杂情况，如行人穿行、车辆占道、路口错车、突然出车等。Mpilot Parking 具备智能的规划策略，除了常规的停车让行功能，对于车辆等障碍物，其通过对周围动态环境的感知，实时规划绕行轨迹，避免因车辆自动驾驶无法处理会车、逆行、占道等情况而引起交通拥堵。

2. 实时识别车位，支持选定车位泊车或在线寻找车位泊车

住宅和写字楼是车主每天通勤的高频泊车场景，往往会有固定的停车位或经验轨迹，而在商超、酒店、机场这类对泊车有高需求的公共场所，停车位不固定，需要系统实时探测车位，并判断车位占用信息。

通过预先建好的停车场高精度地图，Mpilot Parking 可获取该停车场所有的车位信息，使车辆在行驶过程中融合环视感知及超声波雷达感知的结果，对车位空闲状态做出识别，并自动判断所经过的车位是否可泊入。

3. 视觉自动建图，精度高，可众包

相比于昂贵的激光雷达建图，Mpilot Parking 采用以视觉为主的方案实现自动化建图。建图采集系统使用四路环视鱼眼相机、消费级 IMU 及轮速等传感器。在建图过程中，其通过深度学习算法提取视觉语义特征，使用 SLAM 技术自动生成基于语义的高精度地图。整个系统可进行云端和车端自动建图，精度达到 10cm 级别。

每个搭载 Mpilot Parking 的车辆既是高精度地图的使用者，又是贡献者。Mpilot Parking 的建图方案支持量产车辆自主建图，可通过众包实现快速规模化的建图和地图更新。随着时间的推移，停车场中增加或消失的元素可以通过众包车辆进行地图元素更新。因为地图采集系统、建图采集系统和定位系统基于同一平台，车辆在进行定位时，如果发现真实环境和地图无法匹配，就可以验证地图的准确性并及时进行更新。

5.7.4　Mpilot 的发展战略和预期

Mpilot 会围绕量产自动驾驶与完全无人驾驶"两条腿走路"的发展战略，通过数据、数据驱动算法和两者之间的迭代闭环，推动智能驾驶技术落地量产，并最终实现无人驾驶。预计十年左右，通过智慧出行，人们将节省15%~30%的交通能源，每人每年将释放300小时左右的时间，安全事故将大大减少，车辆数量也会减少20%左右，从而将会带来万亿元的经

济效益。

智能驾驶还处在早期阶段，各国商业巨头纷纷布局智能驾驶，然而，其基本还停留在研发阶段，Mpilot 智能驾驶方案无疑是重要的创新尝试。

5.8 智慧机场 AET 案例

5.8.1 机场行业状况

在智能化与数据化的推动下，智慧机场的建设也成为热点，机场不断向数字化、智能化方向发展。在机场既有运输资源基础上，优化机场资源配置，提高场面运行效率成了解决机场运行瓶颈的关键。在当今大型机场航班业务量大和地面服务工作复杂的条件下，智能驾驶运载工具的应用对于提高机场运行效率具有重要意义。

智能驾驶运载工具在机场的应用可以大幅度提高机场客运和货运的运输效率，减少机场的人力运营成本。智能驾驶运载工具完全是按照程序自动运行的，可以实现精准化运输，从而提高机场运输车辆服务时间窗口的可预测性，保障机场智能调度管理的高效性和有效性。高效的智能驾驶运载工具配合科学合理的智能管理方法，将进一步提升机场管理工作效率，对推动大型机场智能化发展及提高机场管理运营水平都具有重要意义。

5.8.2 需要考虑的问题

客货运是机场最主要的功能，因此，机场对客货运的安全性、可靠性要求极高。就目前国际智能驾驶技术的发展情况而言，直接将现有智能驾驶技术引入机场客货运任务中，风险非常大，若智能驾驶车辆出现故障或失控，轻则导致旅客滞留、货物运输缓慢，重则严重影响机场运行安全，导致事故征候甚至事故。因此，若要将智能驾驶技术应用于机场的客货运，必须解决以下两个问题。

1. 智能驾驶车辆在机场客货运中的安全性

安全是民航业的底线，如果无法保证智能驾驶车辆在使用中的安全性，机场就不可能将其引入生产运行环节，冒昧引入将适得其反，严重影响机场运行安全。因此，必须综合考虑民航规章制度、机场运行环境、机场运行状态、客货运任务场景、客货运任务要求等因素，对智能驾驶车辆的技术成熟度、安全性、可靠性进行评估，确保系统安全。

2. 智能驾驶车辆对机场客货运效率的提升

在确保安全性的前提下，还要评估智能驾驶车辆对现有流程改进及效率提升的程度，如果改进不大或效率提升不明显，就失去了引入此项技术的意义。因此，引入此项技术时，必须考虑机场现有环境及运行特点、客货运任务特点，对智能驾驶车辆的运行环境进行定义，对运行路线进行规划，继而得到引入此项技术对运行效率的影响。另外，为了提高智能化程度，可能还要引入车辆的智能调度管理、实时监控等技术，要对这些技术进行研究与评估。

5.8.3 解决方案

驭势科技为机场提供了无人电动物流拖车解决方案，简称 AET（Autonomous Electric Tractor）方案。该方案中的拖车配备多种传感器，可以 360 度探测和感知周围的环境情况，并按照指定的区域和路线，在场景内自主驾驶并完成行李货物的运送。

该方案通过结合机场不同作业区域的客货运输需求特点，包括智能驾驶客货运输的功能需求、性能需求、安全需求及物流运输的操作需求等，制定机场客货运输需求功能矩阵，得出机场综合需求如图 5-5 所示。

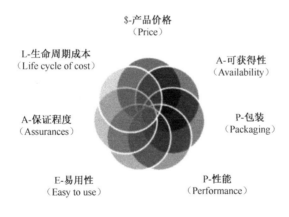

图 5-5　机场综合需求

结合上述需求，驭势科技基于示范运行线路及区域的运行设计域和交通环境特点，提供了一套智能驾驶货运演示系统，包括智能驾驶车辆平台、云端智能调度平台与安全监控平台，以及如下专有技术：

（1）融合多源信息的低成本定位系统：具有在机场内地上、地下、隧道等各类复杂场景下稳定精确地定位的能力；

（2）视觉传感器与激光雷达多源信息融合和异构的传感器感知系统：提供机场内地上、地下、隧道等复杂环境下的交通标示识别、障碍物识别、运动物体跟踪预测功能；

（3）支持多拖车的高精度、高平顺规划控制算法：提供纵横向平顺控制，保证蛇般的多个拖车在直道、弯道、调头、上下坡等环境行驶中不会发生拖车间、拖车与道路设施间的碰撞。

AET方案可以实现机场内地上、地下、隧道等各类复杂场景下的自动驾驶，同时在行驶中实现自动避障、自主泊车等功能，无须人工干预。该方案可同时应用在厂区、机场、港口等物流场景。

AET方案同时具备多重安全机制，以便保证智能驾驶电动物流拖车的行驶安全。未来，当机场大量采用AET方案后，不仅可以减少运营成本，而且可以大大提高管理和操作效率。同时，基于人工智能和大数据的智慧管理将帮助机场提高运营安全性，真正实现智慧机场这一理念。

5.8.4 解决方案的核心创新点

通过自主研发"车脑+云脑"，驭势科技全面赋能智能驾驶，布局无人物流、乘用车L3/AVP、无人公交三大场景，帮助客户降低出行、物流成本，提升运营效率，保障安全驾驶，并形成如下核心创新点。

1. 车规级智能驾驶系统

为了实现高等级的智能驾驶，汽车智能计算平台是必需的。在汽车智能化和网联化过程中，汽车智能计算平台主要完成汽车行驶和信息交互过程中海量、多源、异构数据的高速计算处理，运用人工智能、信息通信、互联网、大数据、云计算等新技术，实时感知、决策、规划，并参与全部或部分控制，实现汽车的自动驾驶、联网服务等功能。驭势科技自主研发的一款车规级智能驾驶控制器，专为L3~L4级智能驾驶提供高性能、高集成、车规级的控制，负责运营环境感知、融合定位、实时决策、车辆控制、车路协同等，并率先进行车规设计和质量管理。

2. 云端智能驾驶大脑

未来汽车将全面实现智能驾驶并逐步迈向高度智能驾驶，而运营的智能驾驶汽车将会产生海量数据及衍生出大量的运营服务需求。数以百万、千万计的智能驾驶汽车会通过传感设备及GPS、通信网络等将自身和行驶过程中采集的环境信息实时发送至云端，海量数据的处理需要一个强大的智能化数据管理平台，以便完成数据的计算及信息的汇总、更新、存储。驭势科技提供了一个面向多场景智能驾驶的核心运营服务平台，包含AI子系统、运营管理平台、大数据平台、仿真系统和高精地图平台5个模块，形成了集AI、运营、数据、仿真、地图于一体的云端体系。该平台可实现车上传感器数据采集、存储、传输及分析流程的自动化，并不断优化智能驾驶算法、系统的安全性及用户体验，对系统组件进行实时和预测性的运维，同时支持智能驾驶应用的运营和管理。其通过沉淀积累智能驾驶商业数据，为智能网联汽车产业及多场景的智能驾驶进行技术赋能，提供仿真测试、高精地图、远程运维、数据管理等功能。

3. 多场景、高级别

目前，智能驾驶的商业化应用可以降低人力成本，解决人力短缺问题，提升园区品质，保障安全驾驶等。驭势科技基于"车脑+云脑"打造了一款面向多场景、高级别智能驾驶的智能驾驶系统，其可适配大量主流车型（乘用车/商用车/物流拖车等），并具备自我升级能力，未来将持续开放并强化更多智能驾驶功能、软件和应用。将其用于智慧机场、智慧工厂、智慧园区，可解决交通出行及物流运输问题。

5.8.5　方案实施效果及亮点

方案描述：在机场，按照指定的区域和路线，用无人电动物流拖车头和多节拖斗完成大宗货物的调度与运送，并让车辆在行驶中实现避障、出入车位等功能。

成本优势：量产后的无人电动物流拖车的应用，将大大降低人力成本，解决招工难问题。

效率优势：结合基于人工智能和大数据的智慧管理，通过在中控室调度和管理，大大提高了管理效率和操作效率。

安全优势：通过增加车端的多重冗余、车场结合的安全解决方案，在机场高安全性的要求下，实现了世界首例无安全员的智能驾驶。

5.9　江苏 W 市智慧停车案例

5.9.1　智慧停车的概念

智慧停车是智慧城市的重要部分，也是智慧出行的一个重要方面，是改善城市交通、解决城市停车难题、提升城市生活质量的主要途径，其集成了物联网、智能交通、车联网、车载终端系统等前沿科技。

智慧停车以停车位资源为基础，在城市交通领域综合利用云计算、物联网、人工智能、自动控制、移动互联网等技术，对城市机动车出行、城市停车设施运营、城市停车交易管理等领域的全过程进行管控支撑，使城市车辆管理系统在区域、城市甚至更大的时空范围具备感知、互联、分析、预测、控制等能力，从而打造统一的城市交通资源信息平台，实现停车信息互联互通，为出行停车提供实时引导、车位搜寻、智能支付结算等停车全流程服务。

5.9.2　城市通病——停车难

随着经济的发展、城市规模的扩大、人口密度的上升，城市机动车数量迅速增加，带来了交通堵塞、停车困难、噪声污染、尾气污染等一系列严峻的问题；同时，停车管理不够规范化、智能化、信息化，愈发加重了动态交通的压力。目前"乱停车""停车难"已经成为比较严重的社会问题，具体来讲，包括如下两大突出问题。

（1）供需矛盾突出：一方面，市场对停车位需求巨大；另一方面，停车场的停车位空置率接近50%，地下停车场的空置率问题尤为严重，所以，虽然停车位供应缺口大，但停车位空置率高的问题也非常明显。

（2）停车位管理碎片化：停车位产权多元化、管理职责多重化和管理手段粗放化，致使停车位管理碎片化，因此，急待提升停车管理的信息化和智能化水平。

5.9.3　W 市智慧停车实施措施

（1）搭建智能管理平台：利用智能化技术，建立智慧停车 App 和微信公众号，接入社会停车位，整合全市停车场，共享资源，解决停车场的孤岛运营问题；把社会停车场空闲时段的停车位纳入区域停车位供给，提高停车位的利用率。

（2）智能化改造停车场：将停车场接入智慧停车 App 和微信公众号管理平台；提高停车场的出入速度及现场管理效率；提供多种支付方式以提高支付速度；融入对停车场、充电桩等的管理。

（3）接入社会的停车位资源：可与社会停车场达成合作，将社会停车场接入系统，并将从该停车场获取的停车收入在七个工作日内返还给该停车场的所属单位。

（4）开放政府部门的停车位资源：通过与政府协商达成合作，获得政府停车位资源，同时可给政府车辆提供 VIP 服务，设置政府车辆停车专区。

（5）开放私人自有停车位：使自有停车位对所有用户开放，并采取会员制。

5.9.4　W 市智慧停车解决方案

不同场景下的智慧停车解决方案如下。

（1）路侧临时停车：运用自有的技术算法，将地磁检测器和车牌识别系统联动，通过感知、互联和数据分析模型，对每个停车位状态和车辆进行实时跟踪与统计，从而实现停车扫码缴费功能和多项停车管理功能，为车辆管理提供有效的数据依据。

（2）路边道板（非封闭停车位）停车：利用 NB-IoT、LoRa 等物联网技术，将传统道板停车位改造成智能地锁停车位，当车辆驶入停车位时，地锁挡板将自动升起压住车辆底盘，后台系统将自动计时；当车辆需要驶离时，通过扫码支付或自动缴费机缴费后，挡板自动下降，车辆即可驶离。

（3）可封闭停车场停车：利用先进的图像采集技术，将拍摄的车牌号对应的图片转换成文本，插入数据库进行动态比对，记录车辆的驶入及驶出时间、车牌、余量车位数量等车辆管理信息要素，并在显要位置显示。

（4）大型综合体室内停车场停车：多个系统共同协作，在车辆驶入停车场时，通过车牌识别系统获得车主车牌数据，通过反向可视寻车定位设备获得车辆的具体位置，精确度可达 10cm；在获得车牌和车辆位置之后，可诱导新进停车库的车辆驶入具体的车位，车主任何时候都可实时查询车辆位置。

（5）立体车库停车：多个系统共同协作，在车辆驶入停车场时，通过车牌识别系统获得车主车牌数据；系统对每辆车的数据进行记录并反馈到车主所用的 App 上，方便车主在任何时间获取车辆信息。

5.9.5　W 市智慧停车技术介绍

1. 智慧停车技术架构

W 市智慧停车技术架构分如下三大板块（见图 5-6）。

（1）GIS 数据运营平台：包括位置信息、实时数据动态采集、数据实时统计展示等模块。

（2）智慧停车前端感知：包括车牌识别、射频采集、监控管理、立体车库等模块。

（3）拇指停车 App：包括基础服务、核心增值服务、第三方增值服务等模块。

2. 智慧停车的技术创新点

（1）充分利用物联网、互联网、自动控制、移动互联网等技术，对辖区内车辆管理设施设备等的全过程进行管控支撑，使车辆管理诱导系统在区域范围具备感知、互联、分析、预测、控制等能力。

（2）充分运用云计算、大数据、移动支付等技术，在区域内打造静态交通大数据，优化车辆管理诱导流程，提高停车管理效率，实时掌握停车位数据，实时收费统计，从而优化停车服务流程等。

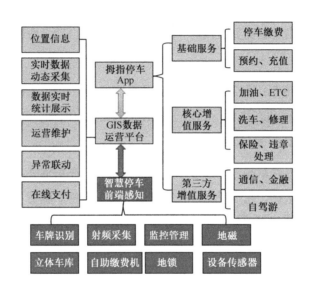

图 5-6　智慧停车技术架构

（3）打造"互联网+"新形态、新业态，进一步推动知识社会的发展，通过线上+线下的创新应用，让管理更轻松，让人们切实感受到创新带来的便利。

5.9.6　W 市智慧停车模式创新点

（1）借力市场化、信息化手段，率先创新推动了停车一体化、专业化、智慧化建设。

（2）积极探索投资模式，吸引社会资本参与建设和运营，促进了本地停车设施的建设运营和装备制造等专业化公司的发展壮大，形成了有序共赢的产业体系。

（3）采用服务外包模式，将路面停车管理、卫生清洁、道板维护等整体交给一家运营公司，避免了原有的多头管理、互相推诿的情况。

5.10 智能交通案例

ET 城市大脑是基于阿里云大数据一体化计算平台的数据智能解决方案，其通过阿里云的数据资源平台实现包括企业数据、公安数据、政府数据、运营商数据等多部门的数据汇集，借助机器学习和人工智能算法解决城市治理问题。ET 城市大脑在交通上的应用主要有四个场景：交通态势评价与信号灯控制优化、城市事件感知与智能处理、公共出行与运营车辆调度、社会治理与公共安全。

5.10.1 行业痛点及需求

近年来，随着信息化系统和感知设备硬件的建设，各城市、地区都已经积累了大量的数据，但传统信息化系统建设模式造成了各类系统的标准与运行模式不一致，它们各自独立运行，不能互通协调，进而产生"信息孤岛"，各类数据资源相互割裂，数据的共享和开放发展困难。另外，原有的信息化系统服务于业务流程，而非深度的数据挖掘与计算，现有的 IT 基础设施面对日益积累的海量数据难以处理，更缺乏对领先的云计算、大数据、人工智能技术的深度应用。

以上"信息化系统不一致、数据割裂难以共享、计算能力不足"三方面的问题，可以直观地描述为"盲人摸象""雾里看花"。"盲人摸象"意为从各割裂系统的数据去看城市问题，只能看到局部而不是全局；"雾里看花"意为缺乏深度的计算能力，只能模糊地看到表面状况，而不能准确定位和描述问题的本质。因此，如果期望能够从城市数据资源中发现城市问题，全局优化城市公共资源分配，首先要解决的是建设"全量、全网、全视频、即时"的城市大脑数据基础设施。

城市大脑是支撑未来城市可持续发展的全新基础设施，其核心是利用实时全量的城市数据资源全局优化城市公共资源，及时修正城市运行缺陷。以城市交通问题为例，其首先通过汇聚互联网导航数据、运营商数据、交警视频和交通设备数据、交通部门的基础设施建设和运营数据来动态、实时地描述城市交通的运转情况与规律，再通过人工智能机器学习技术找到核心问题，对交通管理的各项措施和系统（如信号灯系统、事故发现处置等）给出自动化的建议并进行智能调控，从而实现以数据驱动的城市治理、城市服务新模式，一改以往靠专家经验和大量人力治理的方式。

5.10.2 系统架构

1. 出行大数据中心

出行大数据中心是让数据成为数据资源的管理与开发平台，包括各类数据计算的调度管理、数据集成接入、数据生产任务监控运维、数据质量与治理工具、数据共享等功能。

出行大数据中心具有以下三大特点。

一是能够支持数据资源"统筹管理、统一算用"，该平台拥有统一的用户体系、统一的中控、统一的数据资源目录、统一的数据应用服务接口、统一的授权，能够将已有的外部数据整合打通，盘活数据资产，也能够获取互联网上的 Web 数据及物联网数据。

二是具备完善的数据加工能力，能够基于数据集成工具，建立统一、规范、标准化的数据采集体系，确保采集数据的鲜活、准确；能够提供基于业务逻辑的数据分类、清洗、筛选、重组能力，能够支持非结构化数据的识别、提取、分类、打标。

三是具备完全的数据安全保障机制，支持密级划分、传输加密、安全交换与隔离、实时审计，提供灵活的数据资产共享和授权机制。

通过深度学习技术挖掘数据资源，可让城市具备"思考"的能力，这样可在平台上方便地对各类算法进行开发、部署、运维、管理、调优等，免去了针对不同计算引擎的适配工作和大量烦琐的工程化工作。对于出行，视频监控服务是重要元素。视频监控服务包括实时在线视频流数据的处理与分析、离线历史视频数据的分析等。出行大数据中心可对多路高清视频进行分析，采用基于深度学习的视频分析算法，可进行车辆检测、车辆分类、车辆属性和号牌识别等。

2. 智能交通应用模块

智能交通应用模块基于出行大数据中心的支撑，包含智能交通服务层和平台层。其中，服务层由出行地理信息服务（包括基础地图服务、标志地物查找和地物添加）和统一视频监控服务（包括视频集成、视频功能整合和手机视频服务）构成；平台层包括"互联网+"管理决策平台、"互联网+"高效运营平台和"互联网+"便捷出行平台。

"互联网+"管理决策平台中的综合管理模块可以针对交通行业提供交通评价与优化、公共出行服务、交通安全防控、事件感知与处置等服务。其安全应急模块可以提升智能发现事件的数目，降低事件发生时的处理平均时长；通过视频识别交通事故、拥堵状况，融合互联网数据及接警数据，及时全面地对城市突发情况进行感知；结合智能车辆调度技术，对警、消、救等各类车辆进行联合指挥调度，同时通过红绿灯让紧急事件特种车辆优先通行；通过视频分析技术,对整个城市进行索引;通过一些片段的嫌疑描述线索,借助城市摄像头快速搜索嫌疑人员行踪;对各类违规人员、车辆的特征进行学习,设定各类算法,进行犯罪预测预警,防患于未然,保证城市安全。其辅助决策模块为综合管理和安全应急提供了辅助决策信息。

"互联网+"高效运营平台提供城市公交、城市出租和租车用车信息。

"互联网+"便捷出行平台提供综合信息服务和智能停车场信息。

智能交通架构示意如图 5-7 所示。

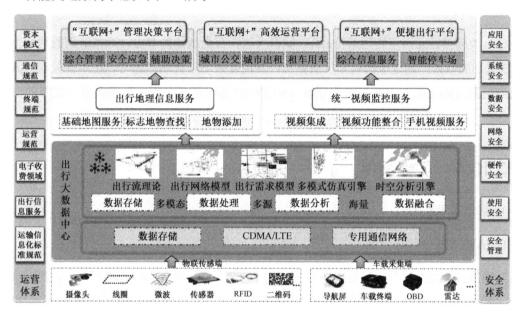

图 5-7　智能交通架构示意

5.10.3　技术优势

ET 城市大脑具有如下技术优势。

(1) 强大的数据接入能力:ET 城市大脑拥有上百 TB 级的数据实时采集能力、ZB 级的海量数据存储能力、万亿级的数据接入能力,时延低于 100 毫秒。

(2) 性能成本双领先的大数据计算能力:ET 城市大脑采用自主研发的大数据处理平台 MaxCompute 进行海量数据计算。

(3) 海量多元数据规模化处理与实时分析能力:ET 城市大脑首次通过两个集群实现了上百 PB 数据的在线存储,同时具有每日 PB 级别的计算吞吐能力,计算请求响应时间在 3

秒以内，实时数据接入时延低于 200 毫秒。

（4）海量视频数据处理分析能力：ET 城市大脑具有实时视频分析处理与离线视频分析处理能力，视频实时处理支持单机 CPU6 路/CPU12 路，视频压缩比高达 1/15。

（5）实时视频识别及自动巡检能力：ET 城市大脑首次利用图像识别技术实时分析含治安摄像头球机在内的几千路视频，可实时识别车型、车牌、品牌、颜色等车辆属性及道路标识等，可识别安全带、遮阳板、前排驾驶室人数、贴标、摆件、挂件等驾驶室特征，实现车辆图搜及视频实时自动巡检，从而使视频利用率从 11%提高到 100%，低分辨率车辆检测的准确率高达 91%。

（6）类脑神经元网络物理架构：ET 城市大脑在百亿级别的节点、万亿级别的网络上处理 EB 级别的数据，通过模糊认知反演算法，发现复杂场景背后的超时、超距弱关联，其已成功应用到道路交通、工业制造等领域，如在杭州实现了从单点、单线到整个城市的交通优化。

5.10.4 实施案例

1. 杭州实施案例

1）人工智能信号灯

功能简介：通过部署人工智能信号灯，实时融合互联网数据和静态路网信息，实时评估路口信号灯运行效率，可使管理者对全局交通运行情况一目了然，不再需要凭感觉人工判断，或者靠路面交警巡逻；可以辅助交警更好地量化了解路口交通运行情况，快速识别低效率路口，比传统方式更高效、更全面；结合对交通态势的评价，可使管理者精准地分析和锁定拥堵原因，通过对红绿灯配时优化，实时调控全城的信号灯，从而降低区域拥堵。

实际效果：杭州中河—上塘路高架车辆道路通行时间缩短了 15.3%；莫干山路部分路段车辆道路通行时间缩短了 8.5%；萧山信号灯自动配时路段的平均道路通行速度提升了 15%，平均通行时间缩短了 3 分钟。

2）智能事件发现

功能简介：通过对城市中海量的摄像头，特别是 360 度球机的充分利用，采用视频识别算法来识别路面的各类事件，联动路面的机动队并向最近的警力进行自动化精准的事件推送，从而大大提升交警事件发现和处置的效率。

实际效果：杭州试点"视频巡检替代人工巡检"，日报警量多达 500 起，识别准确率达 92%以上。

3）应急车辆优先通行

功能简介：针对一定等级的交通事件，需要派遣应急车到事件现场进行处理，该功能为应急车提供车辆调度、路径规划、信号灯优先控制，可大大缩短派遣车辆到达目的地的整体时间，为生命急救争分夺秒；该功能通过获取调度车辆的 GPS 信息和事件地址，实时为行驶中的车辆规划路径，实时预估车辆到达下一个信号灯路口的时间并下发给信号控制系统，信号控制系统进行控灯，从而使应急车可一路绿灯通过各路口。

实际效果：在杭州萧山，ET 城市大脑使救护车的到达时间缩短了 50%，救援时间缩短了 7 分钟以上，为生命带来了 50%的绿色希望。

2. 衢州实施案例——重点人车防控

功能简介：通过对视频数据、物联网数据和其他数据进行融合计算，开展平安指数分析、社会治安评估等大数据应用，实现对平安建设、治安状况的及时预测，以及对重点人员的精准布控、提前预防、有效处置；在重大活动安保、特殊人群管控、重点事项监测、突发事件处置等工作中及时推送预警信息，有效增强了相关部门的预测预警和打击处置能力，从而真正实现了治安防控"全覆盖、智能化、无死角"。

实际效果：以 2017 年年初发生在衢州市区的一起车辆盗取案件为例，在当时视频监控应用还没有实现智能化的情况下，为侦破案件，两位民警调阅了大量视频资料，用时 6 小时，在沿线 4 千米的 17 个点位视频寻找车辆和嫌疑人；而运用 ET 城市大脑对该起案件重新计算推演时，从民警检索车辆信息以获取第一张盗取图片，到通过城市大脑跨摄像头搜索计算，仅用时 18 分钟即确定了目标。

5.11 无人驾驶公交

在智慧出行时代，无人驾驶公交将会越来越重要，围绕无人驾驶公交，各国都在做着各种尝试。据公开报道：2017 年 12 月 2 日，深圳的无人驾驶公交车正式上路了。这是中国首次、全球首例在开放道路上进行的无人驾驶。支撑这次无人驾驶的是"阿尔法巴智能驾驶公交系统"，它是由中国企业自主研发的无人驾驶系统。它通过工控机、整车控制器、CAN 网络分析路况环境，能够实时对其他道路使用者和突发状况做出准确的反应，目前，其已实现了无人驾驶情况下的行人与车辆检测、减速避让、紧急停车、障碍物绕行、变道、自动按站停靠等功能。

深圳的无人驾驶公交车试运行阶段只有一条福宝线，单程全长 1.2 千米，设有海梁、深巴、福田三站。深圳的无人驾驶公交的智能等级应该为 L2 或 L3，即由机器驾驶，但需要司机随时接管，并且在限定道路上通行。

2018 年 3 月起，美国加州的首批无人驾驶公交车在圣拉蒙市的道路上开展测试，其也采用了中国的"阿尔法巴智能驾驶公交系统"。每辆客车配置了 2 个摄像头、4 部激光雷达、1 部毫米波雷达及组合导航系统，在全开放环境的道路上由西向东安全行驶了 32.6 千米，最高速度为 68 千米/小时，途经 26 个信号灯路口，完成了跟车行驶、自主换道、邻道超车、自动辨别红绿灯通行、定点停靠等试验科目，顺利到达了测试终点。

2019 年 1 月 22 日，由中国重汽集团研发的 L4 级无人驾驶全智能公交车在济南的春暄路、飞跃大道进行了首次公开测试，这次实际测试路段总长为 4.8 千米，这次的道路测试为相关研究提供了重要的参考资料，是实现车联网商用的必要环节。这辆公交车集合了大数据、总动控制、智能联网、视觉计算这些技术成果，而且车上还配备了摄像机、GPS、超声波雷达，车身还有信号接收器用来接收信号。该无人驾驶公交车通过互联网把车与车、路、人之间的信息相连交汇，实现了真正的协同工作，而且其系统安装了安全芯片，有防火墙，采取了身份认证和云端加密技术，可以更好地防止系统漏洞和黑客攻击，从而更好地保障车辆安全。

2019 年，5G 成为热点，无人驾驶是 5G 最重要的应用场景之一。2019 年 5 月 24 日，中国移动和宇通联手进行了一次基于 5G 网络传输条件的无人驾驶公交试乘。这条 5G 智能公交线路是全球首条在开放道路上运行的无人驾驶公交线路，路程全长约 1.53 千米。据报道，中国移动在这条公交线路上建设开通了 31 座 5G 基站、1 千米互联网专线及 33 条环岛监控光纤。试乘路段包括了一系列智能驾驶场景，如巡线行驶、自主避障、路口同行、车路协同、自主换道、精准进站等。这次试乘无疑是一个重要尝试，为 5G 在无人驾驶领域的应用迈出了重要的一步。5G 在无人驾驶乃至智慧出行方面将会大有作为。

5.12 智慧出行的挑战和展望

目前智能驾驶还在 L2 和 L3 级别做尝试。无论是 L3 级别的智能驾驶，还是未来的 L4 级别的智能驾驶，都面临三个技术问题：第一，感知能力不够准，或者说难以在保证一个传感器成本可控的情况下，获得相对好的感知能力；第二，决策能力不足，这也是目前的无人驾驶汽车力求在足够多的场景下测试的原因；第三，整车厂商制造数以万计的无人驾驶汽车，这意味着未来的交通行为很可能要由车而不是司机来负责。这几乎让 L4 级别的智能驾驶根本无法在私家车上实现。实际上，L4 级别的智能驾驶更有可能落地在非交通道路的场景中，比如应用在大学校园、工业园区、旅游景区等速度低于 35 千米/小时的通勤用车上。整车厂商将更专注于为用户提供 L2 和 L3 级别的辅助驾驶，从而提高车辆的附加值。

即便是限定场景的 L4 级别的智能驾驶，目前也面临着成本高昂的问题。广州公交集团羊城通有限公司董事长、总经理谢振东透露，一辆 L4 级别的无人驾驶汽车的成本虽然从 200 万元降至了 80 万元，但仍然有很大的降价空间以满足规模化应用需求。

对无人驾驶创业公司和投资人来说，技术限制及高昂成本相互作用，无人驾驶商业化变得空前艰巨。

创新工场在无人驾驶领域有诸多布局，专注 L4 级别智能驾驶的文远知行、研发无人驾驶货车的飞步科技、提供商业地产和机场摆渡无人驾驶服务的驭势科技都是创新工场投资的公司。尽管无人驾驶的原则是技术为先、产品为先，但同时有一个不能忽视的监管问题。无人驾驶公司正面临技术、成本、商业化等多重难题，这些正考验着各家创业公司的实力。2019 年 8 月 5 日，滴滴出行宣布旗下自动驾驶部门升级为独立公司，专注于自动驾驶研发、产品应用及相关业务拓展。随着新一代技术的迭代，或许在未来几年，无人驾驶创业公司将迎来一轮洗牌。智慧出行还有很长一段路要走，还有很大的创新和想象空间。

日本丰田公司正在打造一个汽车移动平台，叫"E-调色板"，并基于此对智慧出行、无人驾驶的未来场景进行了生动描绘，下面这个场景可能是未来我们经常要经历的：

早上上班的时候，我们通过网约系统约车，车自动开到家门口，把我们送到上班的地方；

过了上班高峰期以后，车会开到物流公司的仓库里去做商品配送，然后中午去办公区卖盒饭；

到了下午，车会再去送货；

到了傍晚，通过网约系统，车会再把我们送回家；

到了晚上，车会装上啤酒、各种小吃，开到一个热闹的街头，成为一家移动商铺。

这不只是一个梦想，丰田公司对此已开展了相关研发。期待更多更加便利和具有颠覆性的智慧出行方案通过智能和数据对出行进行重构！

参 考 文 献

[1] 中国电子信息产业发展研究院. 智能网联汽车测试与评价技术[M]. 北京：人民邮电出版社，2017.

第6章　智能与数据对健康的重构——智慧医疗

- 智慧医疗概述
- "医疗万事通"——轻医疗辅助平台
- "身边的医生"——远程心脏康复评估管理体系
- "在家住院"——移动病房
- 从"可穿戴"到"不穿戴"——新型智能医疗仪器
- "虚拟医生"——AI无人诊断系统
- "智慧养老"——老龄健康管理
- 人机交互及脑机接口探讨
- 智慧医疗实践中的陷阱
- 智慧医疗的机遇与挑战

6.1 智慧医疗概述

随着科学技术的进步和社会经济水平的提高，大众把注意的焦点逐渐转移到提高生活水平、改善生活质量方面。生命健康，成了人们普遍关注的一个热点，因此，医疗作为保障人类生命健康的重要手段，显得尤为重要。

但是，现有的医疗模式和医疗技术有很大的局限性，以中国为例，由于人口众多，社会发展极不平衡，传统医疗模式和技术面临一系列的问题与挑战，具体表现：人口老龄化和生活方式的改变，导致心血管和癌症等慢性病患病率提高；医疗资源分布不均，高端医疗资源集中在大中城市的三级医院，基层医疗设备和人员不足；社保体系不完善，导致一些医疗费用过高，一些人看不起病，有些家庭因病致贫；医疗监督机制不健全，基层存在误诊和误治。

彻底改变这种局面是一个漫长且复杂的过程，但所幸的是，随着人工智能、大数据、云计算、5G 等新技术的迅速发展，智慧医疗的概念逐渐形成，为当前医疗面临的挑战提供了部分有效的解决方案。当前，在全球范围内，欧、美、日、澳、中等国家和地区都在尝试将医疗技术与现代新兴科技相结合，推动传统医疗向智慧医疗转型升级，努力实现医疗的信息化和智能化。有理由相信，在智能+时代的浪潮中，全球的医疗行业将通过智能化与数据化实现重构，从而实现真正意义上的智慧医疗。

6.1.1 智慧医疗的定义

智慧医疗（Wise Information Technology of 120，WIT120）至今没有公认的严格定义。一般来说，所谓智慧医疗，指利用人工智能、信息科学、生物医学及其他现代先进科技，以患者的健康数据为中心，实现跨医院、跨地域、跨行业的新型医疗服务模式。具体而言，智慧医疗采用新型传感器、物联网、通信等技术，结合现代医学理念和诊治手段，构建以患者电子健康档案、电子病历、电子处方为中心的区域医疗信息平台，实现患者与医务人员、医疗机构、医疗设备之间的互动，逐步达到数字化、信息化、智能化。

智慧医疗的概念有狭义和广义之分，其具体含义与人的生命周期紧密关联。

通俗地讲，医学界将人体健康分为 4 个阶段，即健康期、亚健康期、疾病期和康复期。

传统的医疗关注疾病期，采用的手段主要是院内治疗，这也是大多数人习惯的"有病治病"；随着医学观念的变化，近几年也有一部分医生将关注点转向康复期，开始推行全病程管理的理念。疾病期与康复期这两个阶段通常有医生的深入介入，是人们熟悉的"医疗"过程，对应的是狭义的智慧医疗；健康期和亚健康期因为没有明显的疾病症状，被多数人所忽视，也不是医院或医生的关注点，因此这两个阶段通常称为"健康"过程。"健康"和"医疗"这两个过程组成了所谓的全生命周期健康管理（见图6-1），对应的是广义的智慧医疗，也可称为智慧健康。在本书讨论中，因篇幅所限，不刻意区分智慧健康和智慧医疗，统称为智慧医疗。

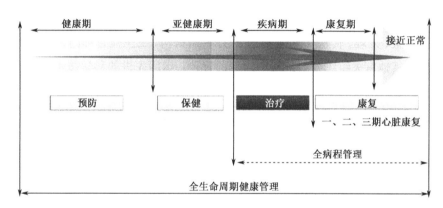

图6-1　全生命周期健康管理

6.1.2　智慧医疗的分类和组成

智慧医疗的分类和组成非常复杂，有很多不同的标准。综合起来，一般可以按照三个标准来划分智慧医疗：根据实施主体，其可分为智慧医院系统、区域卫生系统、社区/家庭健康系统及第三方医疗服务平台等；根据对医生的支持手段，其可分为临床医生工具、计算机辅助诊疗和AI无人诊疗；根据通信手段，其可分为远程医疗和本地医疗。

1. 按实施主体分类

按实施主体划分的智慧医疗侧重于宏观，多以信息系统的形式出现，强调的是各节点之间的配合和协同，典型的包括智慧医院系统、区域卫生系统、社区/家庭健康系统及第三方医疗服务平台等。

（1）智慧医院系统。智慧医院系统围绕医院相关职能进行信息化和智能化，通常由数字医院系统和与之配套的提升应用两部分组成。

数字医院系统包括医院信息系统（HIS）、实验室信息管理系统（LIS）、医学影像信息的存储系统和传输系统（PACS），以及医生工作站等，主要用于收集、存储、处理、提取及交换病人诊疗信息和行政管理信息。

与数字医院系统配套的提升应用则包括远程探视、远程会诊、临床决策支持、智慧处方、智慧煎药、药物配送、虚拟专家助手和机器人专家等相关的软硬件系统。

智慧医院系统把传统医院通过智慧技术的手段进行信息化或虚拟化，因此，它与医院的各种运营要素和流程密切相关，好的智慧医院系统往往是在现有的知名医院的运营体系上进行设计的。

（2）区域卫生系统。区域卫生系统又包括区域卫生平台和公共卫生系统两个部分。区域卫生平台包括收集、处理、传输社区、医院、医疗科研机构、卫生监管部门记录的所有信息；帮助医疗单位及其他有关组织开展疾病危险度的评价，运用先进的科学技术，制订定制性的危险因素干预计划，减少医疗成本，制作预防和控制疾病发生与发展的电子健康档案。公共卫生系统则由卫生监督管理系统和疫情发布控制系统组成。

区域卫生系统实质上是用智慧手段进行区域卫生信息的管理，它侧重的是统计与管理职能，所以往往是由政府相关部门与行业协会主导的。

（3）社区/家庭健康系统。社区/家庭健康系统是智慧医疗的末端，主要为居民的健康提供保障，具体包括：为行动不便无法到医院就诊的患者提供视频医疗；为慢性病及老幼病患提供远程照护；为特殊人群如残疾人、传染病患者等提供健康监测；提供用药时间、服用禁忌、剩余药量提醒等附加服务。

社区/家庭健康系统大多属于广义的智慧医疗范畴，也是最贴近广大人民群众的系统，有"医疗"，有"健康"，甚至还有"护理"和"亲情"等内容，内涵五花八门。

（4）第三方医疗服务平台。第三方医疗服务平台主要是由企业主导的，是风险投资人和创业者的乐园。基于互联网的第三方医疗服务平台如雨后春笋般出现。统计表明，高峰时基于互联网的第三方医疗服务平台有 7000 多家，其中不乏如好大夫、春雨医生和丁香园等这样一些知名平台。可以想象，随着人工智能、大数据、云计算、5G 等新一代信息技术在医疗行业的应用，更多的第三方医疗服务平台还会络绎不绝地出现，这些平台既是智慧医疗专业部分的补充，也是智慧医疗不可或缺的重要组成部分。

2. 按对医生的支持手段分类

智慧医疗无论多么"智慧"，最终还是需要回到"医疗"二字上来。不管是国内还是国外，医生都是医疗体系的核心，同样也是智慧医疗的核心，因此，医生的地位与作用在智慧医疗中绝不能被低估，为医生提供各种不同的支持手段也是智慧医疗的重要任务。与按实施主体分类强调宏观体系和系统不同，按对医生的支持手段分类的这种分类更侧重于微观的操作和应用，强调这些手段在医生临床工作中的实用性和专业性。

在中国古代，传统中医的医疗手段非常原始，只有用于诊断的"望、闻、问、切"和用于治疗的中药、针灸、推拿等，其主要依赖于医生本身的技术和一些简单的工具。而到了现代，情况完全改变，科学的发展促成了大量利用现代科技手段研制的先进医疗系统，从而实现了医疗的标准化和普及化，大大降低了医生诊治的难度，提高了诊治的准确性和可靠性。

（1）临床医生工具。多数的医疗仪器及相关软件均属于临床医生工具。监护仪帮助医生精确快速地获取病人的基本生命体征；B超、X光机、CT、MRI等医学影像仪器帮助医生看到以前看不到的人体内部；血球仪、生化仪等检验仪器则帮助医生精确分析人体体液的各种成分；各种分析软件大大降低了医生的工作强度。这些仪器与软件不仅是医院内临床不可或缺的工具，而且部分开始向医院外的预防、保健及康复等领域延伸。

上述医疗仪器与相关软件是否属于智慧医疗也有一定的争议，有的人认为，它们是按照固定程序进行工作的，不够"智慧"，应该属于传统医疗，不应该归于智慧医疗的范畴。但事实上，随着科技的发展，越来越多的先进技术用在了这些仪器或软件上，将其归于智慧医疗范畴并无不妥。

（2）计算机辅助诊疗（Computer-Assisted Diagnosis & Treatment，CADT）。如果说传统的医疗仪器是医生的眼睛、鼻子和手等感觉器官的延伸，那么计算机辅助诊疗则是医生大脑的延伸，这是一个了不起的进步——仪器开始思考了！科学家们深入研究医学和工程理论，反复模拟医生的诊疗过程，试图找到一些通用的算法和规律来解释各种医学数据、图形和影像。这些研究是行之有效的，在部分领域也取得了一些成果，如心电图和医学影像的自动识别。但是，限于以往的数学和物理工具，计算机辅助诊疗始终没有达到业内所期望的效果，只在一些不重要的场合出现，带给医生的帮助也没有达到预期的效果。

新技术的发展给计算机辅助诊疗的研究人员带来了福音，随着VR和AR等技术的引入，近几年计算机辅助诊疗也取得了飞跃式的进步。例如，先行的医生已经开始尝试"戴着眼镜"做手术了，其不但可以把进行中的手术信息与更多医生实时分享，也可以同步得到计算机和不在场的专家的在线指导与帮助，从而大大降低了手术的难点与风险。

（3）AI无人诊疗。AI无人诊疗也称为"虚拟医生"，是对医生的支持手段的最终形式，其目的是彻底取代一般意义上的医生。随着人工智能的发展，AI无人诊疗有望在一些细分具体领域大展身手。例如，已经有研究人员研制出完全不需要医生的心脏病无人诊断系统，其可以根据病人的描述、病史、生理体征和心电图等信息自动诊断部分指征明确的心脏病病种，且其有效率与准确性高达80%。但是即使如此，医生，只有医生，才是整个医疗体系无可替代的核心，在可预见的未来，医生的主体地位仍然是不可撼动的，AI 无人诊疗仍然只是医生知识、数据与经验的"翻译器"和"解释者"。

临床医生工具、计算机辅助诊疗和 AI 无人诊疗不是完全意义上的并列关系，它们反映的是一种既并存又渐进的状态。

3. 按通信手段分类[1,2]

智慧医疗按通信手段分，通俗地说，能联网的、数据能发送到远端的智慧医疗就是远程医疗；不能联网的、数据存储在本地的智慧医疗就是本地医疗。人们常说的互联网医疗、移动医疗、4G/5G 医疗等都属于远程医疗的范畴。

有人认为，只有能联网的远程移动医疗才是智慧医疗，本地医疗不能称为智慧医疗，这是一个误解。因为医疗行业的特殊性，很多医疗数据只能存储在本地，但这并不妨碍智慧医疗科技的应用。例如，现在有不少机构在研究 AI 医学影像识别，其理所当然是智慧医疗的重要成员。

远程医疗是大多数互联网公司和通信公司进入智慧医疗领域的切入点，可以说是兵家必争之地，现在竞争已经进入白热化。但是，要强调的是，无论用什么手段，智慧医疗始终是"医疗"，只有围绕"医疗"二字做文章，才是真正的智慧医疗，否则就一定会流于形式，与初衷渐行渐远。

在实际的生活和工作中，不同分类的智慧医疗组成其实很难区分清楚，往往是你中有我，我中有你。例如，家庭健康系统往往需要和计算机辅助诊疗相结合，而 AI 无人诊疗也需要依赖远程医疗中的大数据平台。

6.1.3 人工智能在智慧医疗中的应用[3]

经过多年的发展，人工智能已经在智慧医疗领域发展到了相当的阶段，可以说是枝繁叶茂了。人工智能在智慧医疗领域的 6 大类应用（见图 6-2）如下。

（1）虚拟助手。虚拟助手主要指借助语音与文字识别、大数据分析和机器学习等技术，实现语音电子病历、智能问诊和推荐用药等功能。

（2）医学影像。医学影像指借助大数据分析、深度学习和云计算等技术，实现三维重建、病灶识别和智能放疗等功能。

（3）辅助诊疗。辅助诊疗指借助大数据分析与物联网等技术，实现大数据辅助诊疗和医疗机器人等功能。

在辅助诊疗方面，目前人工智能能够实现多模态影像、病理、检验、基因及随访信息分析，通过高性能处理器实现影像数据模型，实现患者疾病的自动准确诊断等。

（4）新药研发。新药研发主要指采用大数据分析、深度学习、云计算与 GPU 等技术，实现药物筛选、副作用预测和跟踪研究等功能。

（5）健康管理。健康管理采用的技术手段主要是图像/语音/文综识别、大数据处理、云平台与 GPU 等，可以实现身体健康管理、精神健康管理、营养跟踪管理和医院管理等功能。

（6）疾病风险预测。疾病风险预测采用的技术手段主要包括大数据处理、深度学习、云计算与云平台等，目的是实现基因检测和重大疾病预测等功能。

随着科技应用的深入和医疗健康领域的扩展，新的应用场景还将不断涌现。

图 6-2　人工智能在智慧医疗中的应用[3]

6.1.4　智慧医疗面临的任务

智慧医疗的主要任务一言蔽之，即解决传统医疗体系所面临的难题与困境，其内涵非常丰富，具体包括以下内容。

1. 延伸健康周期

当前，"御病于治"向"御病于防"转变，这已经形成了社会共识。根据政府的最新要求，在未来几年，中国将有 3000 多家医院试点建设健康促进医院，其职能将从疾病治疗向健康管理转变。在许多发达国家也有类似的趋势，这无疑是智慧医疗大展宏图的机会，可以预言，智慧医疗在全生命周期 4 个阶段都将发挥重要作用。至于最终效果如何，大家拭目以待。

2. 提升诊疗水平

智慧医疗在提升诊疗水平中起到了显而易见的作用，尤其是在县级以下的基层医院。15 年前，中国医学科学院曾经的一个全国调查发现，基层医生因为学历不高、接触的病例少、经验不足，即使得到了政府划拨的医疗设备也不敢使用，担心出现责任事故。但是随着智慧科技的发展，现在的仪器设备和软件越来越智能化，越来越简单，加之基层医生可以实时获得大医院医生的支持，因此，基层医生逐步开展一些疑难杂症的诊断和治疗，这在若干年前还是难以想象的事情。

3. 共享医疗资源

共享医疗资源事实上已经进行了很多年，远程医疗的重要内容之一就是先进的医院对普通的医院进行远程辅导和支持。近些年，随着通信手段越发完善，远程会诊甚至远程手术早已不是什么新鲜事了。但是，单靠远程手段进行医疗资源共享还有一定的局限性，毕竟水平高的医生每天都很忙，能腾出来的时间和精力非常有限，因此，通过人工智能等技术对专家的知识和经验进行总结，从而研制大量的专家系统，实现不需要医生实时在线的资源共享，将是智慧医疗下一步的工作重点。

4. 提升生命质量

生命只有一次，智慧医疗最终需要服务于提升生命质量这项任务。有很多人在这方面进行了初步的探索，智慧养老、智慧护理等理念与方案也逐步用于实践。智慧医疗在这些领域同样大有可为。

智慧医疗行业现在风起云涌，英雄辈出，苹果、谷歌、华为等企业纷纷投身其中，提供了一些很有特色的产品及服务。但是，还有更多不知名的机构或个人，同样在踏踏实实做相关的工作，为推进智慧医疗做出自己的贡献。

6.2 "医疗万事通"——轻医疗辅助平台

轻医疗辅助平台是大多数普通人最开始接触的智慧医疗，也是很多人把远程移动医疗等同于智慧医疗的缘由。

远程医疗的概念在互联网出现不久后就已经出现，但受限于当时的网络与通信条件，以及人们对治病的观念，远程医疗只在专业的小圈子内尝试，多用于大医院支持小医院进行会诊，没有被大众认知和熟悉。

直到 2010 年，远程移动医疗的概念被引入中国后，先后出现了好大夫、春雨医生、丁香园等一批有影响力的、面向普通人的远程移动医疗服务商，点燃了远程移动医疗的星星之火，并得以迅速燎原。在短短两年间，大量的远程移动医疗初创企业浮现，高峰时期有 7000 多个医疗与健康 App 上线。这一批企业大多是与医疗健康相关的查询、咨询类服务提供商，它们擅长的是提供各种与医疗健康相关的信息，因此称它们为轻医疗辅助平台——"医疗万事通"。

轻医疗辅助平台并不触及真正的专业医疗，而是作为病人或医生的工具平台出现，但它使人们突然意识到，原来"有病上医院"的模式是可以改变的。这一观念的改变开启了智慧医疗的大门，因此轻医疗辅助平台的出现在医疗行业有着划时代的意义。

6.3 "身边的医生"——远程心脏康复评估管理体系

康复是全生命周期健康管理的第四阶段，是疾病治疗的延续，也是疾病治疗后的必经阶段，治疗与康复相辅相成，其重要性不言而喻。

康复根据患者的治疗效果和患者恢复程度分为三期，相应地可将患者安排在医院、家庭及社区康复。刚治疗完、风险比较高的患者先进行一期康复，大约一周时间，因为医院具备专业医护人员和完备的仪器设备，康复的手段较多，所以医院内康复相对比较安全，康复的效果一般比较容易保障。当患者过了急性恢复期转为常规康复治疗时，就开始了二期康复，在本期，对于病情相对复杂、风险较高的患者，建议在医院做康复治疗；而对于恢复较好的患者，则可转社区进行康复治疗，周期为 3~6 个月。对于康复治疗相对稳定、风险可控、做完二期康复治疗的患者，可在家庭和社区进行三期康复。三期康复是一个长期和持续的过程，很多患者甚至是终身康复。与医院内康复相比，家庭与社区康复比较容易普及，风险较小的患者可采用居家康复、社区评估和社区康复及评估的手段，而如何科学地评估家庭及社区康复的效果是一个难题，形成专业化、标准化的全方位、全病程的系统康复方案是一个比较大的工程。

山东德州人民医院在这方面率先做了尝试，其与武汉清易云康医疗设备有限公司在中华医学会和中国康复医学会的支持下，联合建立了远程心脏康复评估管理体系（见图 6-3），具体如下。

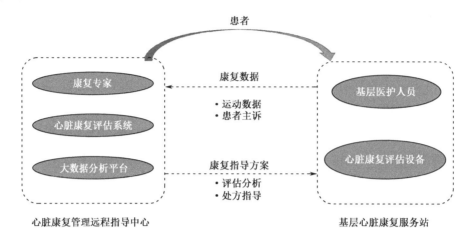

图 6-3　远程心脏康复评估管理体系

（1）在山东德州人民医院建立心脏康复管理远程指导中心，配备专业的心脏康复评估系统和大数据分析平台。

（2）在德州其他县市医院或社区卫生服务中心建立基层心脏康复服务站，配备 6 分钟步行分析监测系统等心脏康复评估设备。

（3）在德州人民医院治疗的患者出院后回到对应的基层心脏康复服务站，由德州人民医院心脏康复专家制订康复方案，患者定期在当地医生和护士的指导下进行心脏康复，并定期进行 6 分钟试验和其他相应的检测。

（4）试验和检测结果统一通过远程通信手段反馈到德州人民医院心脏康复管理远程指导中心的大数据分析平台，由系统提供分析数据，专业医生评估结果，制订下一步的康复计划，出具标准专业的五大处方，交给基层医护人员落实康复计划。

远程心脏康复评估管理体系很好地将医院内治疗与基层康复结合起来，确保患者在离开医院后仍能与医院保持紧密联系并在医生指导下进行科学康复，避免了患者在出院后因为未能正确康复导致治疗效果不理想的现象。

6.4　"在家住院"——移动病房

有过三甲医院住院经验的人都知道，这些医院一床难求，在走道住院的患者也不是个例，很多患者手术后刚恢复一点儿就得离开医院。在医院里，很常见的一种情况是，一旦某个患者被治好，则他对其主治医生和团队有无限的信任。但是在现有的医疗体系下，患者一旦离开医院，再想和原有的医护人员保持紧密联系非常困难，这完全取决于医生个人的性格和操守。不少患者反映，离开医院后其常有一种无所依靠、不知所措的感觉。

6.4.1 移动病房的概念

依赖于医疗大数据平台和远程通信手段，部分医院联合智慧医疗企业，提出了移动病房的概念。其具体的实现方式如下。

（1）患者一旦住进医院，他的所有医疗数据和诊疗手段就完整地存储在医院内部的数据中心平台，由医护人员根据实际情况进行处理。

（2）当患者出院时，其根据医生建议在家里配置相应的医疗仪器，这些仪器与医院的数据中心平台相连，数据无缝对接医院的数据中心平台。

（3）患者在家里用相应仪器进行与在医院完全一样的监测，并将数据传回医院，医院的数据中心平台将出院后的数据与在医院的数据进行分析，为患者提供每天的诊疗计划，一旦出现异常，医院的数据中心平台将自动向院内医护团队报警，由医护团队组织相应的人员进行远程诊断或急救。

这种方式可以看成患者住院期间的延伸，既可确保医院的资源不被浪费，又可确保患者回家后可以继续接受原有医护团队的服务，避免出院后没人管的尴尬现象，因此称其为移动病房。

6.4.2 移动病房的特点

移动病房最大的特点是三个"统一"，具体如下。

（1）统一的医疗数据：所有用于诊疗的数据必须是专业的医疗数据，必须使用医院认可的专业医疗仪器和设备，不能依赖于市场上流行的一些消费类健康产品（如手环等），简单地说，移动病房要求采用医院内外指标一样的仪器，从而确保医疗数据的统一。

（2）统一的专业化模式：移动病房采用的是医院医疗专业标准的模式，除了患者是在家里，其他监控和护理工作要基本与医院保持一致，什么时候检测、什么时候服药等都需要标准化、专业化和流程化，整个模式既需要通过设计好的软件和程序控制，也需要和医院的专业医护人员远程保持密切的沟通，确保医院能在需要的时候"远程查房"。

（3）统一的医护团队：与其他远程方案不同，移动病房核心强调的是患者和原住院期间的医护团队直接对接，而不是在网上漫无目的地寻找医生，通过住院期间的直接沟通，医生熟悉了病人，病人也信任医生，这样可以大大降低潜在的医疗纠纷。

在此过程中，如果只有医院和患者双方，通常只能解决"诊"的问题，患者可能还需要时不时去医院接受后续的治疗。如果把社区健康驿站作为移动病房体系的一部分补充进来，其在医院的指导下为患者提供身边的护理工作，则有可能弥补远程医院只能"诊"不能"疗"的缺陷。

6.4.3 移动病房的核心

实现移动病房主要依赖能涵盖医院内和医院外的综合信息管理软硬件平台，由于医疗数据法规的相关限制，医院内数据和医院外数据还不能做到直接对接，因此，一个可行的方法是设计两套不同的系统，如医院内无线医学数据管理系统和医院外慢病管理系统，将它们汇集到同一个数据中心，但数据库保持相互独立，体现在用户界面上则保持完全一致。如图6-4所示为移动病房综合信息系统。

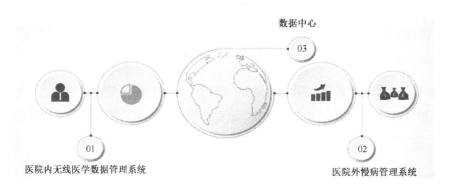

图 6-4　移动病房综合信息系统

6.5 从"可穿戴"到"不穿戴"——新型智能医疗仪器

6.5.1 "可穿戴"的产生及局限

智慧医疗要进入家庭，意味着医疗仪器要便携化、小型化和简单化，因此，各种各样的家庭血压计、心电仪、血糖仪等小型设备应运而生。但是直接从传统医疗器械改过来的仪器往往是侵入式或接触式的。例如，目前的家庭血压计仍然离不开袖带，属于需要束缚、捆绑的接触式检测设备，虽然检测结果清晰准确、抗干扰性强，但用户体验差、不舒适、不方便，不适合长期检测。

为此，以眼镜、手表、衣服等为载体的可穿戴医疗仪器应运而生，在短短几年间，它们在智慧医疗领域一时风头无两，迅速在市场上占了一席之地。但是，经过一段时间的实际应用，市场上的可穿戴医疗仪器仍然存在如下一些不足。

（1）必须穿戴。所谓可穿戴医疗仪器是必须穿戴的。可穿戴医疗仪器大多将传统的袖带、导联等加以简化，虽然相对于动辄"五花大绑"的传统医疗仪器已经便利了很多，但它们还是需要穿戴在身上的。不习惯穿戴、忘记穿戴、穿戴影响睡眠的用户就不适合用这类仪器，例如，很多老人就不习惯晚上睡觉时戴着手表。

（2）直接接触人体。大多数可穿戴医疗仪器，如智能血压计、智能手环等，必须通过直接的皮肤接触方能达到生命体征指标测量的目的，还有一部分甚至还要轻微侵入，如无创血糖仪。而针对不宜触碰的重症者、长期卧床的老人和皮肤较敏感的特殊使用者等群体，较长时间使用这些可穿戴医疗仪器仍然是不可接受的。此外，作为医疗仪器，只要接触人体，清洁消毒是少不了的，这直接导致了很多可穿戴医疗仪器没法在实际生活中应用。例如，某医院曾经试用过心电监护背心，但很快就放弃了，主要原因是其内部有电子器件，无法方便地进行拆卸、清洗与消毒。

（3）精度存疑。可穿戴医疗仪器的体积一般非常小，而在极为有限的空间内需要放置不同的电子元件以实现功能的多样性，同时为保证较长续航时间，还需要添加较多的电池模块，在现有的制造水平下，这必然以牺牲仪器的性能和精度为代价。以心电仪为例，流行的"心电贴"很多只有单个导联电极，而临床上的心电仪往往有 7 个或 12 个导联电极。

6.5.2 "不穿戴"的崛起

为了解决"可穿戴"的局限问题，又出现了更新更先进、用户体验更好的技术，将"可穿戴"进一步发展到"不穿戴"，为智慧医疗指出了一个崭新的发展方向。

香港理工大学余长源教授及其团队基于其独有的光纤专利技术，成功将通过检测记录微小身体振动来进行测量的 BCG 技术应用在人体检测上，研制出了新一代的不需要直接接触人体的新型智能医疗传感器（见图 6-5）。其基本原理：人体除了每次呼吸身体有微小的振动，还有每次心脏搏动引起的振动，检测并过滤分析这些细微的振动信号，可以得到呼吸率和心脏活动的信息，包括心率、血压、泵血、心率变异性等数据，从而可了解心血管、消化系统、免疫系统等与健康状况息息相关的生命指标，对健康状况进行实时监测。

图 6-5　智能健康光纤传感器

该传感器在医疗仪器领域有广阔的前景，目前，基于该传感器的智能健康椅垫和床垫已经问世。简单地说，只要在普通椅垫或床垫下放置若干薄薄的光纤作为传感器，用户不需要佩戴任何导线或探头，舒服地坐或躺在上面，系统即可通过独有的非接触式光纤干涉检测技术和深度神经网络（DNN）学习，实现呼吸率、心率、动态血压等多种生命体征的实时有序检测。相关数据可通过物联网传送汇聚于云端服务器，可进一步处理分析用户的坐姿、睡眠质量、健康状况等，最终建立大数据健康监控平台，对用户进行长期的智能健康管理。通过物联网，监测结果可以实时传送，从而可实现自我监测、远程监测及专业监测。

"不穿戴"式新型智能医疗仪器弥补了"可穿戴"式的不足，使用户在不知不觉中就实现了检测，更加便利，而且在舒适、放松的状态下得到的测量结果也更加准确。"不穿戴"式新型智能医疗仪器适用于对用户进行长时间的健康监测和疾病预测，符合智慧医疗未来的发展要求。

从"可穿戴"到"不穿戴"，带来了更好的用户体验、更准确的检测结果；从"可穿戴"到"不穿戴"，也表明了未来智慧医疗仪器舒适化、家居化的趋势和潮流。

6.6　"虚拟医生"——AI 无人诊断系统

医疗保障是一个社会难题，在中国，医生数量有限，而且医生的水平差别很大，现有的医学教育体系培养出的医学专业人才远远跟不上社会发展的需要。因此，人工智能在智慧医疗中的应用被人们给予厚望，很多科学家希望利用人工智能解决医疗资源不平衡的问题。

人工智能主要包括机器学习和认知能力提升。随着机器学习技术的进步，从海量数据中自动归纳物体特点和进行识别不再是一个梦。人工智能和医疗诊断的结合，极有可能产生激动人心的突破。如今，神经网络与深度学习网络等算法的应用，使机器可以通过训练学习自主建立识别逻辑，从而大大提升图像识别的准确率。人工智能能够分析多模态影像、病理、检验、基因及随访信息，通过高性能处理器得到影像数据模型，实现患者疾病的自动准确诊断。

简单地说，AI 无人诊断系统是这样一种计算机系统：它可以建立一种从数据中产生模型的学习算法，在获取分析大量的医学诊断的经验数据后，它可以根据这些数据产生模型，而在面对新的未知的情况时，它可以根据该模型提供相应的医学判断。

下面是利用大数据及人工智能建立 AI 无人诊断系统的一个可能流程[4,5]。

（1）针对某种疾病收集大量现有的病历。

（2）筛选出其中的有效病历，进行结构化提炼，建立自变量数据集和因变量数据集。

自变量数据集为患者的病理特征，包括尽可能完善的导致疾病的因素与疾病表现，如患者的基本信息（性别、年龄、身高、体重、地域、职业等）、疾病史、家族史、病症表现、医学检验结果、医学影像等。

因变量数据集则为疾病诊断结果，包括疾病种类、疾病所处阶段等。

（3）借助神经网络与深度学习等算法，让机器自主训练学习，将病理特征与诊断结果进行匹配，建立自变量与因变量之间的逻辑关系。

如图 6-6 所示为 AI 无人诊断系统的判断逻辑关系模型。

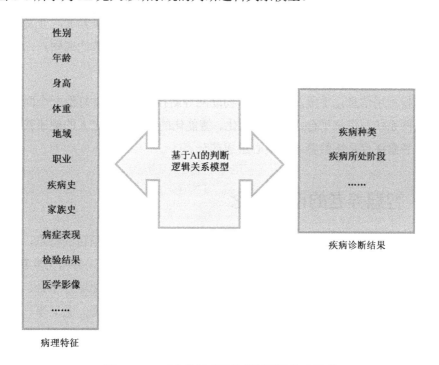

图 6-6　AI 无人诊断系统的判断逻辑关系模型

（4）在不断收集完善数据的基础上，反复对该模型进行优化和训练，最终形成可以自主识别未知疾病的无人诊断系统。

目前，已经有系统采用该方法学习了近 200 万份真实病历，其目前能诊断 32 种疾病，对 24 种疾病的诊断准确率达 94%，有望在基层卫生机构中得到广泛的应用。

可以想象，未来人们可以在手机或计算机上对一些疾病进行初步诊断，根据诊断结果再确定是否前往医院进行更深度的检测治疗。

6.7 "智慧养老"——老龄健康管理

6.7.1 智慧养老的背景

随着中国、日本等许多国家的人口老龄化加剧，智慧养老开始发力，迅速成为一个举足轻重的产业。

在中国，从 2013 年开始，政府就认识到养老问题的严重性，持续发布了关于扶持养老产业发展的政策，而从 2015 年开始，相关政策由扶持老人转向扶持产业、扶持市场。随着社会需求的增长和科学技术的进步，尤其是互联网、大数据的普及，智慧养老产业正在逐步成为新兴养老服务的新模式。2017 年，国家先后发布了《智慧健康养老产业发展行动计划（2017—2020 年）》和《三部门关于开展智慧健康养老应用试点示范的通知》，在政策层面宣告了中国养老产业已进入智慧养老时代。

智慧养老指利用信息化手段及互联网和物联网等新技术，研发并打造一个面向居家老人、社区等的物联网系统与信息平台，通过数据化、智能化的方式实现老人的健康管理和安全防护。很显然，智慧医疗是智慧养老的核心组成部分。

6.7.2 智慧养老的设计理念

智慧养老的内涵非常丰富，而且在逐步完善中。根据智慧养老项目的特点，在项目设计时，需要做到功能业态多样化、服务人员特殊化、管理工作专业化，并努力实现以人为本、按需设计、量身定做、适度超前的个性化设计理念；对通信及智能化运行平台，要配置常规安防、网络通信、楼宇管理消防系统等，实现医、食、住、行、文、娱、思、享、健等功能。智慧养老实际上是集成类项目，可以将很多不同方面的解决方案集成在里面，其中重点考虑的模块如下。

（1）智慧家居。老人对室内外环境、空气质量及噪声等许多因素都非常敏感，如何让老人有舒适健康的环境是人们所关心的大问题，在这方面，智能化的噪声屏蔽系统、空气检测及处理系统和温控系统等都有较大的用处。

（2）慢病管理。大多数老人都患有或多或少的慢性疾病，借助家庭健康医疗设备与系统，老人可以足不出户实现在家定期体检，相关的生命体征数据同时上传到云服务平台，家庭医生或医院的专业医护人员可以在分析这些数据的基础上及时对老人进行监控并给出指导意见。

（3）一键救护。一键救护是老人智慧医疗不可缺少的内容，通常由两部分组成，一是室内安装的一键报警紧急救助系统，以便老人摔倒或需要时得到社区人员的及时救助；二是老人外出时需要的智能安全、跟踪服务及自动报警系统，如智能拐杖或智能救护手表等。

（4）亲情关怀。空巢老人是一个非常普遍且值得关注的社会现象。老人在家，很多时候不仅需要物质上的满足，更需要心理上的慰藉，因此，如何利用智慧手段为老人提供亲情关怀也是非常重要的课题。对此已有一些有益的探索，如可以聊天说话的智能陪伴机器人、远程亲情音视频系统、微信家庭健康系统等。

（5）智慧教育。不少年轻人无法理解老人的心理，往往会忽略老人对智慧教育的需求。事实上，很多老人虽然已经退休赋闲了，但仍然对学习有浓厚的兴趣，希望能尽可能跟上时代的步伐，因此，智慧教育也是智慧养老的重要部分。例如，有企业开发了健脑教育方面的App，用于防止老年痴呆，这也是项目集成时可以考虑的选项。

（6）智慧护理。智慧护理在智慧养老中的地位毋庸置疑，是项目实施的重要模块。在市场上有很多智能化产品可供选择，如智能按摩椅仪等，而如何将具体的设备和服务相结合，搭建整体化、规范化和规模化的体系，是项目实施的重点。

智慧养老设计理念如图 6-7 所示。

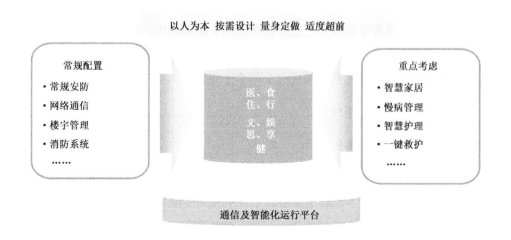

图 6-7　智慧养老设计理念

6.7.3 智慧养老系统

智慧养老系统的建设分为以下五层。

（1）环境。其是指基础体系，为项目提供建筑及通信服务、云计算、物联网等良好的基础设施与设备支撑，包括机房装修系统、机房配电系统、UPS、空调、防雷接地、环境监测等。

（2）信息化基础。其主要指网络数据硬件体系。综合管网系统是各智能化系统设备联结和集成的桥梁，包括网络化管理、开放式传输等基本功能。智慧养老网络体系如图6-8所示。

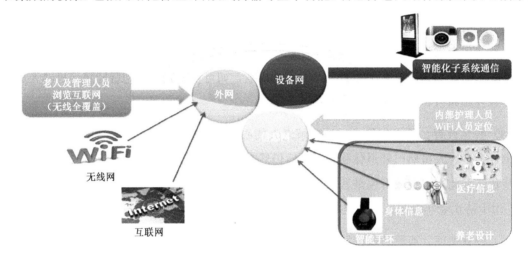

图6-8　智慧养老网络体系

（3）平台层。其指软件应用体系，包括比较广泛的内容，如安防系统、消防系统、办公系统等。

（4）应用层。其指服务管理体系，包括健康管理智能化系统、生活服务智能化系统、物业管理级生活服务管理系统、照护服务智能化系统、医疗信息及显示查询系统、电子呼叫系统、文化服务智能化系统等，这些系统还包含很多子系统。

（5）运维层。其指保障运维体系。

智慧养老建设总框架如图6-9所示。

当前，智慧养老的目标是2020年全面建成以居家为基础、社区为依托、机构为支撑的功能完善、规模适度、覆盖城乡的养老服务体系，从长期发展来看，这一领域撬动的很可能是数以万亿元计的银发市场，因此值得进一步深入讨论和研究。

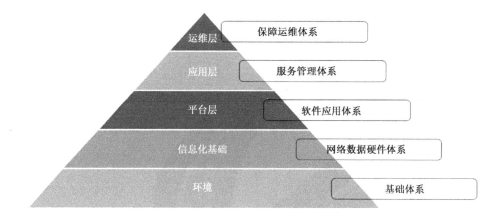

图 6-9　智慧养老建设总框架

6.8　人机交互及脑机接口探讨

6.8.1　背景

2019 年 8 月，在上海举办的颇具影响力的"世界人工智能大会"备受关注，其中"双马对话"成为大会的亮点。在对话中，马斯克提及了他的脑机接口项目 Neuralink。Neuralink 将人工智能植入人脑皮层来提高人的智力，这无疑是一个重要的尝试。围绕这个领域，学术界及产业界都在进行各种尝试。脑机接口（Brain Machine Interface，BMI）是继人工智能后人类智能（Human Intelligence，HI）形态形成的关键突破口，其核心技术是用机器来连接人类大脑，通过设备读取大脑信息，从而了解且增强大脑功能，并用大脑活动控制机器等。这项技术成熟后将颠覆且重新定义诸多应用领域，如智能生活、睡眠管理、疼痛监测、疾病预防和残疾人康复等。BrainCo 公司在非侵入式的脑机接口及人机交互方面都进行了很多尝试。

6.8.2　脑机接口技术原理

BrainCo 公司的核心产品为基于 EEG 信号的脑电采集与分析检测的头环设备——赋思头环（见图 6-10），其涉及的核心技术包括自主研发的固态凝胶电极、自主研发的电路板及算法。

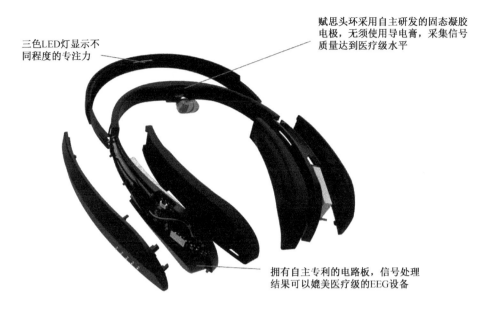

图 6-10　赋思头环

（1）赋思头环采用自主研发的非侵入式固态凝胶电极，无须使用导电膏，采集的信号质量达到了医疗级水平。相比于传统的金属干电极在采集信号方面不精准和传统的湿电极耐久度不高的缺点，固态凝胶电极不仅拥有良好的导电性，还可以保持高耐久度及舒适度。

（2）赋思头环自主研发的电路板包含硬件电路、通信系统及嵌入式软件，信号处理结果可以媲美医疗级的 EEG 设备。

（3）赋思头环自主研发的注意力算法可以帮助用户量化专注力值。通过深度学习与神经网络算法，结合大数据的采集和训练，该产品可以通过模式识别更加精确地帮助用户了解自己的专注力情况。

6.8.3　医疗健康应用场景

1. 阿尔茨海默病延缓

BrainCo 公司在未来将会进入医疗健康领域，并将产品命名为 Focus Wisdom。目前，中国 60 岁以上老人的阿尔茨海默病患病率呈上升趋势。同时，脑计划被认为是比人类基因组计划更伟大的工程，政府启动了"中国脑计划"，旨在以"健康脑"为导向，希望在未来 10～20 年能够在疾病早期干预方面取得突破。通过治疗阿尔茨海默病症状来改善老人的生活质量，将对整个家庭有很大的意义。

神经反馈训练可以锻炼大脑弹性，缓解阿尔茨海默病症状。脑机接口技术通过神经反馈训练，帮助老人恢复其因为年龄增长而衰退的认知功能。众所周知，阿尔茨海默病现已成为困扰老年人群体乃至整个社会的难题，而认知功能障碍（Mild Cognitive Impairment，MCI）则被视为阿尔茨海默病的前兆，其表现为短期记忆力丧失、轻微语言功能障碍等。BrainCo 公司正在研发的 Focus Wisdom，可以在认知功能障碍阶段进行干预，通过神经反馈训练游戏及认知能力训练游戏，提高老人的认知能力，从而达到预防、延缓阿尔茨海默病的目的。

2. 自闭症康复

自闭症是一种神经发育疾病，核心症状是社交和语言功能缺陷，未经有效干预，患者常常生活无法自理。中国的自闭症人数保守估计有 1300 万人，但目前有超过 30%的患者诊断后没有接受任何治疗。自闭症在美国的发病率在过去 30 年中增长了 17 倍，2018 年达到 1.7%。

目前市面上针对自闭症的解决方案功效有限，康复率低，诊断和疗效的评估都依赖于主观评价；药物治疗则会有很多的副作用。结合脑机接口技术的自闭症疗法为患者提供了一种新的解决方案——一种客观、精准、无创的生物学途径，其通过神经反馈训练，可以改善脑神经功能，形成行为和大脑之间的闭环式干预，无须服药，无副作用。神经反馈训练是美国儿科医学学会等权威机构推荐的科学康复健脑方法，其有效性得到发表于 *Nature*、*Science* 等学术期刊的千余篇学术论文的支持。

基于脑机接口研发的自闭症解决方案，通过基于 Mu 波的神经反馈训练来改善自闭症患者的社交功能和相关症状。Mu 波反映的是人的镜像神经元系统功能，与人的模仿能力、社交技能和同情心密切相关。自闭症患者的 Mu 波不太正常。自 2008 年起，已有多项临床试验发现 Mu 波自闭症神经反馈训练能改善自闭症症状。科学家因此设计了一系列实验，使用 BrainCo 公司的头环为自闭症患者开发了一套神经反馈训练系统，其融合了认知神经科学、应用行为分析（ABA）、丹佛模型（ESDM），以及社交机器人等循证儿童医学研究成果，用来提高自闭症患者的社交能力和专注力。

6.8.4 智能机械义肢技术原理及特点

BrainRobotics 团队设计的智能机械义肢采用了多电极的高速肌电信号采样系统和针对手指控制的深度学习算法，能使假肢的控制方式发生根本性的改变。用于分析肌电信号的深度学习算法利用了神经网络技术和强大的微处理器计算能力，具有自我学习功能（该功能需要通过网络连接服务器），其可使义肢随着时间的推移，逐步学习使用者的习惯，从而使控制越来越精确。

表面肌电信号是肌肉收缩时伴随的电信号,可用于在体表无创检测肌肉的活动。肌电信号是众多肌纤维中运动单元动作电位(MUAP)在时间和空间上的叠加。BrainRobotics 团队设计的智能机械义肢运用了先进的肌电信号检测技术,能精准地检测人在做不同手部动作时特征性的肌肉信号的组合模式。该产品使用了深度学习算法,使得义肢可以精准学习使用者的个人肌电信号模式,并通过短时间的学习和磨合让使用者像使用真实的双手一样自如地抓取杯子等各种物件,并精准地书写毛笔字等。其先进性体现在以下五个方面。

(1)模块化的机械设计。传统义肢应用一体式设计,一处损坏需要更换整体,因此增加了不必要的成本。为解决这个问题,该产品使用了模块化的机械设计。相较于传统义肢,该设计能使用户轻松地更换损坏部件而无须更换整个义肢。因此,模块化的机械设计将显著降低使用义肢的成本。

(2)先进的人工智能识别算法。该产品采用了先进的深度学习算法来处理多通道的肌电信号,此技术可以达到 90%以上的识别准确率,支持十种以上的手部运动。

(3)高精度、多通道的肌电感应。高精度、多通道的肌电感应帮助用户更加直观地控制义肢。人的手臂有多条肌肉神经,而传统机械义肢采用了单通道的肌电感应,所以其可识别的用户意识非常有限。该产品使用的多通道肌电感应使可识别的动作数量大大增加,用户可凭直觉控制义肢。

(4)3D 扫描和打印技术制作的袖套接口。电极与皮肤接触程度直接影响肌电感应精度。该产品使用 3D 扫描和打印技术来制作适应个体差异的袖套接口。这样个性化的设计可以使接口处的传感器与残肢无缝对接,实现完美的信号传递,使得用户可以长时间舒适地佩戴义肢。

(5)高可靠性设计。该产品在机械结构的关键部位加入了紧密轴承,从而提高了义肢的运动稳定性。此外,该产品在传动链中引入空程,使手指受外力撞击时可收起并在外力消除时回弹,避免意外损坏,从而增加了产品寿命。

该产品运用尖端技术,用最短的训练时间来改善残障人士的生活,同时,该产品在保障高性能的同时定价相对较低,仅几千美元,从而让肌电义肢可以走进每个残障人士的生活。

虽然该产品只是针对脑机接口和人机交互的一个初步尝试,目前来看短期内还无法普及,但随着初步产品的市场验证,智能机械义肢的应用场景将不断扩大。

6.9 智慧医疗实践中的陷阱

在过去几年，智慧医疗曾经是风投和创业者的宠儿，无数人想从其中分一杯羹。但是，2016年10月5日，春雨医生创始人张锐因心肌梗死突然去世，这则突发新闻震惊了整个智慧医疗行业，一时之间，就像一瓢冷水浇在热火上，智慧医疗行业突然寂静下来。

投资者和从业人员开始深入反思，逐渐认识到智慧医疗并不是坦途，而有太多的误区与陷阱。在最热门的时候，大量的资金蜂拥而入，相关企业如雨后春笋般涌现，从业者个个雄心壮志，目标都是打造医疗界的阿里巴巴或腾讯，但现实很残酷，以至于很多人现在提起智慧医疗四个字都摇头叹气。

其实，无论是从业还是投资，要想做好智慧医疗，最重要的是把握它的特点，尊重它的规律。智慧医疗的最终落脚点是医疗，因此，要了解智慧医疗的特点，必须要先了解医疗行业的特点。与一般行业，尤其是快速消费品行业不同，医疗行业不是一个开放的行业，更不是一个可以随便进入的行业，它是一个相对封闭、相对有序和相对保守的特殊行业，对外行人来说，刚涉入此行业一不留神就会落入以下的陷阱。

6.9.1 监管陷阱

医疗行业直接关系人们的生命健康，无论在哪个国家，其都要受到政府严格的监管，有着极高的行业准入门槛。医疗行业是不允许从业者随性而为的。

在远程移动医疗刚开始盛行的时候，起主导的大多不是医疗企业，而是互联网公司。有些公司连最基本的医疗准入条件都不知道就涌入这个行业，并且引入互联网行业所推崇的"野蛮生长""病毒式传销"等理念，而这恰恰是医疗监管绝对不允许的，导致其最终投资失败。

6.9.2 专业陷阱

医疗是个专业性极高的行业。一般来说，医科大学的学生需要5年才能读完本科。人们常说，隔行如隔山，其实在医院内部也是如此，一个内科都能分出神经内科、心脏内科、消化内科、呼吸内科、血液科等，这些不同的科室往往对应不同的专业。

一些企业采用了其他领域的做法，依仗雄厚的资本，进入医疗行业后一开始就贪大求全，每个专业领域都想涉足，而不是在某个细分领域精雕细琢。经过几年的洗礼，曾经雄心勃勃的许多企业已经消失掉了，即使有部分企业存活，其仍进不了核心医疗圈。

以前面案例中所述的轻医疗辅助平台为例，其在给患者带来好处的同时，也产生了一些意想不到的效应，比较典型的有以下几个。

（1）给医生带来了严峻的挑战。以前医生在病人面前有说一不二的地位，但随着这些平台的出现，很多病人习惯在诊疗前后到网上咨询，一旦发现与医院医生说法不一致，就会对医生的诊疗产生疑问，这给很多医生带来了压力和困惑。因此，如何一方面提高患者的知情权，另一方面避免对医生的临床工作产生干扰，还需要进一步的讨论和尝试。

（2）商业气氛过浓。轻医疗辅助平台大多数是商业企业，有些还得到了大笔的风险投资，面临着很大的盈利压力，因此出现了商业对专业的干扰。一些网上咨询的回答并不是专业的建议，而是有着明显的商业利益输送。例如，广告和定向导医是目前最现实的盈利手段，而这些恰恰也是最受质疑的部分，严重影响了企业甚至部分医生的声誉。

（3）差异性不够。大多数轻医疗辅助平台并没有深入医疗专业领域，提供的服务虽然有些细微差别，但缺少差异性，用户黏性不够，盈利模式单一，导致恶性竞争盛行，生存环境恶化。

6.9.3 主体陷阱

互联网界有一个广泛的观点——用户即一切，以用户数的多寡来评价一个产品的成功与否，所以，互联网界不惜一切代价去抓用户，甚至不惜重金去购买用户，这样的例子比比皆是。但是，在医疗领域，这种方法遇到了很大的阻力。在医疗生态链中，医生和患者的地位并不平等，医生才是真正的主体，患者在医生面前基本没有讨价还价的余地，甚至可以说患者依附于医生。另外，在医生需求没有得到满足的情况下，其很难很好地服务患者。一些互联网医疗企业过于强调患者的需求，而忽视了医生的意见，不尊重医生的地位，把医生当作可以利用的工具，这样做出来的产品毫无疑问会失败。

医生作为医疗体系的主体，本身也是与普通人不太一样的一个特殊群体，有不同于其他行业的专用语言，只有在行业深入浸润多年后，互联网医疗企业才可能与他们有效沟通，真正了解他们的需求，从而做出适宜的产品，为患者提供适当的服务。

6.9.4 安全与责任陷阱

医疗不比其他行业，它和人的生命安全直接相关，所以安全始终要放在第一位。在对安全的理解上，医疗行业与互联网行业存在较大差异。国家对互联网医疗有非常严格的限制，其目的是避免由此产生的医疗事故和纠纷，既保护患者，也保护医生本人。例如，国家禁止在互联网上进行初诊，所以，与之相关的业务完全不允许开展，即使有些人游走在灰色边缘地带，也随时面临极大的政策风险。

其实，远程医疗及计算机辅助诊断技术早在二十年前就已经问世了，但迟迟在市场上推广不开，很大程度上就是因为责任主体不明晰、相关的法律法规不健全，一旦出现医疗纠纷，很难判定责任人。

我们之前对智慧医疗进行了狭义和广义的划分，这种划分与这里的安全性是相呼应的，狭义的智慧医疗对应的是安全性更高的"医疗"，而广义的智慧医疗对应的则是安全性较低的"健康"。事实上，现在大多数互联网医疗企业涉足的都是安全性较低的智慧健康领域。

6.9.5 隐私和保密陷阱

不少大数据公司无法在医疗领域做大，原因就在于其对医疗行业的隐私性和保密性的了解程度不够，拿不到足够多的核心数据。

人体健康无小事，一个人的健康程度，很可能关系到其找工作、升职、家庭幸福等，所以，医疗行业极其强调隐私和保密。很多医院规定，患者的数据不能拿出医院，若要查看患者的病历，要经过严格的审核批准程序，如果涉及临床试验，经常还需要相关的医院管理机构（如医院伦理委员会）批准。另外，不同医院内部数据的共享，也因为这样或那样的原因，至今未能实现。

如何做到大数据和隐私之间的平衡，从而合法合理地采集和使用医疗数据，是以大数据为基础的智慧医疗面临的难题之一。

6.9.6 时间陷阱

前面所述的监管严、行业壁垒高、技术含量高等特点，注定了医疗是一个周期性很长的行业。同样是五年时间，在互联网企业看来，这段时间已经足够长到让一个企业从零开始做到上市了；而在医疗企业看来，这段时间企业也许还处于准备产品或产品刚刚上市销售的阶段，这导致大量互联网公司跨界到智慧医疗领域时往往水土不服。

那为什么还有这么多人对医疗感兴趣呢？原因很简单：第一，医疗是刚需，无论是穷人还是富人，无论是地位高还是地位低的人，都会生病，这个市场不但不会消失，还会随着人口增多和老龄化进程不断增长；第二，医疗是很稳的行业，虽然不容易爆发，但也不容易衰退，从经济学上讲，它的弹性很小，企业前期进入医疗行业较难，但一旦进入且站稳脚跟，未来面临的竞争相对来说远远少于其他行业。

6.9.7 智慧医疗的特点

智慧医疗是医疗的更高层次的发展，从业者除了需要小心翼翼地避免上述陷阱，还需要关注智慧医疗以下一些特点。

1. 跨界性

智慧医疗是一个跨界的领域。前面所述的智慧医疗分类方法本身就是跨界的体现，所以智慧医疗不是智慧"的"医疗，而是智慧"加"医疗。研究智慧医疗，需要各行各业的杰出人才，既要有医疗专家，也要有互联网专家、AI专家、通信专家和仪器专家等，这样才有可能做出真正有意义的智慧医疗。部分智慧医疗企业过于重视某一方面的人才和技能，而忽视了跨界团队的深入融合，对医疗和智慧的结合没有深入了解和分析，所以失败不可避免。

2. 整体性

智慧医疗是一个整体，不能进行人为分割。虽然对智慧医疗的从业者来说，其可以专注于某一具体领域，但也必须服从行业整体的发展，否则很容易南辕北辙。另外，智慧医疗虽然是一个整体，但并不意味着一个企业必须从头做到尾，众多相关企业可以联合，形成智慧医疗企业联盟，互通有无，进行良性的竞争和合作。

3. 先进性

智慧医疗是新兴的科学，需要从业者时刻关注、引入或发展先进的科技，其内涵随着科技的发展不断变化。例如，可以采用区块链技术来建立患者电子健康数据档案，通过去中心化保护患者隐私；可以通过长期慢病管理来降低医生的诊疗风险，避免医疗纠纷，保护医院和医生的利益；可以通过专家系统的研究提高基层医疗诊疗水平，达到共享专家资源的目的。

6.10 智慧医疗的机遇与挑战

时至今日，虽然路途艰难，但智慧医疗行业整体上已经经历了探索期，并逐步步入启动期，市场开始高速增长，商业模式也不断清晰完善，细分领域龙头初现。对所有智慧医疗的从业人员来说，未来机遇与挑战并存。

6.10.1 中国特色的智慧医疗[8]

智慧医疗有望在中医领域大显身手。

在中国，中医的地位和重要性众所周知，其在国民医疗体系中发挥着重要作用。但是，近些年中医面临着很多质疑，虽然一直提倡中西医结合，但基于传统的西方科学体系的中医研究整体上始终没有取得足以服众的进展。过去几十年，很多科学家一直试图用西方科学体系来研究中医的机理，包括用化学和生物分析的方法来研究中药，用力学、电学和热学的方法来研究脉诊，用医学解剖的方法来研究经络，但基本都以失败告终，这使得很多研究人员反思，是不是传统的西方科学体系不适合用于中医研究。

智慧科技的出现为中医研究打开了一扇窗。从神农尝百草到李时珍的《本草纲目》，中医的有效性通过几千年来无数人的临床实践得以证明，且中医经典配方往往是这些临床实践的一些综合总结，因此，可大胆地认为，中医是基于大数据的经验学科，这和智慧医疗的理论不谋而合。来看以下两个典型的例子。

1. 中药成分和有效性研究

过去几十年来，科学家们一直试图用化学方法找出中药的有效成分，取得了一些进展，例如，小檗碱的分子结构和药理就已经被研究得非常透彻。但是化学家和药学家对大多数中药，尤其是汤药，基本束手无策，因为多种药混合在一起，在进行加热等处理后，其复杂的化学反应导致药品成分改变，使得单一的分析工作很难开展，中药药理研究也因此止步不前。

智慧医疗则完全开辟了一条新的研究思路，科学家们也许可以完全摒弃过去的化学分析方法，不用再把焦点集中在研究中药里的有效成分，而是引入机器学习和深度学习的方法，把每服药的成分、炮制方法等信息与疾病病症、治疗效果等信息相对应，通过收集、整理和分析大量的数据，使计算机模拟或实现中药行为，重新组织已有的中药知识结构，并使之不断改善自身的性能，这样有可能使中药药理学的研究取得重要进展。

2. 脉诊的研究

脉象是中医诊断的重要手段，也是中医研究的重要组成部分，很多科学家坚持不懈地对其研究了数十年，但收效甚微。目前，市场上虽有不少脉诊仪出售，却没有一个被大多数脉诊专家接受，因此，如何做一个服众的脉诊仪也成了智慧医疗的一大难题。

传统的脉诊仪研究多依赖于压力、热或电极传感器，科学家们试图用各种数学方法进行脉象模拟，从而找出其解析规律，实现对未知脉象的预测与诊断，但以往的研究表明，这条路很可能行不通，原因如下。

第一，脉象无法与传统科学理论一一对应。一般情况下，在研究一种仪器之前，首先要确定的是该仪器需要探测的物理量（例如，B 超是探测超声的回波，心电图是探测心脏引起的微弱电流），在物理量确定后再根据其规律进行研究。而脉诊仪的困惑在于，即使是已经推出脉诊仪的企业，也说不清楚应该探测哪些物理量。目前脉诊仪普遍使用压力传感器，但压力能否完全地、不遗漏地反映脉象，到底需要几个点的压力才能反映脉象，压力和脉象是否能建立起对应的解析公式，这一系列问题现在仍然是困扰脉诊仪研究人员的难题。

第二，脉诊缺少公认客观的判断标准。不同的大夫对同一个病人、同一个症状有不同的说法，开的药也差别很大。这不是一个偶然现象，从好的方面来讲，这是精准医疗，代表了未来医学的发展方向和潮流；而从坏的方面来讲，这也是中医标准化较差、备受诟病的重要原因。

第三，脉诊仪缺少医生的试探过程。在脉诊时，中医大夫的手并不是简单搁在病人的手腕上，其需要不停地挪动位置，并用深浅不一的力量进行按压。

大数据与人工智能的兴起给脉诊提供了新的思路，针对以上难题，或许有如下应对方法。

第一，完全放弃寻找解析规律的思路。事实上，寻找脉象解析规律一开始就是一条不归路：即使脉象只与压力相关，在脉象理论用西方科学体系难以解释的情况下，谁又能确定它与一阶、二阶或某阶压力如何相关。

第二，不再试图寻找通用的脉诊标准。因人治病、精准医疗本来就是中医的基础之一，因此，我们只需要研究某一类脉诊方法，在大数据的基础上，将其与治疗方法对应，并做成此类方法的专家库，就可以不用去管其他类的脉诊方法。

第三，采集更完整的人体体征信息。现在说的脉诊并不意味着仅限于"脉"诊。随着现代科学技术的发展，人们早就能采集到更完整的人体体征信息，完全可以把这些体征信息用于诊断，所以可以预测，未来的脉诊仪应该是建立在更完整的人体体征信息上，并用基于人工智能的脉诊方法进行诊断、识别和治疗疾病的新型系统。

与西医的诊断方法相比，脉诊是一个知其然而不知其所以然的"黑匣子"，而人工智能同样有"黑匣子"的特性，因此脉诊与大数据和人工智能的结合很有可能是天作之合。

除了这些具体的应用，未来智慧医疗还可以在诊疗基础上发挥中医治未病优势，通过进行公众个体化的衣食住行信息采集与建模，实现及时预测、未病先防，同时将中医药养生与健康饮食和健身运动等结合，更好地为人们的健康服务。

6.10.2 精准与个性化医疗

传统西医强调的是诊疗的标准化和规范化，在实际的诊疗过程中，虽然有大量的高科技设备，但在具体问题上，医生的经验仍然十分重要，其需要根据实际情况进行应急与处理，所以，一味地强调标准化和规范化并不符合医疗实际。但是，如果让医生对每个病人进行个性化诊疗，其花费的时间和精力成本在现阶段是无法承受的。

而智慧医疗为精准与个性化医疗提供了可能。智慧医疗系统通过大数据平台采集大量过往病人的数据，再经过人工智能的方法进行分析和学习，就可以因地制宜、因人制宜、因病制宜地提供精准的个性化治疗方案和精细服务。随着医疗数据的不断积累，计算机学习能力不断增强，可以预见，在不久的将来，深度学习的智慧医疗系统可以在一定程度上支持临床决策，降低医疗成本，辅助诊断，以及解决医疗资源分配不均与短缺的问题。

得数据者得天下。智慧医疗大数据是未来生命健康的核心资源。将人脸识别、语音识别、人机交互、神经网络算法与现代医疗技术相结合，智能医疗系统所获取的信息比医生获得的信息将更加完整、更加系统和更加客观，依靠这些更加细致的信息，结合后台大数据平台，智能医疗系统可以初步为患者提供诊断及治疗方法，甚至可以在手机 App 上实现初步诊断，从而将医生从大量简单烦琐的初级诊疗工作中解放出来，使之能集中精力处理罕见的疑难杂症，为人类健康事业带来福音。

6.10.3 5G 时代的智慧医疗

据报道，华为联合多个合作伙伴成功实施了世界首例 5G 远程外科手术动物实验。本次手术操作端放置在中国联通东南研究院内，通过 5G 技术实时传输操作信号，目标是为 50 千米外孟超肝胆医院的实验动物进行远程肝小叶切除手术。远程操控手术机器人两端的控制链路、2 路视频链路全部承载在 5G 网络下。手术全程用时约 60 分钟，操作时延极低。手术创面整齐，全程不见一丝血迹，术后实验动物的生命体征平稳。主刀医生给予高度评价说，基于 5G 网络的操控体验、高清视频，已经达到了和光纤专线一样的水平。远程手术最大的难点就是实现信号的实时互联互通，而 5G 网络技术大带宽、低时延、大联接的技术优势，则很好地解决了这个问题。

1. 5G 可将远程急救变为现实

在现有急救条件下，救护车上往往缺少非常专业的设备和医护人员，只有在患者送达医院后医生才能进行专业的医疗监测、数据采集及精确诊断。而在 5G 网络和人工智能的支持下，所有患者的基本信息与生命体征信息会在几秒内通过 5G 发送到远程急诊室中心，医生可以通过高分辨率的视频"直面"患者，进行诊断。5G 的高速率传输节省了急救的关键时间，不仅可以被运用到救护车的院前急救中，还可以搭载在高速率传输的人工智能系统上，辅助医生判断病人病情，在一定程度上缓解急救压力。

2. 5G 通信的稳定连接有望解决资源不均的行业困境

医疗资源分布不均与跨地域就诊难，一直是中国医疗行业发展的难点。远程医疗运用了通信、计算机及互联网技术，克服了地域限制，被行业一致认为是解决以上难点问题的最佳途径。5G 通信技术的升级，将时延从 4G 条件下的 50 毫秒缩短到 1 毫秒，几乎可以做到完全同步，更加有利于以上难点问题的解决。可以想象，未来偏远地区的医生与三甲医院的医生通过 5G 网络技术，可以无间断地实时沟通，实现远程病理诊断、远程医学影像诊断、远程监护、远程会诊、远程门诊、远程病例讨论，甚至远程手术等一系列操作。

3. 5G 可以降低就诊费用，节约社会资源

5G 网络技术的提升，不仅提高了速度，缩短了地理上的距离，更重要的是，它让患者足不出户，即可享受到优良的医疗服务，因此可以减少患者去医院的次数，进一步解决目前医疗行业中人满为患、医疗费用高居不下等问题，达到大幅度降低社会成本、节约社会资源的目的。

4. 5G 有助于提升医疗水平

5G 将是一个真正意义上的融合网络。它以融合和统一的标准，提供人与人、人与物及物与物之间的高速、安全和自由的联通。

美国哈斯商学院（Haas School of Business）的一份报告指出："最能体现 5G 在医疗领域影响力的是'医疗个性化'。物联网设备可以通过不断收集患者的特定数据，快速处理、分析和返回信息，并向患者推荐适合的治疗方案，使患者拥有更多的自主管理能力。"

大规模物联网涉及医疗物联网（IoMT）生态系统，将包含数以百万计甚至数十亿的低

能耗、低比特率的医疗健康监测设备、临床可穿戴设备和远程传感器。医生依靠这些仪器，能不断地采集患者的医疗数据，如生命体征、身体活动等信息。医疗服务提供方将实时地接收这些数据，并有效地管理或调整治疗方案。这些数据同时也支持预测分析，使医生可以更快地检测被测量者的健康模式，从而提高诊断的准确性，大幅度提升医疗水平。

5. 5G 为患者提供更优质的服务

5G 网络将通过提供更快的连接和更高的带宽来改善远程医疗和远程护理，完全可以提升患者的医疗体验。

IoMT 设备和传感器的组合可以帮助医生为患者提供完整的健康报告，从而形成个性化的健康治疗计划，而健康人也可以利用 IoMT 设备来检测自己的饮食和健康状况，让自己的生活更健康。

5G 还没有真正走入人们的生活，它将如何改变医疗行业现在还暂无定论，但有一点是肯定的，5G 和智慧医疗的碰撞必定会迸发出绚丽的火花，产生现在还无法预料的现象，让我们拭目以待。

参 考 文 献

[1] 赵衡，孙雯艺. 移动医疗：下一个互联网金矿[M]. 北京：中信出版社，2016.
[2] 赵衡，孙雯艺. 互联网医疗大变局[M]. 北京：机械工业出版社，2015.
[3] 何积丰. 人工智能赋能数字经济[R]. 2019 年全球新经济年会，2019.
[4] 徐曼，沈江，余海燕. 大数据医疗[M]. 北京：机械工业出版社，2017.
[5] 劳拉 B.麦德森. 大数据医疗：医院与健康产业的颠覆性变革[M]. 康宁，宫鑫，刘婷婷，译. 北京：人民邮电出版社，2018.

第 7 章　智能与数据对生活的重构——智慧生活

- 智慧生活概述
- 智慧生活的组成
- 智慧城市的总体架构及关键性技术
- 各国/地区智慧城市发展对比
- 案例：贵阳花果园智慧社区项目
- 案例：智慧旅游项目
- 案例：智慧园林解决方案
- 案例：智慧城市项目
- 案例：智能水务项目
- 案例：智慧差旅项目
- 案例：基于教育大脑的智慧校园
- 案例：智慧门店项目
- 案例：深圳智慧关爱项目
- 智慧生活的未来

7.1 智慧生活概述

智能与数据的结合必然会给各行各业带来颠覆性影响,对社会形态和日常生活产生深刻影响,但这些影响在一本书中不可能面面俱到。智慧生活涵盖了比较广的应用领域,本章将从多个领域展示智能化及数据化的应用场景。

7.1.1 智慧生活的定义

1. 智慧生活的概念

"智慧生活"就如"生活"一词一样,对其可以有很多层次的理解。本章的智慧生活指高层次的概念。智慧生活不仅是在物联网与移动互联网时代背景下,结合智能化和数据化的一种具有全新内涵的生活方式,更是以智慧城市应用场景为依托的智能化生活平台,是对人们生活方方面面进行智能化提升,以及对人工智能、大数据、物联网、云计算等技术进行全面融合而构建的由智能化科技带来的全新的智能化生活方式。

2. 智慧生活的含义

智能化品质生活需要同时满足:快捷方便、诚信守时、安全卫生、品质保障、服务标准。前面提到的智慧出行、智慧医疗等是智慧生活的重要组成部分。借助统一的大数据中心及云服务平台,各种智慧生活产品与各种专业的服务部门和机构紧密合作,可迅速构建智慧生活体系,从生活资讯到健康诊疗,从远程门锁控制到各种家庭生活所需的服务,从必要的家庭安防到无微不至的家庭生活质量管理,全方位地体现智慧生活带来的高品质体验。

7.1.2 智慧生活的本质

智慧生活的本质是人们对美好生活的向往,智慧生活更主要的是充分体现了智能化背景下的和谐社会和人文精神。智慧生活的实质体现在针对不同用户需求的个性化的解决方案及使用方便的智能家居产品上。人们可以借助智能科技的手段和工具,参与智慧生活的规划,获得更多的幸福感和更好的用户体验。

智慧生活是智能科技与大数据的完美结合，其利用现代科学技术实现医食住行、商旅玩乐等的智能化，将最新科技成果融入人们日常的工作、生活、学习及娱乐中，用智能化技术和互联网手段解决智慧城市生态中相关领域的资源优化与效率问题，打造智能化的生态环境以实现真正意义上的智能化幸福生活。

随着新兴信息技术的快速发展，作为现代经济发展与社会生活的重要载体，城市正在成为一种信息化、智能化、智慧化的庞大系统。智慧城市对智慧生活的支撑，准确地体现了智慧生活的全部内涵。新型智慧城市建设，在实现城市可持续发展、引领信息技术应用、提升城市综合竞争力等方面具有非常重要的作用。随着智慧城市建设的不断深入，智慧政务服务、智能交通、智慧环保、智慧医疗等遍地开花，整个城市的智能化公共服务能力不断增强，城市管理更加高效，城市高质量发展步伐明显加快。

7.2 智慧生活的组成

智慧生活是以智慧城市为背景，以智能移动、智能家电、智能穿戴为工具，以智能家居、智能办公为平台，以智能购物、智能社交等为目的所构建的系统。从广义来讲，智慧生活几乎包括可以想象的方方面面。智慧城市作为智慧生活的主要基础，将是智慧生活的重要组成部分。智能化和数据化将改变人们的生活方式，随着技术的不断迭代，以及应用的不断实践，会有更多的智能场景、产品和服务。

1. 智慧城市

1）智慧城市的发展现状

智慧城市指将物联网、云计算等新一代信息技术及社交网络等全面融合，实现全面透彻的感知、广泛的连接，并集成城市的组成系统和服务，从而提升资源利用效率，优化城市管理和服务，以及改善人们的生活质量。物联网国际标准制定国或参与国将主导下一场智慧城市建设进程，同时通过智慧城市建设创新和培育万亿元级规模的新产业。目前，欧美国家在智慧城市建设中已经取得一定成果，新加坡、日本、韩国、中国也在积极推动智慧城市的实施。中国一些省市把智能化和数字化进程作为重要的工作成果标准。例如，北京提出要实现从数字北京向智慧北京的全面升级，加快向世界发达城市迈进的步伐；深圳把建设智慧深圳作为推进建设国家创新型城市的突破口，打造功能完善的信息通信技术基础设施；上海提出云海计划，为建设智慧城市所需的云计算提供技术和产业支持。国内许多省市的二三线城市的智慧城市建设更是全面提速，全线突破，行业先行，旨在打造信息化条件下新经济、新生活、新科技的智慧型新城市。这些措施都有效地营造了智慧生活的大环境，奠定了建设智慧生活的良好基础设施，进一步提升了城市品质，扩大了城市影响力，发展了城市社会实力。

2）智慧城市建设的质量与内容

智慧城市建设不是单纯的城市信息化，而是利用智能科技对城市进行重构和再造，是新一代网络技术快速推进城市创新和发展的系统工程，强调通过技术融合、数据融合、业务融合来统筹城市发展的物质资源、信息资源和智力资源，推动物联网、云计算、大数据、人工智能等新一代信息技术的创新应用及其与城市经济、社会发展的深度融合。当前，全球经济已由高速增长阶段转向高质量发展阶段，智慧城市建设蕴藏着创新供给和扩大需求的巨大潜力与空间，有利于推动当地经济高质量发展。城市总体发展质量和智能化程度决定了智慧生活的质量与水平。

智慧城市包括很多内容，狭义的智慧城市主要指智能化城市管理。广义的智慧城市包括如下五大模块（见图7-1）。

城市管理：包括智慧政务、智慧政法、智慧旅游、智慧城管、智慧街区、智慧社区；

产业运营：包括智慧商业、智慧物流、智能制造、工业互联网；

社会民生：包括智能交通、智慧安防、智慧医疗、智慧关爱；

资源环境：包括智慧能源、智慧环境、智能水务；

基础设施：包括市政基础设施、网络基础设施、大数据中心、网络安全设施。

图 7-1　智慧城市生态系统及模块

2. 智能移动

移动时代已经到来，智能移动终端目前已取代了计算机85%的功能，成为最有影响力也最有潜力的智能终端工具。移动支付直接打通了互联网金融链接，移动视频则打通了互联网娱乐界面。智能手机+互联网+大数据构建了智能移动的三维平台，使智能手机成为用户的"智能三中心"，即信息中心、财务中心、娱乐中心。目前智能手机作为个人终端，真正实现了从功能到智能的飞跃。如今，各行业都进入了移动互联网时代，信息连接的入口、应用场景的入口、产业升级的入口全部在进行深度融合，并将改变人们的生活方式，创造更大的社会价值。

3. 智能社交

移动社交的发展依托于移动智能终端的创新和应用软件的发展。社交是人类的天性，通过互联网社交媒体进行的社交与一般意义上的社交的差异在于，互联网社交媒体允许通过更多方式进行实时联系，会产生更多的互动沟通，并且这些是以一种更加公开的方式随机进行的。例如，微博、QQ、微信架构起了互联网社交无边界的时空，移动智能终端让我们可以随时随地交流互动。将社交机制与算法结合，利用计算机强大的记忆能力和处理能力，可帮助我们寻找感兴趣的东西，从而极大地丰富我们生活的内容和空间。目前，越来越多的智能社交应用进入细分领域，从而更有效地把不同兴趣的人群连接在一起，甚至有一些团队尝试深入患有心理疾病的人群中，用人工智能与大数据构建的智能社交修复其心理疾病。

4. 智能家居

1）智能家居的内容

智能家居是智慧生活的重要部分，实现智慧生活，必须智能家居先行。智能家居产品已有很多，有些已经进入人们的生活。例如，智能家电、智能门锁、智能音箱、智能照明、烟雾探测器、智能网关（控制中心）、家用摄像头等是为人们提供安全保障的智能家居产品。智能家居已成为各地规划和实现智慧城市的推手；反过来，智慧城市的发展也成为有效推动智能家居发展的动力。

2）智能家居的发展现状

目前智能家居还处在早期阶段，虽然出现了一些智能家居体验店，许多家庭也开始安装使用一些智能家居产品，但大多数智能家居产品仍然停留在概念上。智能家居产品目前有以下不足：舒适度差，便利的高科技智能家居缺失；产品成本高，实用性低；企业各自为政，系统非标准化，用户体验欠缺。

随着科技的进步和新工艺、新材料的不断创新，市面上逐渐有一些成熟的智能家居产品受到了消费者的喜爱。例如，目前市场上许多智能门锁的用户体验比较好，不少使用智能门锁的消费者表示，以往忘记带钥匙就进不了门，而智能门锁解决了这种问题。

5. 智能家电

智能家电是智能家居的重要元素。智能家电就是将微处理器、传感器技术、互联网、移动通信技术及人工智能等引入家电设备中以升级家电产品，使其可以自动感知和接收用户信息、指令及状态等，从而控制住宅空间状态和家电自身状态、家电服务状态。智能家电作为智能家居的组成部分，能够与住宅内其他家电和家居、设施互联组成系统，实现智能家居功能。业内权威专家指出：目前智能家居及智能家电，在发展的道路存在一些急需跨越的"硬伤"和困境。家电产品的智能化不足，碎片化的技术方案很难满足用户需求，家电企业要实现智能战略还需要跨越新高度。很多智能家电企业缺乏智慧生活的思维和逻辑，偏离了未来人们幸福生活真正需要的智慧生活的方向。例如，各种家电设备之间达不到"互联、互通、互控"，各产品还处于"闭关锁国"的单独控制阶段，无法满足消费者整体互联互通的需求，家庭被不同品牌割裂成多个"孤岛"，完全失去了智能效应。智能家电还在发展的初期，未来还有很大的发展空间。

6. 智能穿戴

可穿戴设备越来越多，主要包括智能手表、智能手环、智能眼镜、智能服饰等。其中，智能手环和智能手表是主要产品。智能手环一般与健康管理、时间管理或消息提醒有关，仅用于运动追踪和健康管理方面。随着AR/VR技术的兴起，可穿戴设备又拓宽到了教育和娱乐领域。对于可穿戴设备来说，硬件和内容突破尤为重要，同时，打通交互体验也是重要的一环。健康领域的可穿戴设备如何更加全面、准确地记录更多的身体数据，同时"隐形"地附加在消费者身上，是目前可穿戴设备设计需要考虑的重点。

7. 智能购物

未来的智能购物将会呈现以消费者为核心的体验规划和以社交为核心的O2O并行策略。随着科技发展的日趋成熟，尤其是互联网、移动通信及机器人这三大科技的应用，购物方式发生了很大的变化。高速、高效率的数据网络与通信，使得商家可以通过挖掘分析海量的商品大数据和用户大数据来判断用户的消费行为，并将判断结果迅速用于销售和经营管理。智能购物的一个重要细分领域是智能装修。家是人们生活的重要元素，要生活得舒适，室内的装修和家具的配置起着关键作用。室内装修及家具配置的智能化大大改善了用户体验，提升了用户的生活质量。搭配智能化的购物中心或体验店，未来的购物模式将是社交化+情景化+智能化的，智能购物将带来自由、智能、快乐的消费体验。

8. 智能办公

一体化的智能办公解决方案指围绕微信生态打造办公、政务、零售、娱乐等众多场景，提供满足企业深度需求的整合解决方案，使企业的智能办公能力得到体系化提升，并基于唯一证件号架构，实现对办公资源的一体化调用和管理，提高企业在用户端和管理端的办公效率。在用户端，员工可通过一个微信或企业微信账号连接平台上的所有办公资源，进行访客邀约、场地预订、办公区域通行等办公动作；而在管理端，智效体系则打通了通行权限、场地、灯光、文印等办公管理系统，从而使管理者无须在不同系统中来回切换，也使企业拥有了全局化办公管理能力。一体化的智能办公解决方案为企业管理者和员工带来了更高效、更顺畅的办公新体验。

7.3 智慧城市的总体架构及关键性技术

智慧城市是智慧生活的核心基础，因此，下面以智慧城市为例介绍智慧生活的总体架构及关键性技术。

7.3.1 智慧城市与大数据总体架构

1. 智慧城市的基本描述

智慧城市的建设主要应用智能科技，构建各种智慧平台，优化、促进社会中政府治理、经济文化、公众生活、自然环境等的发展，最终在物质和精神两个方面高效、优质、低成本地满足公众需求，从而增强公众的安全感和幸福感。

2. 智慧城市的生态链构成

智慧城市的生态链由上、中、下游构成（见图 7-2）。上游包括感知设备、控制设备、网络通信设备、云计算存储设备和 GIS 地理信息库；中游包括大数据平台；下游包括智慧中心、智慧政务、智慧环保、平安城市、智慧教育、智慧医疗、智能交通和智慧园区等。

3. 智慧城市的特点

智慧城市具有很多重要的特点：首先，智慧城市是国家和政府战略投资的领域，用于提高政府的效率和改善人们的生活质量；其次，智慧城市背后有智能设备和系统技术的支撑，需要集成多种技术，因此，其对其他产业的依赖程度比较高，受益于产业大数据的发展。目前智慧城市已进入大规模落地建设期,随着智慧城市的快速建设,新技术的迭代还将推陈出新,大数据的应用也会越来越广泛。

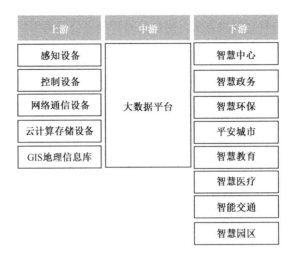

图 7-2　智慧城市的生态链

7.3.2　智慧城市的系统架构

1. 智慧城市的建设目标

在智慧城市建设过程中,要着重构建智慧的政府治理,发展智慧的社会经济,打造智慧的居民生活,培育智慧的人文素养等。这些不仅是智慧城市建设的核心内容,更是智慧城市建设的产出成果。

智慧城市包含组织、技术、治理、政策环境、人与社区、经济、基础设施与自然环境等关键要素,它通过应用新一代信息技术,让人汇聚智慧,让物拥有智能,实现城市的创新发展。从生产的视角来看,智慧城市建设就是一个高效的生产系统,它通过投入特定的生产要素(如基础设施、资金、人力资本、制度等)来提供满足人们物质和文化需要的高质量产品及服务,最终达到智慧城市的愿景,实现智慧城市的战略目标。

2. 智慧城市的层次结构

在标准和安全体系下,智慧城市细分为六个层次(见图 7-3)。其中,智慧应用处理层覆盖了城市管理、产业运营、社会民生、资源环境、基础设施五大应用模块;核心服务层提供云计算/仿真服务、协同服务、物联网服务、智能服务、运营服务。智慧应用处理层和核心服务层组成了智能处理系统,利用智能信息处理技术实现人、机、物的智能化管理和控制,进而实现智慧城市的建设目标。

中间件层代表所有系统的中间件，包括虚拟化中间件、服务化中间件、协同调度中间件、信息融合中间件等。网络层指所有网络通信环节，包括移动通信网、专用网络、远程控制等。中间件层和网络层组成了互联互通系统，互联互通系统基于互联网、物联网、电信网、广电网、无线宽带及通信传输技术进行信息交换和通信。

感知层包括传感器网络组网和信息处理及数据采集两部分。资源层涵盖所有原始业务信息，包括政务、商业、医疗、教育等。感知层和资源层组成了感知系统。感知系统充分应用感知技术及时感知各类资源的静态、动态属性信息。

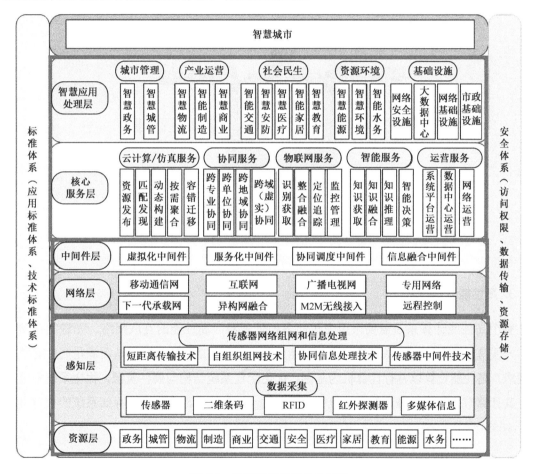

图 7-3 智慧城市系统总体架构

7.3.3 智慧城市的关键性技术

智慧城市所涉及的关键性技术（见图 7-4）如下。

1. 物联网技术

物联网技术的三项关键技术是传感器技术、RFID 标签和嵌入式系统技术。物联网技术通过计算机、互联网实现物品（商品）的自动识别和信息的互联与共享。物联网技术的核心在云端。

2. 云计算技术

云计算技术是实现物联网技术的核心。云计算技术基于互联网使用和交互模式，通常通过互联网来提供动态、易扩展且虚拟化的资源。云计算通过大量在云端的计算资源进行计算，即用户通过自己的计算机给提供云计算的服务商发送指令，服务商提供的大量服务器进行"核爆炸"计算后再将结果返回给用户。

图 7-4　智慧城市的关键性技术

3. 高性能计算技术

整个高性能计算系统需要采用先进的多核处理器、高性能的互联网络、先进的存储架构、方便易用的诊断维护系统，并配以功能全面的、高效的软件系统，从而满足高性能计算的要求。高性能计算以并行计算机为基础，优化配置系统结构与硬件资源，优化系统管理功能，其计算节点的整体理论峰值速度不低于每秒 10 万亿次，全局共享存储系统的裸容量不低于 105TB。

4. 建模仿真技术

建模仿真技术已经发展了几十年，近些年随着算力不断增强和通信速度越来越快，其又焕发了青春。建模仿真技术可用于各类实时仿真系统和半实物仿真系统的开发与模拟，可以快速构建与实际系统高度相似的组态画面。

5. 智能科学技术

智能科学是由脑科学、认知科学、人工智能技术等学科构成的交叉学科。脑科学从分子水平、细胞水平、行为水平研究人脑智能机理，建立脑模型，揭示人脑本质；认知科学是研究人类感知、学习、记忆、思维、意识等人脑心智活动过程的科学；人工智能技术模仿、延伸和扩展人的智能，进一步揭示人类智能的本质。智能科学技术以脑认知为基础，以机器感知与模式识别、自然语言处理与理解、知识工程为核心，以机器人与智能系统的应用为外围，形成了一个独立的学科技术体系。

6. 系统工程技术

系统工程包括系统科学、系统建模与仿真、军用系统分析、飞行器控制、C3I、雷达、信息系统工程、机器智能、人工神经网络、信息获取与处理、空间电子学及相关领域。系统工程技术包括电子技术、防御电子技术、军用系统分析技术、计算机开发与应用技术、控制理论与实践技术、软件算法与仿真技术等。

7. 标准与安全技术

标准与安全技术包括物联网、大数据安全防护技术和个人信息保护技术，以及完善的大数据安全标准体系和统一的大数据安全标准。应以科学、技术和经济综合信息评价体系来规范标准。

8. 应用技术

应用技术包括计算机软硬件、Linux 操作系统、数据库系统 SQL、数据结构与 C 语言程序设计、单片机、VB.net 程序设计、多媒体软件应用、计算机网络与网站建设、Java 语言程序设计、GO 语言程序设计、图形图像应用处理、微型计算机安装调试与维修、办公室软件应用操作、计算机辅助设计及计算机网络管理维护等方面的技术。

7.3.4 网络信息基础设施与大数据中心建设

1. 智慧城市推进网络信息基础设施发展

智慧城市的创建进入一个全新的发展阶段，其中大数据、人工智能、5G 等技术的应用越来越多，日新月异。智慧城市的建设离不开城市网络信息基础设施的建设，基于完善的网络信息基础设施，结合城市智慧化、信息化基础设施建设，大数据、人工智能、5G 等高新技术才能够发挥巨大的科技驱动力。政府主导加强网络信息基础设施的投资与建设，重构与整合智慧产业链条，推动特色鲜明的智慧产业发展，通过智慧城市的发展推动智慧生活建设的升级换代。智慧生活建设要以推进"互联网+政务服务"应用系统的建设为依托，建立跨部门、跨地区的业务协同。政府要通过引导和市场主导机制，探索建立规范的投融资机制，通过购买服务、产权激励等多种形式引导社会力量、社会资本参与智慧城市的网络信息基础设施建设。

2. 大数据中心是智慧城市的重点设施

在未来万物互联的时代，在"互联网+"发展的背景下，大数据是智慧城市的核心资产，也是构建智慧城市的基石，智慧城市建设离不开大数据技术的支持。政府大力投资搭建智慧城市物联网基础设施和大数据中心等智慧云平台，构建物联网智慧城市产业生态环境，为智慧城市的发展奠定了坚实的基础。消费互联网、产业互联网、政务互联网三网融合是未来大数据时代的发展方向。当物联网基础设施全部智能化之后，社会资源配置将更优化，社会的信用成本一定会大幅度下降，社会综合效率会大幅度提高，城市发展模式和社会文化生活将会重构。

3. 智慧城市运营商

智慧城市发展建设的复杂性和专业化必将催生"智慧城市运营商"这一新业态，其将承担智慧城市的基础建设和运营管理等工作。在智慧城市运营商的帮助下，政府可以通过购买服务的方式减少自身的管理成本，同时城市使用者可以获得更专业和多样的服务。智慧城市运营商也可以向使用者和其他企业提供增值服务并盈利。智慧城市运营商将成为政府与城市使用者之间的关键桥梁，促进智慧城市的建设和整体发展。

7.3.5 城市大脑在智慧城市中发挥重要作用

1. 城市大脑的架构

当前，在物联网、大数据背景下，城市化进程加快，城市作为一个复杂多元的超级系统，急需进行智能化、科学精准的运营管理。为此，城市大脑是促使城市治理能力现代化、精细化、智能化、体系化的重要解决方案。城市大脑以"数据融合"为主线，依托人工智能、大数据、区块链等新一代技术的支撑，在机制设计和保障体系规则下，真正实现构建安全、有序、创新的智慧城市的目标，构建一流的新型智慧城市治理平台和智慧城市产业发展平台。

2. 城市大脑的功能

城市大脑打破城市各行业的信息孤岛，通过互联网和人工智能技术，打通城市数据管道，发掘数据价值，构建城市新的智能化基础设施；通过人工智能和大数据进行城市智能化管理，并把城市各行业采集的人流、车流、资金流和信息流进行有机结合与有效管控运营；为客户按需提供智能分析能力，有效提升智能分析效率。城市大脑覆盖交通、安防、市政建设、城市规划等领域。

3. 城市大脑提供智慧城市交通解决方案

城市大脑基于大规模路网结构，针对交通拥堵治理问题进行分析预测和智能干预，可通过区域内的历史和实时视频数据，实时准确地预测全区域未来的车流、人流情况，为道路疏导、管控决策提供参考，规避拥堵和踩踏等安全隐患。

4. 城市大脑可进行城市环境感知建模及公共资源分析

城市大脑可对城市的复杂环境进行感知建模及公共资源分析，基于大数据智能分析，结合城市发展总体规划，对城市的基础设施布局和公共资源分配进行智能分析与决策；为城管、安监、消防、住建、公安等政府各职能部门提供市政事件的视频自动巡逻告警服务，辅助人工巡查，消除市政建设的隐患点，提高市政管理水平。

7.3.6 智慧城市构建城市发展新模式

1. 智慧城市建设助推城市管理服务水平提升

随着城市转型加速，传统的管理模式显现局限性，提升城市治理水平已成当务之急。智慧城市通过物与物、物与人、人与人的互联互动，打通了城市的各类信息和数据孤岛，实现了城市各类数据的采集、共享和利用，可有效发挥大数据在"善政、惠民、兴业"等方面的作用，更好地满足城市精细化管理与智能化服务的要求。

2. 智慧城市建设有利于转变城市发展模式

智慧城市是推动经济高质量发展的重要支撑，同时，经济高质量发展也需要通过智慧城市建设集聚内生动能。当前和今后一个时期，要以智慧城市建设助推经济高质量发展，关键要坚持以人为本，落实新发展理念，加强顶层设计，更好地利用新一代信息技术大力培育数字经济智慧产业，加速传统产业转型升级，从而有效提升城市治理能力和公共服务水平，推进智慧生活进程，提高城市居民的获得感和幸福感。

3. 智慧城市建设有助于构建精细化的城市治理体系

要以智慧城市建设为契机，以数据融合共享为抓手，准确把握需求导向，带动城市治理理念创新，加快形成支撑城市发展的新优势。要建立网格化管理体系，构建纵向贯通、横向集成、社会广泛参与的综合治理信息化平台，实现集中管理、综合治理和延伸服务。

4. 智慧城市建设推动城市产业转型升级

智慧城市建设可以带动实体经济发展，成为扩大内需、调整优化产业结构的重要推进器。大数据、云计算、物联网、人工智能等智能科技的出现为城市发展带来了巨大的机遇，为智慧产业发展提供了更广阔的空间，同时，智慧城市建设的加速推进又引发了对新一代智能科技的巨大需求，形成了良好的互动效应。而基于新一代智能科技应用构建的制度环境和生态系统，有利于激发全社会的创新活力，更好地推动城市经济新旧动能转换，不断增强城市经济的创新力和竞争力。

7.4 各国/地区智慧城市发展对比

移动互联网与大数据技术的出现、技术创新带来的技术高度集成和智能化大大推动了智慧城市的发展。智慧城市这一概念已提出十余年，如今，智慧城市的发展已来到一个转折点。各国/地区智慧城市发展不平衡，发展路径和发展目标也不尽相同[1]。

1. 从发展战略方面对比分析

通过对国际上有关国家/地区智慧城市发展的研究分析可以发现，中国智慧城市建设的理念更为宏观，其以建设世界一流智慧城市为战略目标，以加强城市基础设施建设、提高城市监管信息化水平、调整经济结构为落脚点，实现绿色智能化及居民生活质量提高等目标。美国智慧城市的建设则更注重以信息基础设施建设拉动本国经济增长，政府主要关注网络与信息技术研发，旨在强化城市服务供给，改善交通，应对气候变化和刺激经济复苏。欧洲智慧城市的建设更侧重于环境的智能化改善及切实生活环境的信息化建设，城市整体的发展建设以可持续性为基本原则；欧洲在智慧城市建设中研究并应用了多种技术，均以城市可持续发展为目标，以环境改善和能源节约为理念。

2. 从发展模式方面对比分析

中国目前的智慧城市建设更倾向于政府主导型的智慧城市发展模式。中国借鉴了许多国外较为成熟的技术和发展理念，并将其灵活转换为应对国内各方面国情需求的应用模式，驱动城市智慧发展和经济增长；政府十分重视技术研发，提供多方面的引导和支持，如鼓励高校科研机构参与等。美国智慧城市建设则偏向政府和企业主导型的发展模式，以大力推动信息基础设施建设为先导。欧洲智慧城市建设是一种混合型发展模式，同时吸收居民、市场与政府三方力量，以自下而上的发展模式为主。

3. 从实施行业方面对比分析

目前中国智慧城市建设实践领域覆盖面较广，特点是各行各业齐头并进，平行发展，政府主导项目以公共设施建设为主，智慧民生、智慧政务等均为主要实践领域；非政府主导项目则主要是商业类项目，以电子商务和生活物流为主。美国智慧城市建设项目主要为公共设施建设类项目，以信息基础设施建设为首要发展领域。欧洲智慧城市建设项目主要分为公共服务、公共管理及产业经济三个方面，其中公共设施建设项目是其首要关注的领域。

4. 从投融资渠道方面对比分析

中国发展智慧城市的资金主要由政府引导：一类是完全由政府投资，政府发起、把控、提供专项基金进行投资建设；另一类是由政府引导商业风投，企业、其他机构、政府等多方协同投资建设，PPP模式逐渐出现在中国市场。美国智慧城市建设形成了以政府机构为主导的运作机制，其将顶尖企业作为智慧城市建设的核心力量，最终形成政府同企业、科研机构等多方协同投资建设的模式。欧洲智慧城市建设的资金模式主要包括四类：政府投资模式主要用于科研类项目；PPP模式在实际建设项目中较为常用；跨行业投资模式主要用于企业之间；国际协同投资模式主要用于不同国家之间。

5. 欧美智慧城市对比分析

我们选取美国的纽约、芝加哥、旧金山及欧洲的阿姆斯特丹、伦敦、佛罗伦萨几个典型的智慧城市进行对比分析。根据智慧城市评价指标体系对比分析发现，欧洲智慧城市建设更重视城市居住者，以人为本是智慧城市的核心。欧洲在智慧环境方面较为领先，在智能交通、智慧政务和智慧安防方面都具有完善的体系。而美国在智慧经济和智能家居方面的发展较为成熟。总结欧美智慧城市的发展经验可知，数据开放、以人为本、技术革新和资源集约利用在智慧城市建设中具有重要地位，其共同推动环境、社会与经济可持续发展及智慧城市建设的机制和方法值得借鉴。

6. 智慧城市评价指标体系

1）智慧城市评价指标体系的重要性

智慧城市评价指标体系是智慧城市评价的基础。近年来，国内外专家对其进行了积极、有益的研究。中国专家对智慧城市评价指标体系的研究主要集中在网络等基础设施、经济发展与产业调整、社会管理与服务、价值引导与实现等维度[2]。随着物联网、大数据等各类新兴技术的不断发展，智慧城市的运营和实践也不断趋于成熟。中国专家借鉴欧美各大典型智慧城市的最新实践案例，总结出一套完整的智慧城市评价指标体系，包括智能交通、智慧环境、智慧政务、智慧经济、智能家居及智慧安防六大方面，同时共提出60项分项指标。关于中国智慧城市评价指标体系的具体内容详见《关于开展智慧城市标准体系和评价指标体系建设及应用实施的指导意见》。

2）中国智慧城市评价指标突出中国本土特色

根据《国家新型智慧城市评价指标》，中国的智慧城市发展需要突出中国特色和不同的地域性特征，强调以人为本，注重市民体验和服务成效，对智慧城市的评价内容包括惠民服务、市民体验、精准治理、生态宜居、智能设施、信息资源、网络安全、改革创新八个方面，这也是智慧城市行业推进智慧城市建设需要解决的重点问题领域。

7.5 案例：贵阳花果园智慧社区项目

7.5.1 智慧社区的定位和意义

智慧社区充分借助云计算、物联网、移动互联网等技术，将智能化融入生活，涉及行政办公、数字生活、商业消费、路网监控、医疗健康与人文关怀等诸多领域。

构建智慧社区具有重要意义，它可以平衡社会、商业、环境需求，优化可用资源，促进可持续发展，为居民、经济和社区赖以生存的环境带来好处，从而改善生活质量，创造经济效益，让社区生活更美好。

为落实智慧城市和智慧社区的各项建设目标，贵州省选取贵阳花果园社区进行试点建设。

7.5.2 项目背景

花果园社区区位偏远，公共服务效率较低，居民对通过提升居住环境的安防来提升安全感的呼声日趋强烈；社区居民楼内各种地下商业活动、非法聚集、群租等现象交织繁杂，实有人口数量底数不清，社区综合治理缺少有效的数据支撑；访客外来人员流动情况不明，重点人员管控不好，房屋性质变化无法及时掌控；社会治安防控不足导致小区案件频发，缺乏事前预警机制及事后追溯途径，稳控风险大。随着治理难度和风险的持续增大，政府管理成本递增，地区公安机关和物业部门急需提升智能化、精细化的社区综合治理能力，其对集中化、智能化管理的需求日益紧迫，希望尽可能关注弱势群体，利用大数据技术针对社区居民提供差异化服务。

7.5.3 支撑技术

在该项目建设过程中，美数科技按照"高起点规划、高水平建设、高共享发展"的部署要求，以建造"领导放心、住户安心、物业舒心"的新型智慧社区为目标，以提升智慧公安、智慧物业、智慧民生效能为研发工作的出发点和落脚点，集聚公司最佳力量和资源，对建设方案数易其稿，反复论证优化和测试改进，坚持先行先试，打造特色特长，实现了项目的诸多创新突破，为下一步部署推进智慧社区建设探索了新路，积累了经验。

在贵阳花果园智慧社区建设中，美数科技全力打造了技术领先、功能强大、可持续更新的花果园智慧社区大数据应用平台。该平台架构如图 7-5 所示。

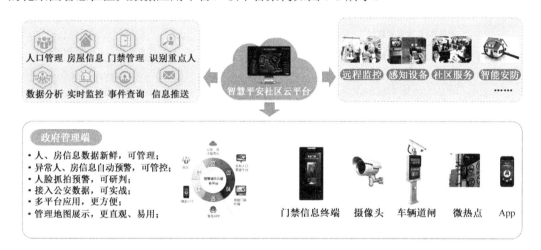

图 7-5　花果园智慧社区大数据应用平台架构

美数科技以自主研发的智能门禁和住户手机 App 为前端入口，综合运用人工智能、大数据分析和云计算等最新技术，形成以智慧平安社区云平台为中心、以智慧警务管理平台为依托的完整体系，为政府、公安、物业、居民等各层级的用户提供多维度、全方位的信息和服务（见图 7-6）。

该项目依托智能门禁、人脸感知摄像头等硬件技术，将其与物联网、视联网、数联网等感知平台对接，集成小区出入、单元门禁、监控预警、车辆出入、周界防范、租房管理、消防监测等多项应用，从实时人口普查、传销诈骗打击、犯罪分子排查、重点人员管控、弱势群体关爱等多维度助力推进"最后一公里"的城市治理，进而构建了城市神经网络。

作为构建智慧社区的核心产品，该项目中的智能门禁充分利用当今最新的物联网技术，通过社区网络等进行互通互联，实现信息的实时上传和下载更新；通过刷脸开门、App 远程开门、手机呼叫开门、预设密码开门等多种开门方式，在为居民提供安全保障的同时提供便捷的操作体验；通过精准智能语音提示、App 的各项便民服务，为居民带来温馨的住家体验，从而提升居民的幸福感、获得感、安全感，让居民生活更加安全、便捷。

图 7-6　花果园智慧社区体系

7.5.4　项目亮点

1. 基于数据的管理机制

该项目通过各种智慧感知设备，以及通过让居民自主申报的方式，建立了一套实有人口管理机制，使社区居民的"开门"数据非常"鲜活"（见图 7-7）。

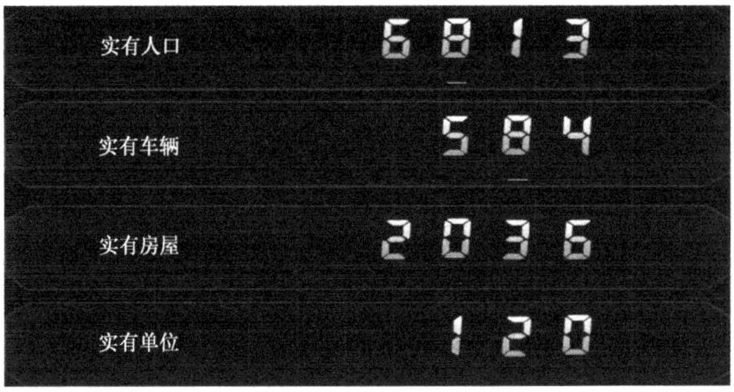

图 7-7　平台某日工作截图

另外，该项目运用大数据分析比对，依托人员入住登记、身份采集、人脸采集、开门授权、身份绑定等闭环，在楼宇和居民小区出入口建立"微卡口"，强化出入人员、车辆信息采集，实现对实有人口、实有房屋的实时掌握，做到人、房基本数据底数清、情况明，夯实社会管理服务基层基础工作；通过管住"人、物、房、点、路、网"六大要素，打造"人过留影、车过留牌、机过留码、卡过留痕"四道防线，实现对进出社区活动的各维度的历史信息采集，结合人员的出入活动轨迹，及时对非法聚集、传销等团伙性聚居组织行为进行预警，助推基层派出所对所辖社区历史信息的溯源和即时数据的应用，提高基层公安机关对社区案件的侦办效率。

2. 系统优化

该项目按照"把更多资源、服务、管理放到社区"的要求，依托智慧社区建设，助推基层公安、物业及政府相关部门的服务职能下沉，扩大小区信息共享范围，结合物业服务平台建设，将购买水、电、气，以及缴纳物业管理费等纳入智慧社区建设，推动社区物业智能化管理水平提档升级，寓管理于服务之中，构建住宅小区物业管理、安防与社区服务"三位一体"的服务和管理集成整合的智慧小区系统，为业主创造安全、舒适、温馨的生活环境；通过平台加装电子标签（RFID），建立预警指令的接听、服务、出警、反馈闭环服务机制和流程，实现对社区内重点人员（老人、精神异常人员）的有效管理，提升对弱势群体的关爱效率和质量；将街道对区域的管理需求与基层派出所的辖区管理需求相结合并融入智慧城市建设的总体框架，整合资源，合并开发，融合应用，推动城市公共安全管理精细化、信息化、智能化，有效服务民生需求。

3. 预案准备

该项目通过对社区每栋楼进行三维建模，同时采用通道式双目摄像机掌握住户在楼体内的实时分布情况，结合对社区内消防设施的标注和对消防通道状态的查看，可使消防人员在出警的同时完全掌握现场信息，从而有效提升消防人员的实战能力，并最大限度地减少辖区居民的生命和财产损失，真正保障居民安居乐业。

7.5.5 运营效果

智慧平安社区云平台采用最新的大数据、人工智能、云计算等技术，打造了一体化应用系统。该系统在初步落地后，经试运行，得到了用户的充分肯定。

1. 助力民生保障，建设"0案发"社区

系统的应用使居民充分享受到了最新科技成果带来的安全感、幸福感和满足感，其每日为有关部门提供治安相关数据近6万条，在安装智能门禁后，社区刑事案件发生率为0。系统的初步建成实现了风险源外移的预期目标，从而为辖区居民竖起了一道安全屏障。

2. 系统使用界面友好，系统黏合度持续提升

社区智能门禁覆盖率达到了100%，通过智能门禁开门的比例达到了98%以上，其中刷脸开门比例超过了60%。用户反馈好评率超过90%，投诉率为0。

3. 动态网格化管理，提升社区综合治理水平

系统可实现数据统一采集、资源统一管理、应用统一门户，从而达到提升综合治理工作效率、节省人力资源、改善居民互动质量的效果。

4. 保障城市安全，实现"最后一公里"的治理精细化

社区管理是城市管理的末端，也是城市管理最重要的环节之一。该系统助力公安在复杂社会治安形势下使用最先进的科技手段来有效预防打击犯罪，做到"来有影、去有迹、行有踪、敌未动、我先知"，从而有效提升社区治安水平。

7.6 案例：智慧旅游项目

7.6.1 智慧旅游的基本理念

智慧旅游纵向贯穿了各级旅游管理部门和服务机构，横向融合了交通、公安、气象、环保、测绘等部门以进行数据交换和共享。其外围可整合三大运营商、在线旅游（OTA）和搜索引擎等的数据，整体上又可以无缝对接到层次更高的整个城市的智慧化体系中。因此，智慧旅游既有价值又有意义，还有市场。智慧旅游结构如图7-8所示。

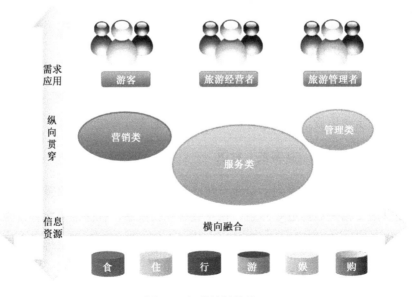

图7-8　智慧旅游结构

7.6.2 智慧旅游系统的建设目标与总体思路

天谷智能为智慧旅游系统打造智慧旅游示范路线，建立智慧旅游管理、营销和服务平台，围绕公共服务、旅游要素、旅游营销、旅游企业和旅游管理五个方面的"互联网+"，实现旅游资源在线上平台特别是移动端的统一架构；推进城市重点旅游景区的智能化建设，实施统一的数据标准接口，建设智能化自助导游系统，建成泛在、集约、智能、可持续发展的智慧旅游支撑体系，从而为政府提供即时游客行为数据、舆情分析预警等系统；为涉旅企业提供多种基础建设及增值服务，实现智慧服务一体化；为游客提供游前、游中、游后的一站式服务体系。智慧旅游系统建设总体思路如图 7-9 所示。

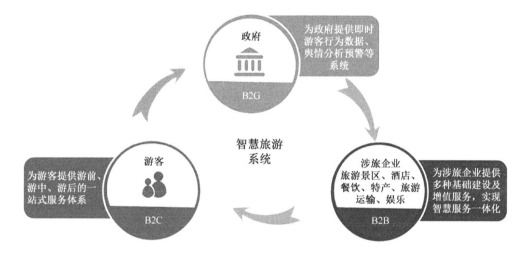

图 7-9 智慧旅游系统建设总体思路

7.6.3 智慧旅游系统建设模块

1. 智慧旅游系统的三大模块

面向游客的智慧服务模块：为游客打造"以人为本"的智慧旅游体验，推动游客从传统旅游消费方式向现代旅游消费方式转变。

面向旅游局和景区的智慧管理模块：为管理机构打造"多级一体"的智慧管理体系，推进行业管理由被动、事后管理向全程、实时管理转变。

面向商家的智慧营销模块：为企业提供"多维度、全方位"的营销矩阵，促进涉旅企业营销模式由传统营销向精准营销转变。

每个模块中还有很多具体的智慧管理模块，智慧旅游系统建设模块如图 7-10 所示。

2. 智能票务管理系统

票务是旅游的第一入口环节，开发智能票务管理系统是非常重要的。智能票务管理系统以智能与数据为支撑，综合信息发布系统等，有效引导、整合各涉旅企业，打通上下游渠道，有效地促进涉旅企业从传统模式向智能化模式转变。智能票务管理系统具有以下核心功能（见图 7-11）。

图 7-10　智慧旅游系统建设模块

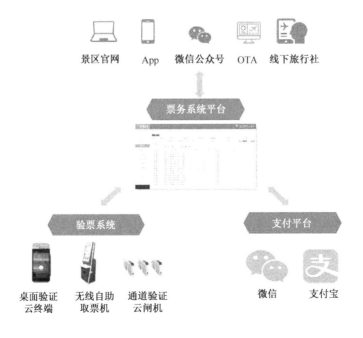

图 7-11　智能票务管理系统核心功能

（1）将门票以二维码或验证码的形式发送至游客终端，可靠、安全、便捷，杜绝了伪造和人情因素。

（2）景区部署验票终端设备，快速验票。

（3）支持手机支付或网上金融支付方式。

（4）票务系统平台具有完备的管理和统计分析功能，可负责景区的票务验证、统计、分析、报表、对账、结账等工作。

3. 旅行社管理系统

旅行社管理系统不仅是旅行社进行行政管理的重要工具，由于与数据采集集成，以及与智能移动通信连接，其还是政府监管部门的有效工具（见图7-12）。

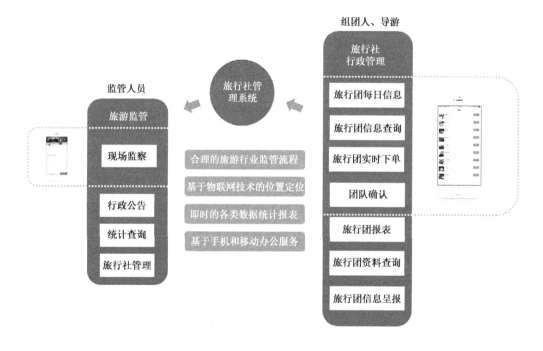

图7-12　旅行社管理系统

4. 景区导览系统

景区导览系统通过与智能移动终端进行数据连接，可提供电子地图搜索、旅游线路推介、自动语音讲解等功能（见图7-13）。

7.6.4　智慧旅游系统特色

天谷智能已经将智慧旅游系统成功落地扬州瘦西湖、南岳衡山、国家森林公园等许多场景，从以上介绍中可以看到，其智慧旅游系统具有以下特色。

（1）拓展性：该系统采用开放的系统架构，保证系统具有良好的可扩展能力，易管理、易维护，以及具有强有力的技术支持。

图 7-13　景区导览系统

（2）高效性：该系统具有现场地理位置和多媒体信息采集、上报及语音通信等功能，可为指挥调度中心工作人员快速提供准确、形象和直观的信息，便于指挥人员浏览、查询、定位、判断、决策和指挥调度，从而大幅度提高景区治理和保护工作的质量与效率。

（3）集成性：该系统集成度高，对全面整合旅游资源、提升旅游产业发展能级、增强旅游业的核心竞争力具有积极意义，是全面推进旅游信息化建设、实现跨越式发展的关键项目和基础工程。

7.7　案例：智慧园林解决方案

7.7.1　智慧园林的基本理念

智慧园林将人文、艺术与科技相结合，采用物联网技术将园林养护、园林景观的控制信息化；采用人工智能技术，通过当前的传感数据和养护数据，依据特定的算法为园林养护提供精准的智能托管式服务。园林庭院智能化是智慧园林的一个重要应用场景，园林庭院主要指私家花园，其场景比大型公园、市政绿化、大型社区绿化等要小，但在养护管理方面要求更加精细。另外，园林庭院智能化中除了户外的养护部分，还涉及门禁管理、室内的智能家居部分。

7.7.2 滴翠智能解决方案介绍

1. 解决方案研发背景

城市化进程的推进给园林景观产业带来了发展契机。近年来，国内在园林和绿化方面的投资金额从 2005 年的 411 亿元增长到 2015 年的 2075 亿元，年均复合增长率为 17.57%，整体上下游市场体量正在稳步增长。另外，园林景观行业属于生态学、植物学、景观学、建筑学的综合行业，目前业内企业都将重点聚焦在造园艺术上，而园林养护依然以人力为主，大量的配套设备在控制上以手动为主。虽然喷灌、照明在物联网技术浪潮的推动下，在智能化方面已经起步，但其核心的控制器和软件系统等主要采用的是国外的进口产品。以喷灌为例，国内从事喷灌设备生产的企业多以生产电磁阀、喷头、管材等为主，而控制器和软件系统则主要使用国外的产品。

滴翠智能深入研究园林景观行业特点后，决定研发一套集软硬件于一体的系统来服务行业。这个系统称为"园林庭院 AI 管家系统"，其涉及物联网通信技术、人工智能技术、传感技术、电力学、植物学、生态学等。

2. 解决方案

园林庭院 AI 管家系统能够快速实现园林庭院的智能物联网建设，通过生态环境数据监测采集、园林设备智能控制与无感化 AI 人机交互机制，轻松为园林绿化行业赋能，为园林庭院智能化提供方便快捷、稳定有效的解决方案（见图 7-14）。

3. 解决方案解决的核心痛点

1）设备间互联互通困难

园林庭院实现智能化最核心的一个痛点是所使用的喷灌、照明、水泵、电机、传感器等设备太多，且这些设备很少具备联网功能，而且只要有一个设备不具备联网功能，则整体智能化的闭环就无法实现。滴翠智能推出的翠灵盒子控制主机通过控制设备电源就可以解决众多设备无法互联互通的问题，为园林庭院智能化奠定了坚实的基础。

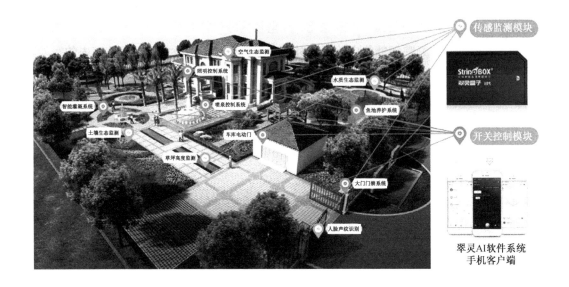

图 7-14 解决方案应用场景示意

2）控制手段繁杂

部分园林庭院的配套设备具备智能控制功能，如一些照明灯配备了 App，通过 App 可实现开关、调色、定时等多种功能。但是，一个园林庭院的照明灯可能采用多个品牌，客户需要安装多个 App，在实际使用时需要在多个 App 间切换，这极大地影响了客户的体验。滴翠智能通过一套软件打通了所有控制单元，从此客户只需要一个 App 就可以实现整体的养护管理。

3）植物养护难度大

园林养护涉及生态学、植物学，因此，专业的造园公司也未必可以做得很好，园林庭院的实际使用者就更加难以做到。这主要是因为不同植物在不同地区及不同的生态环境下的养护方法各不相同。滴翠智能建立的植物养护数据库能够帮助客户掌握相关知识，并且依据掌握的生态环境数据，通过软件自动对园林养护设备进行操控，实现园林养护的智能化。

4）微观数据空缺

目前生态环境大数据以宏观居多，并且只通过在有限的几个地方设置观测点来获取数据。滴翠智能的目标客户数量庞大，这使其无形中具有了大量观测点，能够采集大量不同地区、不同时间的土壤、水质、空气等生态环境数据，这些数据都是以某个点的微观数据构成的。通过大量的微观数据来形成对某个地区的宏观判断，准确度更高，应用范围更大。这些数据对于环保、气象、农业、医疗等众多领域都有重要的应用价值。

4. 解决方案的核心创新点

1) 通过网络控制设备

喷灌、照明、水泵、电动机等并不具备联网功能，主要基于电路通断来实现控制，那么只需要将这些设备电源接入具备联网功能的翠灵盒子控制主机，就可以将其接入物联网实现控制，并且一个控制主机可同时控制喷灌、照明、水泵、电动机等多种设备。

2) 传输传感器数据

测量土壤、水质、空气等的传感器大多基于 RS485 联网通信接口，但不同品牌、不同型号的传感器的协议不同，滴翠智能通过内置协议的方式将大量传感器协议设定在服务器接收端，在接收数据的同时将其翻译成实时可读数据供系统使用。这样不但提高了传感器的兼容性，并且可以不断增加传感器。

3) 扩展控制接口、采集接口与内部组网

无论是控制设备还是数据采集设备，都难以做到无限扩展，而翠灵盒子控制主机除了提供一定数量的设备控制接口和传感器数据采集接口，还提供用于扩展的外挂无线采集器与控制器。扩展外挂设备可通过 GPRS 直接联网，也可通过 LoRa 与控制主机建立内部无线通信网络。

4) 植物、鱼池智能养护

植物的日常养护主要是为其浇水、施肥，但核心是对土壤生态环境进行控制。滴翠智能通过采集生态环境的实时数据，结合植物的最佳养护数据来判断是否需要对生态环境施加干预，即是否启动浇水或施肥。鱼池的智能养护与植物的智能养护相同，只是采集的数据为水体数据，控制设备则是水净化器、喂食器、排污泵、注水泵等。

5) 专注于园林庭院的 AI 交互

滴翠智能针对园林庭院的养护特性，专门打造了一个庭院管家类的私人助理机器人——灵灵，并着重培养灵灵在植物学、生态学方面的知识与能力，让它在该领域成为专家。

7.7.3 解决方案的技术原理

1. 控制主机的技术原理

翠灵盒子控制主机的构造与常见的电气设备配电箱相似，工作本质都是控制电源通断。但是与传统配电箱手动操作或近场通信操作不同的是，翠灵盒子控制主机具备联网的主板芯片，可通过网络发送指令来实现不限距离的远程电源通断操作。翠灵盒子控制主机的架构如图 7-15 所示。

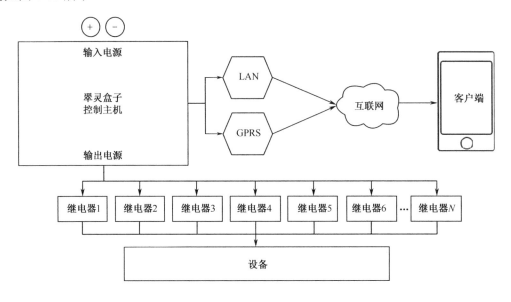

图 7-15　翠灵盒子控制主机的架构

2. 数据采集技术原理

翠灵盒子控制主机内置 RS485 通信接口，传感器的数据会被内置协议处理后变为可读格式，然后上传至云端。数据采集技术原理如图 7-16 所示。

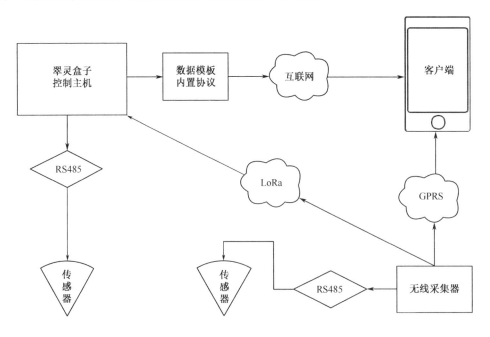

图 7-16　数据采集技术原理

7.7.4 解决方案实施效果及亮点

（1）设备接入快捷简单：只需要将设备电源接入控制终端便可实现对所有设备的远程控制，操作简单，普通人也可轻松完成。

（2）实时掌握生态环境数据：通过终端可轻松部署生态环境传感器，实时掌握土壤、水质、空气等生态环境数据。

（3）智能托管、生态恒定：依据实时数据对设备进行智能托管，实现土壤、水质、空气的生态环境的恒定自持。

（4）成本更低、性价比高：与传统方案相比，成本大幅度降低，效能显著提升，并能有效节约电、水，降低用户的养护成本。

（5）提升用户交互体验：支持手机远程操控、定时托管、智能语音交互、传感器交互等多种人机交互体验。

7.8 案例：智慧城市项目

7.8.1 项目背景

南京智能街区项目是天谷智能的一个创新和尝试。项目选址在南京市鼓楼区模范马路街区，目标是打造中国第一条物联网示范体验街，最终实现国内首个以物联网核心技术、十大行业应用为基础的，集宜观、宜管、宜居、宜业、宜游于一体的物联网示范体验街。打造智能街区的意义是建设城市物联网智能街区，提升城市品质，促进城市繁荣发展。

7.8.2 项目建设

1. 需要解决的问题

通过对街道调研得知，由于街道人员力量有限，需要通过智慧手段为街道管理人员"减负"，以便其将更多的精力投入民生保障工作中。因此，智能街区解决方案力图解决街道管理存在的以下痛点：沿街车辆停放、防火防汛预警、店铺占道经营和街道环境卫生方面的问题（见图7-17）。

图 7-17　需要解决的问题

2. 街区需求分析及工作模块

针对该街区进行如下需求分析。

品牌宣传：线上广告，榜单排名，地址导航，优惠套餐；

精准营销：用户画像，行为分析，销售匹配，个性服务；

行政审批：经营审批，卫生审批；

服务反馈：满意度调查，评价投诉；

安防警务：防范失火，防范盗窃。

在需求分析的基础上形成行政审批、民生诉求、停车缴费、便民地图、生活服务、社区互动等工作模块（见图 7-18）。

图 7-18　智慧街区工作模块

3. 建设任务

(1) 在马路两侧规划物联网十大行业应用体验店和路面物联网智慧道路，充分展示国内外顶尖的物联网技术，带动周边物联网产业积聚，形成全国示范效应。

(2) 物联网示范体验街的建设以物联网、5G、云计算、大数据、边缘计算、人工智能、增强现实等新技术为支撑，全面聚集城市管理信息资源，打造集监督监控、科学预警决策、应急指挥于一体的综合协调指挥平台。

(3) 应用物联感知、数据分析等智慧化技术，为城管业务水平提升提供新助力。应用物联网技术，在全面采集路况信息的基础上，实现特种设备、环境卫生、垃圾清运等领域的智能化管理。

智慧街区建设模块如图 7-19 所示。

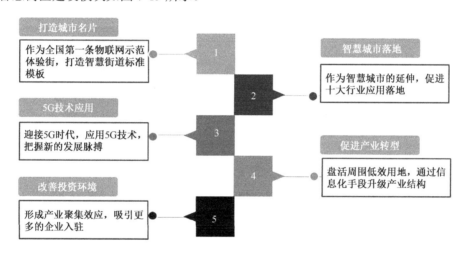

图 7-19　智慧街区建设模块

同时，建立街区大脑，满足管理者、居民、商户的实际需求，整合实现综合治理、政务管理、市民服务、经营管理、社区安防、公共设施等功能（见图 7-20），将南京物联网示范体验街的实施步骤统一规划、分步建设、逐步推进。智慧街区渐进示意如图 7-21 所示。

7.8.3　项目功能及特色

1. 迎宾机器人

迎宾机器人是集语音识别技术、语义理解技术、图像识别技术和体感交互技术于一体的高科技产品。该机器人为仿人型，身高、体形、表情等都力争逼真，亲切、可爱、美丽、大方、栩栩如生，给人以真切之感。

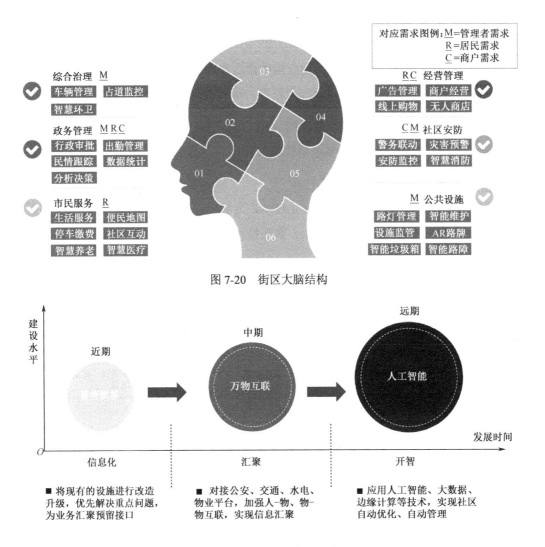

图 7-20 街区大脑结构

图 7-21 智慧街区渐进示意

将迎宾机器人放置在会场等活动现场,当宾客经过时,机器人会主动打招呼:"您好!欢迎您光临。"当宾客离开时,机器人会说:"您好,欢迎下次光临。"这样既吸引眼球又可博得好感。不仅如此,它还可以进行导览指引、内容讲解等在线服务,充分展示机器人的智慧功能。

通过人机对话,迎宾机器人可把活动或庆典的相应内容充分展示给现场宾客,从而产生良好的互动效果。

2. 智慧安防

通过动态感知、智能视频分析等手段对社区里的人、车、房、物进行日常安防维护;对社区人口、车辆、告警事件进行智能分析和流转处理,做到管理闭环(见图 7-22)。

图7-22 智慧街区安防布局

3. 智能路灯

智能路灯基于物联网技术,实现对路灯的远程集中控制与智能管理,具有根据车流量自动调节亮度、远程照明控制、故障主动报警、灯具线缆防盗、远程抄表等功能,能够大幅度节省电力资源,提升公共照明管理水平,降低维护成本。

4. 街区市民服务

充分借助物联网、传感网,将网络通信技术融入市民生活的各环节,构建数字化、移动化、无线化、物联化的社区,使居民实现便民、惠民、利民的理想生活。智慧街区市民服务系统关系如图7-23所示。

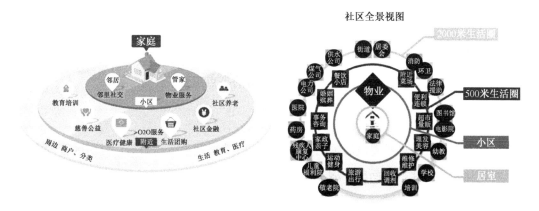

图7-23 智慧街区市民服务系统关系

5. 城市智能管理与智能服务

通过智慧城市和智慧街区建设,完善城市管理水平,提高城市服务质量,主要实施政府智能化调度指挥系统、市民综合服务系统、智能路灯、智能停车系统。智慧街区市民综合服务系统如图7-24所示。

6. 智慧体验店

集成智慧体验店是本项目的一大创新。本项目对50家沿街旧铺进行整改,选取10个物联网体验点来部署物联网十大行业应用。

图 7-24 智慧街区市民综合服务系统

7.8.4 项目效益分析

天谷智能创新性地设计规划了南京智慧街区项目,该项目将带来三个层面的效益。

1. 品牌效益

打造创新名城,延伸智慧城市,成为智慧城市的亮点工程。

2. 社会效益

实现智慧管理:通过对周边店铺的集中整改,打造智慧示范体验街,对街区管理实现集中化、可视化、智能化,不断提升服务能力。

缓解交通压力:运用智慧灯杆,实现对街区内部车流、人流的实时监控,并根据实时状况疏导交通,及时采取相应的管制措施。

提升街区安防能力:智能化监控设施可对街区内部进行 360 度无死角监控,管理人员可通过后台视频监控进行全方位巡视,从而有效降低犯罪率。

3. 经济效益

直接经济收入:通过对周边升级改造后的店铺进行租赁,可获得租金收入;通过与智慧相关的衍生产品,如智慧停车引导业务也可实现增收。

灯杆广告费:来自新闻发布会、产品展示会、鉴定会、评审会等。

降低运维管理成本:智能运维方案具有智能告警、及时维护的功能,可减少在路灯运维上的人力、物力，实现智能化管理，从而降低相关的运维成本。

7.9 案例：智能水务项目

7.9.1 智能水务概述

天谷智能依托自身通信技术及其解决方案方面的技术，通过数据采集、无线网络通信、水质设备连接进行水质的实时监测，从而打造多界面、多功能及人机互动的体验平台。该平台将实现如下目标。

明确技术目标：实现科学的仿生过滤技术、安全健康的饮水质量、个性化的解决方案。

创新专利技术：包括太阳能光伏、智能化控制、移动分布式、物联网检测、健康直饮水等相关技术。

广谱应用场景：包括科技园区、商业综合体、高端社区、大专院校、旅游景区、医院等。

高科技辅助系统：实现自动局域组网、智能水质监测、网络安防监控、应急反应调度、无人机配送、用户大数据管理等功能。

7.9.2 智能水务的智能设备及核心技术

1. 智能水务设备

智能水务设备主要有两种类型：SVW-M 移动式净水车和 SVW 社区型净水系统（见图 7-25）。SVW 系列智能水务设备的五大应用场景如图 7-26 所示。

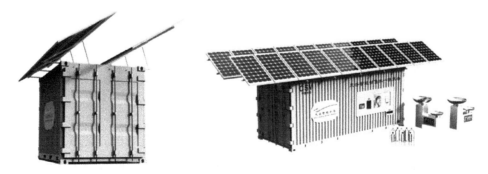

图 7-25　智能水务设备

图 7-26　SVW 系列智能水务设备的五大应用场景

2. 核心技术

智能水务以自然仿生净水专利技术为核心，集成了卫星通信技术、卫星遥感、无人机等新技术，解决了城市无线网络接入、特种场合及应急条件下的饮用水安全和通信指挥等问题。其核心技术如图 7-27 所示。

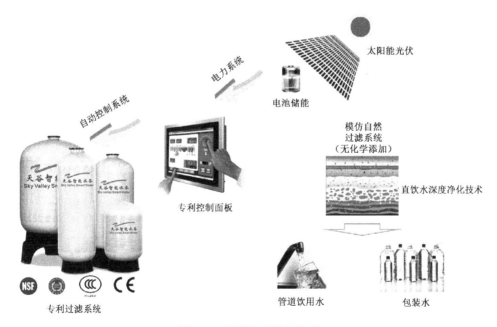

图 7-27　智能水务核心技术

SVW 系列智能水务设备采用电控装置，可实现全过程的智能化水质在线实时监测、全流程自动化控制、全天候无人化运营。远程水质在线检测和物联网数据控制系统（包括客户管理、水质管理、收费定价等信息化模块）可有效管理运维及服务数据。

7.9.3 智能水务解决方案

针对科技产业园的分质供水综合解决方案是典型的智能水务解决方案，下面以其为例进行介绍。在科技产业园直饮水系统中，水流由分质供水管网通过 UV 消毒，经过管网增压系统后与 SVW 系列智能天然直饮水系统结合，传送到园区分布式直饮水智能终端。智能水务科技产业园系统架构如图 7-28 所示。

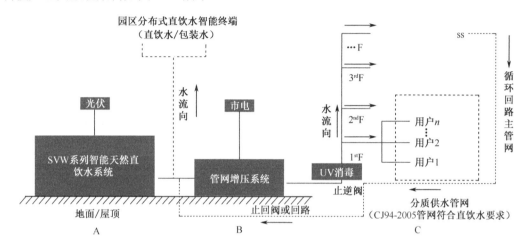

图 7-28　智能水务科技产业园系统架构

在智能水务科技产业园系统架构的基础上，继续延伸出供水分流模式，如图 7-29 所示。其中，分流终端在智能终端供水设备的监测和管控下分流。服务器通过无线通信对水量进行计量，客户端通过第三方支付接入服务器。智能监测终端、服务器、客户端、通信系统等组成了大数据中心。

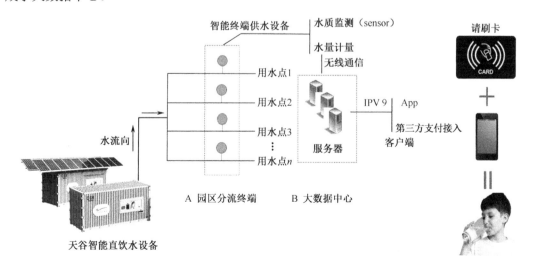

图 7-29　智能水务科技产业园供水分流模式

基于分布式远程控制系统（电控系统/PLC/路由/云端）的环境水质及健康饮水大数据，以增值及服务+模块的形式将智能包装水灌装终端模块、智能管理软件、卫星通信及应急指挥、智能终端系统搭建成智能水务大数据架构（见图7-30），然后通过数据采集及管理、用户层（共享大数据平台）、开发应用层和Apps组成智能水务水质管理平台（见图7-31）。智能水务将云计算、物联网、大数据、人工智能和通信等技术通过集成优化有效地融合在一起。

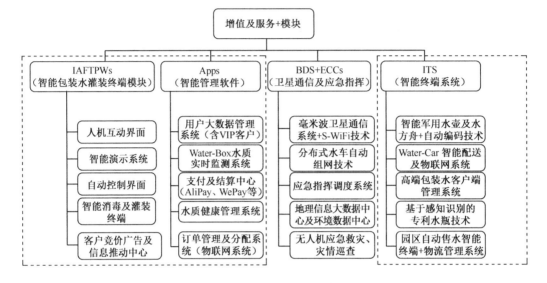

图 7-30　智能水务大数据架构

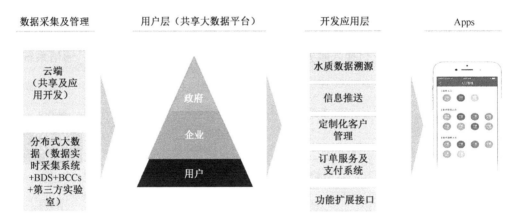

图 7-31　智能水务水质管理平台

7.9.4　智能水务的优势

1. 国际领先的过滤技术

SVW 系统采用 MNFES 过滤技术（超滤级）。该技术采用靶向净化原理，可以直接对水源水进行深度净化，同时保留水中对人体有益的元素；制水过程全程无任何化学添加，可从源头保证水质健康。该系统适用于各种水质环境，水源可以是任何淡水水源，包括地下水、地表水、自来水等。

2. 超低制水成本及运营成本

SVW 系统综合成本（制水成本及运营成本）双低：综合净水成本约为 0.0023 元/L；SVW 系统滤芯的最低使用年限为 5 年，基本没有耗材。

3. 先进的智造生产基地

SVW 系统依托中国电子熊猫集团国家级匠师大使工作室提供的技术支持，配置专业化的技术团队，打造全球智造生产基地，利用国内完善的产品组件供应链体系，为客户提供优质的产品和技术支持。

4. 绿色能源

SVW 系统采用光伏发电及储能技术，适用于孤岛环境。其通过采用具有自主专利的能源优化芯片，在同等处理能力下，能耗约为传统系统的 39.33%。

5. 节水节能

SVW 系统具有高水源水利用率，水源水利用率达 99.58%以上，而传统的 RO 技术仅为 50%左右。

6. 智能化集成平台

SVW 系统依托天谷智能在通信技术及其解决方案方面的强大技术支持，将净水技术与卫星通信技术、WiFi 技术等结合，解决了城市无线网络接入问题；解决了特种场合及应急条件下的饮用水安全和通信指挥问题；实现了水质实时监测平台及用户管理子系统的开发；打造了多界面、多功能及人机互动的体验平台。

7. 分布式 $N+1$ 智能组网

SVW 系统安装便捷、迅速，不需要复杂的基建设施，运输方便，可在 24 小时内完成安装并投入使用；可实现 $N+1$ 水车智能组网，便于运营维护和管理。

7.10 案例：智慧差旅项目

7.10.1 市场及行业状况

在稳定的宏观经济和社会环境保障下，中国人民的旅游需求不断释放，旅游消费持续升温，产业投资和创新更加活跃。在全域旅游、厕所革命、"旅游+"战略、打击"不合理低价游"等工作的推进下，各地旅游消费环境日趋完善，旅游保障体系日益健全，旅游消费市场秩序不断优化。在不断升级的旅游需求的推动下，自由行、品质游、度假休闲旅游市场规模逐步扩大，旅游成为居民日常消费的重要选项。

随着中国经济的持续发展和年青一代的生活方式的转变，中国现在正面临整体的消费升级。同时，消费升级并不是简单的价格更贵，而是消费者愿意为自己的喜好买单，企业提供的产品必须更符合当前用户的心理需求。

作为全国首个提出"AI 赋能酒店，数字化运营驱动酒店产业"的盘古创业核心企业，上海邸客网络科技有限公司（以下简称邸客）致力于成为人们"旅行、住宿、娱乐、生活"的入口级平台。

邸客通过 AI 智控终端控制屏幕，在酒店场景下唤醒高净值的用户，用双屏互娱的方式重构传统的营销方式，让用户主动参与，从而在为酒店赋能的同时，将酒店自身及城市的商业生态融入邸客互娱系统，使其成为用户流量的入口，以便创造精准的场景消费模式。

邸客的服务从用户入住酒店后开始，其聚焦于用户异地出行时最核心的"选择难、怕上当"的消费痛点，构建完全公平公开的服务形式，为用户提供最地道的本地吃住行玩服务。

7.10.2 邸客解决方案介绍

1. 核心功能

1）硬件设备功能

邸客与中科院联合研发的 AI 智控终端，可以使用户通过插卡通电来打开电视，将电视屏变为与用户交互体验的主"屏"，起到场景唤醒与双屏互动的作用。

邸客研发团队成功研发了酒店智能助手多莉，其可向酒店和用户提供全方位的智能服务。

2）酒店智能服务

多莉通过对酒店服务的线上化与数据化，促使酒店进行数字化运营，提升管理和服务效率，降低成本。其具体功能包括系统对接、信息咨询、服务受理与下单等。

3）用户全场景交互

以多莉为入口，基于用户食行游购娱需求的知识图谱和个人数据模型，通过智能决策引擎，对用户进行场景式关联消费的智能化精准推荐，实现完整的目的地体验。

4）数据沉淀与精准营销

对差旅场景下提交的服务需求数据进行挖掘和大数据分析，同时全方位沉淀用户数据，完善用户个人数据模型，形成更完整的用户画像；通过不断完善的多莉的知识图谱来根据不同场景、不同用户的个人数据模型，对用户进行场景化主动推荐。

2. 目的地体验社区产品

邸客核心营造的出行生态基于"目的地体验"的服务，其可以让异地出行的用户像本地人一样体验最地道的吃住行玩服务，从而获得更舒适的旅途体验，让旅程回归快乐。围绕"兑现入口价值、唤醒实现场景、激活用户消费"的目标，邸客推出了一系列产品。

（1）智能影视：由邸客战略合作伙伴百视通提供海量正版的影视大片内容，让用户在客房内就能享受最直接、最优质的视听体验。

（2）本地吃喝玩乐百行榜：根据差旅人群（特别是占比为55%的商务人群）的碎片化时间的场景设定，提供符合场景的精准消费服务指南排行榜单，让用户迅速拿到当地最佳的吃喝玩乐方案。

（3）约达人搜索本地：通过提供风采各异且精心设计了特色路线的城市达人作为向导来满足用户探索陌生城市的好奇心，以及融入目的地、体验地道特色游的需求。

（4）闪店（见图7-32）：在客房场景增加游戏互动，唤醒用户消费意愿，让用户以相对较低的消费获取超值型、期待型及兴奋型奖品，为酒店的线上商城、会员系统、自用订房系统及酒店内各商业生态进行导流，同时为城市差旅服务生态进行精准的场景消费引流。

（5）比邻：将用户联动起来，在酒店场景中打造充满魅力的"社交场"，通过提供以酒店品牌标签属性为原点，支持用户发现同酒店、同城旅友的服务来满足用户差旅场景下的轻社交需求。

（6）一城一礼（见图7-33）：全新的旅游礼品售卖方式，让用户轻松拥有超高性价比的本地特产，其设定的送礼场景有送朋友、送爱人、送孩子、送同事、送长辈。

图 7-32　闪店产品双屏示意

图 7-33　一城一礼双屏示意

7.10.3　关键技术及创新

邸客 AI 智控终端融合了智能客控、智能音箱、互联网电视机顶盒等多种设备功能，在酒店行业属于首创。该终端采用与中科院联合研发的 RCU 控制芯片，兼容多种协议，包括红外、蓝牙、射频，能兼容匹配 97% 的商用电视型号；采用 16 bit 内存来提升运行速度；采用 BGA（球栅阵列）封装技术来增加 Flash 的使用寿命；外壳采用专用红外材料来使红外信号的穿透率大于 98%。其中，RCU 控制芯片采用 ARM CM4 内核，支持 IEEE 802.11ac 2x2 MU-MIMO，符合 WiFi VHT R2 规范，可有效对抗频率选择性衰落，同时支持蓝牙 5、蓝牙 Mesh 组网及远距离传输技术，支持 PCIE 接口和 SDIO 协议以保证系统性能的稳定。

邸客实现了多莉知识图谱和智能决策引擎。多莉还构建了用户数据模型，并基于分布式存储和 AEAS 加密引擎实现了用户数据的安全体系。

7.11 案例：基于教育大脑的智慧校园

7.11.1 关于智慧校园

智慧校园指通过无处不在的智能化传感器组成的物联网，实现对校园人、财、物的全面感知及信息获取，并通过大数据、人工智能技术构建感知、数据、智能三大空间。把感知空间、数据空间、智能空间相互连接，并根据信息进行智慧决策，可辅助智慧校园不断提升管理及服务质量，创新教学及科研成果。其中，这个决策中心就是智慧校园的"教育大脑"。智慧校园建设的过程是教育思想、教育观念转变的过程，是以信息的观点对教育系统进行分析认识的过程。在这样的基础上，将信息技术全方位地应用在教育场景中，才是智慧校园的核心，也是教育大脑的使命。智慧校园需要解决的核心痛点包括"一刀切的教与学模式""培养能力与岗位需求不匹配的就业困惑""校园人（以学生为代表）、财（以数据为代表）、物（以教学环境为代表）的管理黑洞（三者资源调配缺少客观的科学依据）"。高校大量业务系统数据不全，并出现大量僵尸数据、孤岛数据；高校管理决策虽然有简单的数据支撑，但无数据关联分析，管理者凭感觉决策的现象还较为普遍；高校没有数据采集，无法对设备质量及状况进行分析评估，无法对故障提前预警，造成资产管理的巨大困难。三盟科技基于这样的现实开发了基于教育大脑的智慧校园解决方案。

7.11.2 教育大脑架构及解决方案

教育大脑整体包括感知空间、数据空间及智能空间三个部分。其中，感知空间负责数据的采集，包括教学环境数据的采集、教学过程数据的采集及教学行为数据的采集；可在数据空间形成校园数据的总集合，并对这些数据进行符合国家数据标准或符合学校数据标准的综合治理，分不同的主题进行存储；可在智能空间运用数据智能计算的算法，可以提取各职能部门智慧决策所需的信息。教育大脑顶层架构如图 7-34 所示。

感知空间解决了环境感知与控制、线上/线下教学过程的数据采集、个人行为数据采集等问题，为智慧校园构建了物联网信息平台。感知空间主要包含环境感知及控制产品、线上/线下教学及数据采集产品、行为数据采集系统，主要应用了物联网技术。感知空间的架构如图 7-35 所示。

图 7-34 教育大脑顶层架构

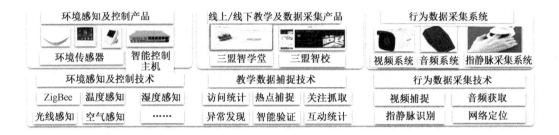

图 7-35 感知空间的架构

数据空间解决了数据采集难、整合难,以及服务上线慢、应用效果差等问题。首先,数据空间的平台类产品通过人工智能技术实现了数据治理的"自动化""智能化";其次,数据空间面向智慧校园的教务管理与校园服务提供大数据平台类产品和大数据应用类产品,如数据治理平台、数据交换平台、大数据管理平台、学科大数据等,从而整合数据资产,建立服务标准,提供精准决策。大数据应用类产品以多维度数据为基础,以核心算法为支撑,应用于如精准资助、驾驶舱、学科大数据、大数据实训、智慧教学等场景,从而解决学校业务痛点,提升工作效率。数据空间架构如图 7-36 所示。

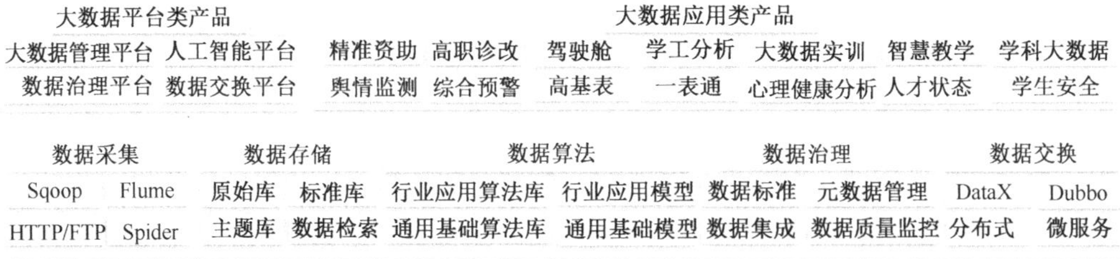

大数据平台类产品			大数据应用类产品				
大数据管理平台 人工智能平台		精准资助 高职诊改	驾驶舱	学工分析	大数据实训	智慧教学	学科大数据
数据治理平台 数据交换平台		舆情监测 综合预警	高基表	一表通	心理健康分析	人才状态	学生安全

数据采集		数据存储		数据算法		数据治理		数据交换	
Sqoop	Flume	原始库	标准库	行业应用算法库	行业应用模型	数据标准	元数据管理	DataX	Dubbo
HTTP/FTP	Spider	主题库	数据检索	通用基础算法库	通用基础模型	数据集成	数据质量监控	分布式	微服务

图 7-36 数据空间架构

智能空间解决了传统校园的老大难问题，以数据为基础，以人工智能技术为支撑，构建了智慧校园的智能应用，实现了智能交互、智能决策、智能预测、智能推荐的终极目标。例如，其可实现"安全预警""学业预测""行为异常预警""成果认定""智能教学质量评估"等。智能空间主要包含基于人工智能的交互/预测/推荐/决策类功能，进行智能决策、智能预测、智能推荐、智能交互等方面的产品布局。智能空间架构如图7-37所示。

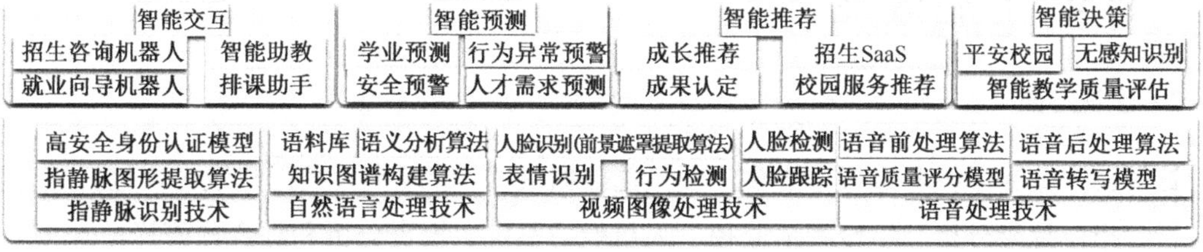

智能交互		智能预测		智能推荐		智能决策	
招生咨询机器人	智能助教	学业预测	行为异常预警	成长推荐	招生SaaS	平安校园	无感知识别
就业向导机器人	排课助手	安全预警	人才需求预测	成果认定	校园服务推荐	智能教学质量评估	
高安全身份认证模型	语料库	语义分析算法	人脸识别(前景遮罩提取算法)	人脸检测	语音前处理算法	语音后处理算法	
指静脉图形提取算法	知识图谱构建算法		表情识别	行为检测	人脸跟踪	语音质量评分模型	语音转写模型
指静脉识别技术	自然语言处理技术		视频图像处理技术		语音处理技术		

图 7-37 智能空间架构

7.11.3 解决方案的核心创新点

1. 平台化、服务化

教育大脑依托于四大统一开放平台：物联网平台、大数据平台、人工智能平台及区块链体系平台。四大平台可为智慧校园提供 PaaS 服务，并针对不同校园应用场景的特性，提供不同种类的 SaaS 服务，如互联网+教育就创业大数据应用服务、平安校园/社区服务、科研探针与爬虫服务和共享数据集成服务等。

2. 场景化、效果化

该解决方案提供基于高校各职能处室业务需求的智慧化服务，包括智慧人事、智慧学工、智慧教学、智慧学科、智慧财务、智慧后勤、平安校园等，整体将校园运转情况、校园安全情况、财务情况、教学情况等进行实时量化，为管理者提供决策依据及决策建议。

3. 技术化、个性化

该解决方案利用学校、教育机构、互联网+教育等不同教学环境采集的教学全过程数据，打造人工智能样本池，构造人工智能学习资源库，建立基于教学实施者的科学评价体系库，围绕以学习者为中心的教育环境，提供精准推送的教与学服务，实现日常教育和终身教育定制化。

4. 学生化、教师化

基于教育大脑的智慧校园本质还是为学生、教师提供便捷的服务。该解决方案通过数据分析与人工智能技术合理优化学习资源，为学生量身推荐学习计划、资源，实现"因材施教"，促进有效学习的达成，为个性化教学指明方向；通过整合校本数据资产来了解、分析、评估教师教学效果与学生学习情况，促进教与学的有效性和创新性，助力教学模式创新、个性化教学等。

7.11.4 运营效果

1. 管理方面

该解决方案为学校各级领导提供了决策的数据依据。管理类大数据建设内容包括综合校情分析、招生综合分析、学校舆情监控、人员能力鉴定、投资分析和综合预警等。

2. 服务方面

该解决方案提升了学校服务水平，实现了精细化、个性化管理。服务类大数据建设内容包括综合画像、智慧推荐、综合就业分析、大数据报告和主动干预式学生心理健康辅导等。

3. 教学方面

该解决方案为解决教学过程与教学结果的矛盾提供了数据支撑，促进了"互联网+"模式下的"教改新模式"。教师可根据不同的应用领域、研究问题，抽取所需的数据，开展学生学习行为分析，预测学生学习轨迹，推荐学习方法和学习资料。

4. 科研方面

该解决方案包含的科研大数据综合分析平台可供学校的领导、科研人员、学生随时查询并了解学校的各项科研情况。科研大数据建设内容包括高校科研能力数据库、科研能力评价模型、高校科研能力数据自动获取及更新、科研能力综合评价与对比等。

7.12 案例：智慧门店项目

7.12.1 项目背景

家具行业是一个传统行业，虽然已经存在了很多年，但随着近些年来中国房地产行业的高速发展，家具行业还在增长。据公开数据，家具行业市场规模已经达到2500亿元左右。家具行业的竞争越来越激烈，目前超过10%的企业亏损，亏损总额超过20亿元。

传统家具行业主要通过实体店进行销售。通常实体店代理非常有限的几家生产厂商,设计师也只能为厂商或用户提供非常有限的设计方案,由于时间成本,用户只能去有限的实体店选择,因此造成了家具行业存在如下痛点(见图7-38)。

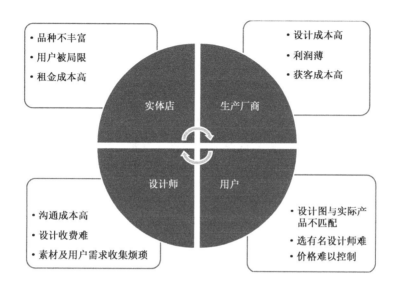

图7-38　家具行业的痛点

(1)对实体店来说:品种不够丰富,租金成本高;由于时间成本,客户也被限制在有限的几个实体店,从而造成大部分实体店失去被选择的机会。

(2)对生产厂商来说:设计成本高,利润薄,获客成本高。

(3)对设计师来说:无论跟厂商还是跟用户,都需要多次交流和反馈,所以沟通成本高,设计收费难,素材及用户需求收集烦琐。

(4)对用户来说:由于时间成本,只能选择有限的设计师和实体店,设计图往往与实际产品不匹配,且很难选到有名设计师,价格有时也难以控制。

因此,家具行业的产业升级迫在眉睫,基于智能化和数据化的门店将会大大提高效率,减少中间环节,降低成本,改善用户体验,是"智能新零售"的一个重要分支,是家具行业走出低迷的必经之路。

"智慧门店"是基于"一键软装"("智能软装"更直观的表述)的体验门店,是上海瞄再买科技有限公司(以下简称瞄再买)用人工智能技术帮助家居装点设计的营销体验门店,集产品展示、交易、场景体验、深度学习、自动迭代于一体,首创了D2F2C(个性设计到厂商到消费者)的模式。

7.12.2 项目实施

1. 设计目标

（1）实体店：实现智能新零售，帮助传统门店转型升级，实现 24 小时智能数字化管理；基于用户数据采集与分析，实现精准营销；通过云端 SaaS 会员管理系统和智能硬件实现智能新零售门店系统的实时在线支持，实现全产业链管理；实现 24 小时智能新零售，从而实现全自动 D2F2C 的社群运营体验，实现传统门店的转型升级。

（2）设计师：实现智能家居设计，通过虚拟现实及数字化客户端，将作品版权化，实现不限次数销售；利用深度学习技术，智能激活沉睡设计方案，完成智能 3D 数字孪生 D2F 模式；提高收入水平，降低消费者的购买成本，完善"家"物联网生态系统，实现由设计在商家到设计在智慧门店的转型。

（3）生产厂商：实现智能制造/工业互联网化，实现工厂无人数字化管理、24 小时零宕机及分布式去中心化生产模式，降低人力成本，提高生产效率，优化产品周期；实现生产的信息化、网联化、智能化，使标准化大规模生产转化为个性化制造；将按企业计划生产提升为按用户需求生产。

2. 核心原理

智慧门店通过全面搭载阿里云基础设施，建立云端 SaaS 会员管理系统，打造智能新零售平台，完善"家"物联网生态系统，实现人、物、云在数字世界的智能融合。这种智能融合真正融合了很多人工智能关键技术：深度学习、机器视觉、语音识别、生物识别、VR/AR、数字孪生等。此外，智慧门店还应用了重力感应和生物支付等技术。智慧门店架构如图 7-39 所示。

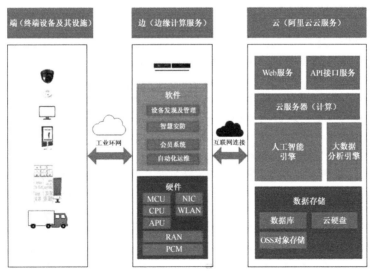

图 7-39 智慧门店架构

7.12.3 项目实施效果

智慧门店按照社交化+情景化+智能化的设计理念，通过智能化的服务进行线上/线下比对和体验，结合人性化和情景化的设计，并植入人文元素，增加家庭情感和互动功能，带给用户全方位、赏心悦目的感受。智慧门店体验店设计效果示例如图 7-40 所示。

图 7-40 智慧门店体验店设计效果示例

7.13 案例：深圳智慧关爱项目

7.13.1 项目背景介绍

1. 智慧关爱项目介绍

智慧关爱是由天谷智能提出的一个创新概念和应用，其指导思想是围绕智慧城市、智慧服务来打造残有所依、残有所为，全面提升深圳人文关怀水平。智慧关爱项目具有重大现实意义，传递了大爱无疆、智慧无界、关爱无限、鹏城无障的价值理念。通过智慧关爱项目将实现：残疾人服务的智能化和生活的无障碍化、无障碍城市基础设施建设的持续推进和智能可穿戴设备有效服务于残疾人。

2. 目前存在的问题

无障碍设计首先在都市建筑、交通、公共环境设施设备及指示系统中得以体现，如步行道上为盲人铺设的走道、触觉指示地图，为乘坐轮椅者专设的卫生间、公用电话、兼有视听双重操作向导的银行自助存取款机等，进而扩展到工作、生活、娱乐中使用的各种器具。这一设计主张从关爱弱势群体的视点出发，以更高层次的理想目标推动设计的发展与进步，使人类创造的产品更趋于合理、亲切和人性化。但是目前现状不尽如人意，以深圳为例，其依然存在盲道被占用、残疾人专用车位被占用、公厕没有无障碍厕位等很多问题（见图 7-41）。

(a) 盲道被占用（一）　　(b) 盲道被占用（二）　　(c) 残疾人专用车位被占用

(d) 公厕没有无障碍厕位　　(e) 坡道过陡　　(f) 未设置低位服务台

图 7-41　目前存在的问题

7.13.2　项目实施

1. 主要措施

为运用大数据和智能芯片更好地为残疾人服务，可采用如下措施来共创温暖。

（1）通过智能科技把残疾人专用公共设施优先推送给残疾人。

（2）强调智能科技产品的研发设计，注重城市无障碍的相关标准。

（3）采用智能科技成果为残疾人服务，提升残疾人的生活质量。

（4）通过互联网、大数据技术来方便残疾人的出行和工作，使其积极参与社会活动。

2. 智能科技应用要点

在日益追求人文关怀、以人为本的当今社会，残疾人、老年人等弱势群体的需求也逐渐被重视。深圳率先创建无障碍示范城，加强无障碍通用产品、技术和标准的研发应用，强调实用性与人性化设计；重点打通无障碍环境微循环，完善无障碍设施标识、语音及字幕提示；推动有条件的公共图书馆设置盲人阅览区域或阅览室；完善公共场所和公共交通工具等的语音与文字提示、手语、盲文等信息无障碍服务，推动政府和公共服务机构网站的无障碍改造；推动食品药品信息无障碍识别，电视节目加配字幕、手语，促进电信、金融、旅游、电子商务等行业为残疾人提供信息无障碍服务，重科技、智能化、全融合、共参与、共发展、创和谐，全面提升深圳人文关怀水平。公共设施全面智能化示例如图 7-42 所示。

图 7-42　公共设施全面智能化示例

智慧关爱项目的核心硬件如下。

智能专用手环：深圳残疾人佩戴智能专用手环，可在 10 米的有效距离内自动感应相关设备；在智能专用手环录入导航地图后，其会自动提示残疾人就近的设备，便于残疾人的日常生活。

智能感应设备：市内公共区域（车站、地铁、路口、机场、码头等）安装专用智能感应设备与手环互动（语音提示）文字提醒系统，通过智能感应设备与市内公共区域的联动，保护残疾人自身的安全。

3. 多级机构参与智能化服务

智慧关爱项目促使多级机构参与智能化服务，具体如下。

（1）社区：建立残疾人社区康复电子档案，实时了解社区残疾人的康复情况。

（2）康复中心：主要面向具有低视力、自闭症及听力语言障碍、中风偏瘫等情况的人群。

（3）各康复机构：与智慧医疗企业合作，针对不同需求的人制订专门的康复计划。

该项目中使用的智能康复管理系统包括康复需求服务、康复服务管理和康复效果评估。

7.13.3　项目社会效益

本项目对全市范围内的市政道路、商业街区、公共场所、住宅小区、办公楼宇、医疗和教育机构、旅游景区等的无障碍设施安装自动感应设备，并通过可穿戴设备自动识别附近需要帮助的人，使其以语音的方式获取帮助，从而实现全民助残，提升城市的综合形象。

7.14 智慧生活的未来

本章通过对智慧生活的组成、关键性技术及一些典型案例进行介绍，让读者对智慧生活的发展现状有了基本认识，也让读者感受到了智慧生活内容的广泛。智慧生活目前还处于发展的萌芽期，下面给出其未来可能的一些发展趋势。

1. 数据开放透明，大数据是智慧生活运营管理的"核心"

开放的数据涵盖城市及生活的需求、消耗、服务、管理等各方面，有利于创造更公开、透明的城市及生活环境，提高城市管理效率，促进城市创新发展。例如，伦敦数据库就是一个免费的、对公众开放共享的数据资源库，其数据信息涵盖城市的各方面，包括经济、就业、交通、环境、安全、房产、健康等。

2. 智能化的技术创新、技术迭代

技术创新一方面依靠人才资本的技术提升，另一方面则依靠最先进的技术。城市数字化基础设施建设是智慧城市"硬"策略实施的保障，也为城市"软"策略实施提供了支撑，进而为促进城市创造、创新及革新发展提供了机会，驱使城市的经济发展。例如，LinkNYC是纽约市替代传统电话亭的一个计划，从2016年起，纽约市已经安装了7500多个高科技公共通信设备，为纽约市民和游客提供免费服务。

3. 城市资源优化配置

真正的智慧城市是可持续发展的城市，其可持续发展包含经济、社会、生活和环境的可持续发展。这几个方面需求的有机连接，形成了一个"智慧链"，为智慧城市的发展提供不竭的动力。

4. 全场景智慧化战略生态链建设

物联网生态战略全面升级为全场景智慧化战略。

例如，伴随着人工智能时代的到来，小米生态链在家居领域凭借硬件构建起来的生态优势，将迎来一次集体爆发，进一步推动应用的智能化变革。华为围绕智能化生态战略，致力于打造物联网的最高体验标准，只做精品爆款，并且开放吸引了西门子、博西家电、松下等的产品，通过提供路由器、软件服务等，使不同厂商的家电产品之间实现互联互通，并且依托其在终端、5G通信等方面的优势，将自身资源优势发挥到极致。

5. 智慧生活引领消费观念转变

从互联网时代消费者消费行为的变化、互联网时代消费者生活态度/方式的变化、消费者对家居生活期待的变化这三个维度可知，用户的消费心理和消费行为都将发生本质的变革，其消费观念将从基础性的需求过渡到对高品质生活的需求，其比以往更关注健康和生活品质。

6. 智慧生活的发展推动人工智能与智能家居结合

将来，个性化的定制类智能家居产品将融入每个家庭中，集自动化系统、网络通信和人工智能等高科技于一体的住宅，最终会让家庭生活变得更加智慧、安全、便捷、低碳、健康、舒适。从数据上看，无论是规模还是增长速度，中国智能家居市场的发展空间都是巨大的。

7. 智慧生活推进产业升级

从人的社会属性来看，享受智慧生活是大多数消费者的追求。智慧生活鼓励人们回归家庭、回归社会，这使人们对承载亲情的家庭生活提出了更高的要求，从而为智能家居深耕家庭生活智慧概念创造了民意基础。从长期来看，产业巨大的存量治理和精细化发展需求意味着各行业的智慧化存在巨大的潜力。科技将成为改变生活形态和提升生活品质的重要手段。人工智能、大数据、物联网、5G 等技术的融合和落地将带动产业的智能化，进而引发传统产业进行三大转型升级：一是传统产业结构的转型升级，从低端化、批量化、非品牌向高端化、个性化、品牌化转型升级；二是传统产业制造的改造升级，从手工、半自动化向自动化、信息化、智能化、网联化不断改造升级；三是传统产业生态的集聚升级，从离散化、低效管理向协同化、低碳化、节能化、平台化升级，最终达到产业生态的集聚升级。

产业的智能化及转型升级大大推动了生活的智慧化，使生活更具个性化和品质，生活的智慧化又推动了消费的人性化。

8. 移动互联网越来越重要

5G 的逐步实施将大大改善用户体验，拓宽智能技术的应用场景。移动互联网在智慧生活中的作用越来越突出，出行、旅游、娱乐、饮食、购物、政务等都越来越离不开移动互联网，移动互联网交织着智能化和网络化，许多场景线上线下的互动互联不断加深。作为智慧生活的重要部分，智能家居、智慧庭院、智慧社区、智慧医疗等借助移动互联网使人们的生活更加优雅从容，更有品位，使人们哪怕出行千里也可以通过移动互联网了解和掌控家里的情况。

9. 消费者对智慧生活的期待越来越高

消费者对生活智慧化的期望不断提高，更智慧的出行和家居生活是未来生活体验的基础与核心。消费者期待出行和家居产品更开放，不同设备、平台和服务之间可实现互联互通。消费者期待高度智能化的智能家居产品，希望其具有一定的人机对话功能和互动"思考"能力。

10. 智慧生活改变精神世界

智能化改变了人类的思维方式和价值观，极大地丰富了人类的社会生活内容，无限扩充了人类的思想空间和生活边界。智慧生活让我们重新认识人与自然界的关系，以及人与人的社会关系。网络虚拟社会的产生构建了全新的社会关系和人际关系。

11. 智慧生活改变人文价值

在人工智能、大数据、物联网等科技融合的时代，柔性化治理水平、精细化服务水平都将提高，智慧生活将更具人文关怀，这些都是智慧城市的建设目标。科技以人为本，智慧丰富人生。社交平台虚拟化扩充了人与人交流互动的可能，社交平台的多样化满足了不同市场细分和价值细分的需求。智能化技术应用和个性化解决方案重构了社会形态和人们的精神世界，同时智慧生活也重构了人们的思维方式和情感模式。

总之，智慧生活是智能科技与大数据的完美结合。科技驱动，智慧引领，人文导航，以此保证未来智慧生活发展的可持续性。伴随着科技创新，物联网、大数据和人工智能不断融入智慧生活，必然持续推动智慧生活质量的提高。

参 考 文 献

[1] 亿欧. 欧洲、美国、中国智慧城市的不同实践路径[EB/OL]. [2018-08]. https://www.iyiou.com/p/78949.html.
[2] 吕卫锋. 国家新型智慧城市评价指标和标准体系应用指南[M]. 北京：电子工业出版社，2017.

后 记

本书对大数据、人工智能,以及与大数据和人工智能密切相关的技术知识点及其在工业、出行、医疗、生活中的广泛应用进行了初步探讨。其中,前3章介绍了支撑技术,后面几章介绍的都是应用场景,因此,本书从技术基础到应用场景勾画了一个完整的结构(见图1),帮助读者快速把握技术精髓和应用场景脉搏,从而让读者对智能及数据相关的技术和应用场景有一个全面的认识,可谓"一书在手,从技术到场景全都有"。这些应用场景目前还在起步阶段,还有巨大的发展空间,本书希望为读者在这些领域的发展打下基础。

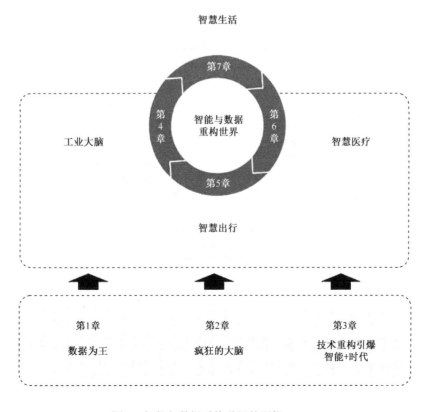

图1 智能与数据重构世界的逻辑

智能与数据为我们重构的世界将是无限美好和五彩缤纷的，也是一个崭新的世界，希望大家一起努力去探讨、发现、发展！颠覆科技与这个未来新世界的链接可以高度概括为"新思维12345"，如图2所示。其中，"1"指一个颠覆科技；"2"指颠覆科技的两个重要的方面，即技术和应用；"3"指颠覆科技的三个核心，即研发、成本和市场；"4"指对每个人来说，其跟颠覆科技的关系可概括为一个或多个"有"，即专业做技术的人肯定"有技术"，其可以以技术专长参与颠覆科技，而"有资金"的人可以直接投资或以参与基金的形式投资颠覆科技，有科技需求的人或市场方则"有项目"，如果前面三个条件都不满足，那这个人至少认识有技术、有需求或有资金的人，其"有资源"，总之，每个人都可以与颠覆科技产生关系；"5"指颠覆科技将触发很多新产业和新经济形态，科技的融合又带来很多新价值，在颠覆科技的环境中，更多新模式成为可能，而且在颠覆科技的智能化及网联化作用下，企业与企业之间、雇主与员工之间、管理层与工作人员之间将会出现更加丰富的新关系。

图 2　新思维 12345

虽然力图对重要知识点进行全面总结，但新技术、新方法、新尝试不断推陈出新，本书只能作为一个起点和基础。为了突出实践指导作用，本书引用了大量的具体项目案例，希望在提供比较系统的知识总结之外，能够带给读者一些实践指导和创新思考，为读者智能化和数据化实践带来启发。通过对本书的阅读，希望读者能够感受：随着高科技的飞速发展，特别是具有颠覆性的黑科技——物联网、5G 通信、边缘计算、数字孪生、芯片技术等应用技术的快速迭代创新发展，未来智能制造、智慧医疗、智慧城市与智慧生活等的内涵和架构都会有全新的突破和发展。当人们在未来的智慧城市里享受智慧生活带来的一切时，快乐和幸福的感受会油然而生。在未来智慧生活的环境中，人们的价值评价和思维方式、社会生活和情感方式都会发生根本性变革和重构。智慧生活中的每个人也会在智能化和数字化进程中演进，人流、信息流、意识流、物流和资金流的流动将全部通过智能化及数字化融合起来，这就是整个智能化时代的趋势。需要说明的是，由于知识有限和技术应用快速发展，本书如有表达不全面、不准确的地方，还希望读者批评指正。

智能与数据将改变我们的生活！

智能与数据将开启人类世界的新时代！

智能与数据将重构我们的世界，朋友你准备好了吗？